住房和城乡建设部“十四五”规划教材
浙江省高职院校“十四五”重点教材
高等职业教育土建施工类专业 BIM 系列教材

BIM 基础与实务

王　琳　主　编
朱怡巧　副主编
夏玲涛　主　审

中国建筑工业出版社

图书在版编目（CIP）数据

BIM基础与实务 / 王琳主编 ；朱怡巧副主编. — 北京 ：中国建筑工业出版社，2023.10（2024.8 重印）

住房和城乡建设部“十四五”规划教材 浙江省高职院校“十四五”重点教材 高等职业教育土建施工类专业BIM系列教材

ISBN 978-7-112-29024-6

Ⅰ. ①B… Ⅱ. ①王… ②朱… Ⅲ. ①建筑设计-计算机辅助设计-应用软件-高等职业教育-教材 Ⅳ. ①TU201.4

中国国家版本馆CIP数据核字（2023）第147910号

本教材为住房和城乡建设部“十四五”规划教材、浙江省高职院校“十四五”重点教材。本教材采用真实工程案例编写，分为Revit土建建模基础和Revit土建建模进阶两大部分。其中，Revit土建建模基础部分包括建模准备，结构构件建模，建筑构件建模，屋顶与天花板建模，楼梯、坡道、扶手建模，基本洞口建模及常用修改与标注功能；Revit土建建模进阶部分主要包括Revit辅助功能、导入与导出、体量及场地建模、族建模等。

本教材既可作为高等职业院校和职教本科院校BIM建模相关课程的参考教材，也可作为企业人员BIM建模技术入门培训教材。

责任编辑：李天虹 李 阳

责任校对：姜小莲

住房和城乡建设部“十四五”规划教材

浙江省高职院校“十四五”重点教材

高等职业教育土建施工类专业BIM系列教材

BIM基础与实务

王 琳 主 编

朱怡巧 副主编

夏玲涛 主 审

*

中国建筑工业出版社出版、发行(北京海淀三里河路9号)

各地新华书店、建筑书店经销

北京鸿文瀚海文化传媒有限公司制版

天津安泰印刷有限公司印刷

*

开本：787毫米×1092毫米 1/16 印张：15¾ 字数：376千字

2023年11月第一版 2024年 8 月第二次印刷

定价：**49.00**元（赠教师课件、附活页册）

ISBN 978-7-112-29024-6

（41762）

出版说明

党和国家高度重视教材建设。2016年，中办国办印发了《关于加强和改进新形势下大中小学教材建设的意见》，提出要健全国家教材制度。2019年12月，教育部牵头制定了《普通高等学校教材管理办法》和《职业院校教材管理办法》，旨在全面加强党的领导，切实提高教材建设的科学化水平，打造精品教材。住房和城乡建设部历来重视土建类学科专业教材建设，从“九五”开始组织部级规划教材立项工作，经过近30年的不断建设，规划教材提升了住房和城乡建设行业教材质量和认可度，出版了一系列精品教材，有效促进了行业部门引导专业教育，推动了行业高质量发展。

为进一步加强高等教育、职业教育住房和城乡建设领域学科专业教材建设工作，提高住房和城乡建设行业人才培养质量，2020年12月，住房和城乡建设部办公厅印发《关于申报高等教育职业教育住房和城乡建设领域学科专业“十四五”规划教材的通知》（建办人函〔2020〕656号），开展了住房和城乡建设部“十四五”规划教材选题的申报工作。经过专家评审和部人事司审核，512项选题列入住房和城乡建设领域学科专业“十四五”规划教材（简称规划教材）。2021年9月，住房和城乡建设部印发了《高等教育职业教育住房和城乡建设领域学科专业“十四五”规划教材选题的通知》（建人函〔2021〕36号）。为做好“十四五”规划教材的编写、审核、出版等工作，《通知》要求：（1）规划教材的编著者应依据《住房和城乡建设领域学科专业“十四五”规划教材申请书》（简称《申请书》）中的立项目标、申报依据、工作安排及进度，按时编写出高质量的教材；（2）规划教材编著者所在单位应履行《申请书》中的学校保证计划实施的主要条件，支持编著者按计划完成书稿编写工作；（3）高等学校土建类专业课程教材与教学资源专家委员会、全国住房和城乡建设职业教育教学指导委员会、住房和城乡建设部中等职业教育专业指导委员会应做好规划教材的指导、协调和审稿等工作，保证编写质量；（4）规划教材出版单位应积极配合，做好编辑、出版、发行等工作；（5）规划教材封面和书脊应标注“住房和城乡建设部‘十四五’规划教材”字样和统一标识；（6）规划教材应在“十四五”期间完成出版，逾期不能完成的，不再作为《住房和城乡建设领域学科专业“十四五”规划教材》。

住房和城乡建设领域学科专业“十四五”规划教材的特点，一是重点以修订教育部、住房和城乡建设部“十二五”“十三五”规划教材为主；二是严格按照专业标准规范要求编写，体现新发展理念；三是系列教材具有明显特点，满足不同层次和类型的学校专业教学要求；四是配备了数字资源，适应现代化教学的要求。规划教材的出版凝聚了作者、主审及编辑的心血，得到了有关院校、出版单位的大力支持，教材建设管理过程有严格保障。希望广大院校及各专业师生在选用、使用过程中，对规划教材的编写、出版质量进行反馈，以促进规划教材建设质量不断提高。

住房和城乡建设部“十四五”规划教材办公室

2021年11月

前　言

建筑业是国民经济的支柱产业，随着劳动力成本的不断提升和建造技术的不断发展，传统的建造模式亟待突破和升级。BIM 技术作为建筑业现代化和信息化改革的核心技术，近年来蓬勃发展。随着国家“十四五”规划有关“加快数字化发展，建设数字中国”的战略部署，建筑业对信息化的发展愈加重视，对作为数据载体的 BIM 技术加大了推广力度。BIM 技术的价值逐渐被广泛认可和接受，BIM 技术作为提升工程项目管理水平的核心竞争力技术之一，对当前的建筑业发展起到了极其重要的作用。

BIM 建模能力是 BIM 技术相关专业学生必须具备的重要基础能力之一。在校期间，通过 BIM 基础与实务及其他 BIM 建模相关课程的作为载体进行学生的 BIM 基本概念养成和 BIM 建模能力训练。通过真实工程项目为背景案例，综合运用结构设计、建筑设计、建筑构造、建筑识图等知识，进行工程项目 BIM 建模技能的学习，同时验证、巩固、深化所学的专业理论知识和技能。

《BIM 基础与实务》为后续教材的基础，后续教材包括《BIM 设备应用》《BIM 施工应用》《BIM 土建综合实务》《BIM 设备综合实务》《BIM 施工综合实务》等。本教材被评为住房和城乡建设部“十四五”规划教材，同时也是浙江省高职院校“十四五”重点教材。

本教材采用真实工程案例——浙江建设职业技术学院上虞校区学生活动中心局部和校史馆。案例选取主要考虑类型的典型性、体量的大小和难易程度，能够满足 BIM 初学者的基础训练和能力提升要求。

教材内容分为 Revit 土建建模基础和 Revit 土建建模进阶两大部分。其中，Revit 土建建模基础部分包括建模准备，结构构件建模，建筑构件建模，屋顶与天花板建模，楼梯、坡道、扶手建模，基本洞口建模及常用修改与标注功能；Revit 土建建模进阶部分主要包括 Revit 辅助功能、导入与导出、体量及场地建模、族建模等。

本教材既可作为高等职业院校和职教本科院校 BIM 建模相关课程的参考教材，也可作为企业人员 BIM 建模技术入门培训教材。教材采用教学活页的方式为每个任务提供习题，并给出综合建模训练任务，同时教材中也提供了教学 PPT 和微课等二维码，以多种媒体给学习者呈现教学内容，帮助学生掌握建模的基本技能。

本教材由王琳主编，朱怡巧副主编。单元 1 中任务 1、任务 2 由王琳负责编写，任务 3 由朱怡巧负责编写，任务 4 由朱敏敏负责编写，任务 5 由杨群芳负责编写，任务 6 由张尹负责编写，任务 7 由徐利丽、邬京虹负责编写；单元 2 各任务由王琳负责编写。教材由浙江建设职业技术学院夏玲涛教授主持审核。

在本教材编写过程中得到了浙江省建设科学研究院、浙江省建工集团有限责任公司、浙江东南建筑设计有限公司、浙江大学建筑设计院有限公司等一线行业企业不少专家的技术支持，特此感谢。由于编者水平有限，本教材不足之处在所难免，敬请读者批评指正。

目　录

单元 1　Revit 土建建模基础

单元 1 学生资源

单元 1 教师资源

BIM 土建建模基础能力总目标　　表 1.0-1

专项能力	能力要素	
Revit 土建基本建模能力	建模准备能力	建立项目能力
		可见性设置与项目基点设置能力
		绘制标高能力
		绘制轴网能力
	结构构件建模能力	结构基础构件建模
		结构柱建模
		梁建模
		墙体
		结构楼板建模
		模型组定义
	建筑构件建模能力	建筑柱建模
		幕墙建模
		门建模
		窗建模
		楼板边建模
	通用构件建模能力	屋顶建模
		天花板建模
		楼梯建模
		扶手栏杆建模
		坡道建模
	基本模型修改与标注能力	洞口建模与定义能力
		图元基本修改能力
		图面基本标注能力
Revit 土建模型建模基础能力	能在具备土建施工图基础识图能力和 Revit 建模能力基础上，应用 Revit 软件完成完整的简单项目土建建模	

总体概念导入

1. BIM 建模软件

BIM 建模软件是指基于 BIM 基本原理开发编程的具有创建、修改三维模型等功能的软件，是 BIM 应用中最基础的软件，也是 BIM 软件体系中最核心的软件，它是 BIM 技术发展和应用的前提，其建立的三维信息模型为其他软件应用提供了信息交流的平台。目前，常用的 BIM 建模软件主要为 Autodesk 公司的 Revit，Bentley 公司的 AECOsim 系列，Graphisoft 公司的 Archicad，Dassult 公司的 Digital Project 等国外软件；同时，国产软件近年来也在迅速发展中，目前已经投入工程级应用的 BIM 建模软件包括北京构力科技有限公司的 BIMBase 平台，广联达科技有限公司的 BIMMAKE 等，可预期的将来，国产建模软件能够基本覆盖 BIM 建模的全领域需求。

2. 项目与样板

Revit 以项目的方式建立 BIM 模型，单个项目可包含各个专业的模型，也可分专业建立多个项目模型，后期根据应用需求进行模型间的协同整合。

Revit 项目新建时一般需选择合适的样板，软件默认自带建筑样板、结构样板、构造样板、机械样板，也可以选用自定义样板；如不使用项目样板，项目建立后需进行大量初始设置。

3. 视图

Revit 建模空间为各个不同专业和功能的视图，包括二维视图与三维视图，各种二维视图和三维视图中能使用的绘制命令根据视图属性有所区别。不同视图初始的对象可见性不同，但可以通过设置进行调整。

4. 属性

Revit 中所有对象和视图均具有各自的属性，当选中某个对象或视图时，相应属性在属性栏中进行显示，并可进行相应的修改调整。

5. 图元

Revit 中图元是构成一个模型的基本单位。图元主要又可以分为主体图元、构件图元、注释图元、基准图元和视图图元等 5 种类型。

6. 类别、族、类型与实例

Revit 类别是指根据专业或功能定义的某种图元大类，如墙、柱、注释等。

Revit 族是一个包含用于创建基本建筑图元（例如，建筑模型中的墙、楼板、天花板和楼梯）的族类型。族一般可分为普通族和系统族，普通族主要定义某一类别中规格近似的建筑构件对象，系统族还包含项目和系统设置，而这些设置会影响项目环境，并且包含诸如标高、轴网、图纸和视口等图元的类型。

Revit 类型隶属于族，特定的类型是某个族中规格一致的对象的统一定义，如混凝土矩形柱中的 450mm×450mm 类型等。

实例是指 Revit 建模过程中绘制在项目特定位置的某个具体对象图元，多个实例可以对应同一个类型。

由此可见，在 Revit 建模中，定义范围从大到小为：类别、族、类型、实例。

7. 项目浏览器

项目浏览器是Revit建模界面中的必备工具之一，以浏览器菜单的形式呈现，可在任何时候调用。项目浏览器主要用于切换当前工作视图和工作状态，可以手工调整尺寸和位置，并可通过用户界面菜单打开和关闭。

8. 视图范围

视图范围是Revit建模平面视图关于顶部高度、剖切面高度、底部深度等一系列视图属性的统称。Revit建模平面视图中，视图范围能影响构件的显示与否，通常我们通过在视图属性调整视图范围，设置合理的顶部高度、剖切面高度、底部高度和视图深度等。视图范围可根据建模需要随时调整。

任务1 建模准备

能力目标

建模准备能力目标 表1.1-1

建模准备能力	1. 建立项目能力
	2. 可见性设置与项目基点设置能力
	3. 绘制标高能力
	4. 绘制轴网能力

概念导入

1. Revit建模准备工作

Revit建模时需创建项目文件，根据建模内容选择样板文件，以此为基础进行模型创建。

2. 样板文件与族文件的系统位置

Revit正确安装后软件默认项目样板文件夹位置为："C:\ProgramData\Autodesk\RVT 2018\Templates"，族样板文件夹位置为："C:\ProgramData\Autodesk\RVT 2018\Family Templates"。在"文件"菜单下"选项"对话框"文件位置"中对默认项目样板文件和族样板文件位置进行修改（图1.1-1）。

任务清单

建模准备任务清单 表1.1-2

序号	子任务项目	备注
1	建立项目	项目样板定义
2	可见性设置与项目基点设置	项目基点调出与相关参数
3	绘制标高	
4	绘制轴网	

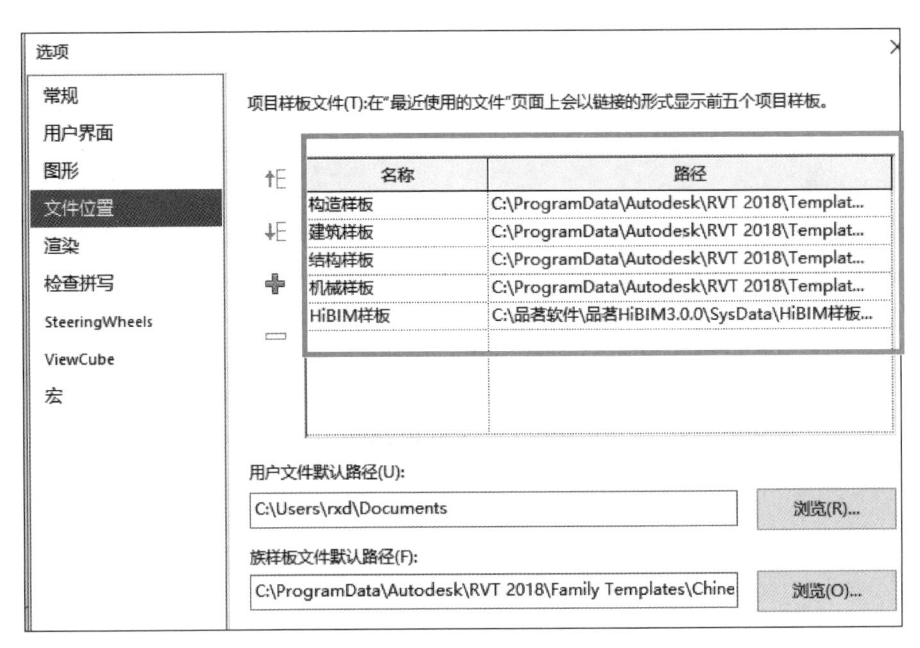

图 1.1-1　样板位置

任务分析

本任务内容主要为项目建模准备，包括样板选择、文件设置、项目基本工作面设置、轴网绘制等，是 Revit 建模的基本准备工作，每个使用者都必须牢固掌握。

1.1　建立项目

1. 功能

Revit 建模首先需要选择项目样板，创建空白项目。项目文件格式为 RVT，包含项目所有的建筑模型、注释、视图和图纸等内容。

2. 操作步骤

建模项目需根据不同专业拆分为多个模型，而不同的模型则根据不同模板进行建模并保存。

第 1 步：双击桌面图标 R 打开 Revit。

第 2 步：新建项目。可通过选择“文件”菜单，选择“新建”按钮，单击“项目”选项，弹出“新建项目”窗口；也可以单击起始界面里“新建”按钮，弹出“新建项目”窗口，见图 1.1-2。

第 3 步：选择样板文件。在“新建项目”窗口，样板文件下拉列表选择需要的样板文件，也可直接选择起始界面里样板文件新建项目，见图 1.1-3。

第 4 步：保存项目。单击快速访问工具栏中的保存按钮，或者选择“文件”菜单下保存按钮，输入名称后单击“保存”按钮保存。在保存面板单击“选项”按钮，可设置项目备份数量，见图 1.1-4。

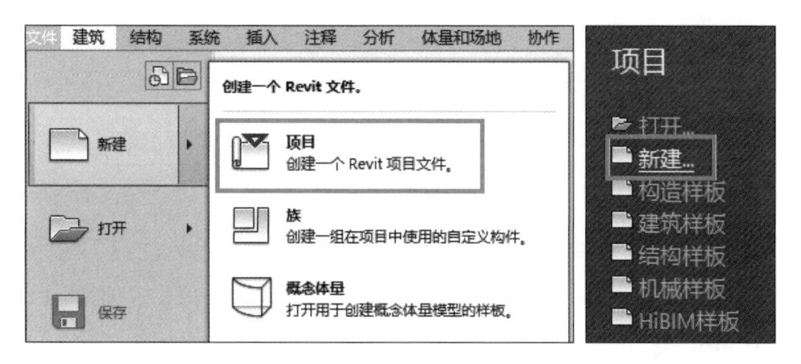

图 1.1-2　新建项目

建立项目

图 1.1-3　选择项目样板

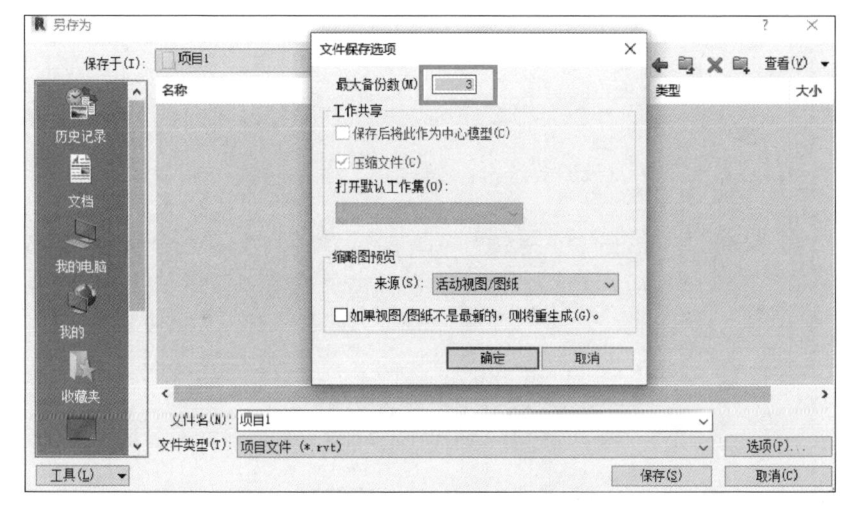

图 1.1-4　文件保存选项

1.2 可见性设置与项目基点

1. 功能

在 Revit 项目中，项目基点定义了项目坐标系的原点（0，0，0），还可以用于在场地中确定建筑的位置，并在构造期间定位建筑的设计图元。可见性设置是用于控制模型图元、注释、导入和链接的图元以及工作集图元在视图中的可见性和图形显示。使用该工具可以替换下列内容的显示：截面线、投影线，以及模型类别的表面、注释、类别、导入的类别和过滤器，还可以针对模型类别和过滤器应用半色调和透明度。

2. 操作步骤

每个项目都有项目基点，但是在软件默认的楼层平面中，项目基点一般都不可见，只有在场地平面中才可见，通过调整图形可见性，让项目基点在楼层平面中显示出来。

（1）显示项目基点

第 1 步：进入楼层平面，点击“视图”选项卡（图 1.1-5），点击在该选项卡下“图形”面板中“可见性/图形”工具，进入可见性设置对话框。

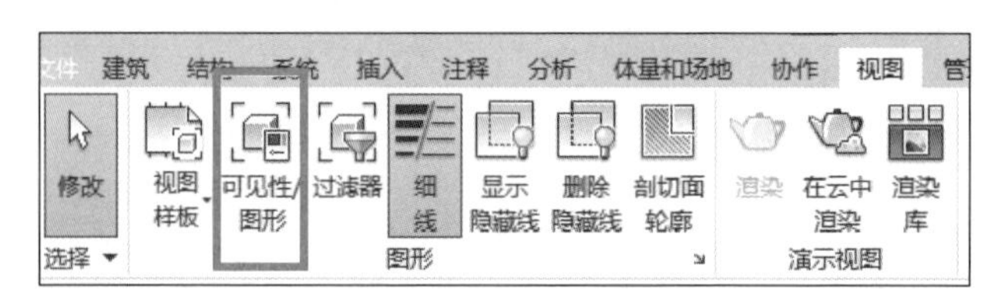

图 1.1-5　视图选项卡

第 2 步：可见性设置对话框（图 1.1-6）中，在“模型类别”栏找到“场地”选项，单击 ⊞ 按钮展开下拉列表，勾选“项目基点”前的方框，单击“确定”按钮，即可将项目基点显示在楼层平面视图中。

项目基点可见性设置

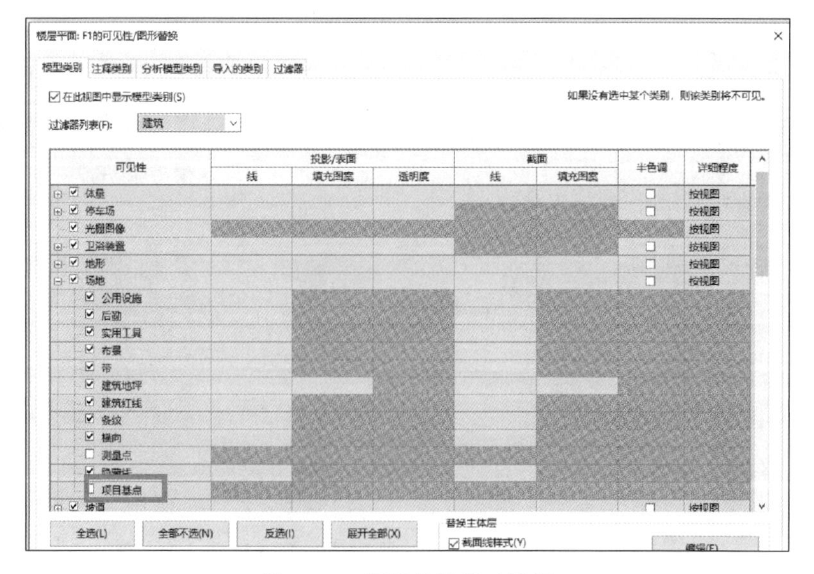

图 1.1-6　可见性设置对话框

（2）编辑项目基点

当项目基点显示为（裁剪）时创建的所有图元会随着基点的移动而移动，坐标可以编辑；当显示为（非裁剪）时坐标不能编辑。选中项目基点，单击图中的任意数值，可修改相应的坐标，主要包括北/南、东/西、高程以及到正北的角度设置（图 1.1-7）。除了单击相应数值修改以外，还可以在属性栏进行修改。

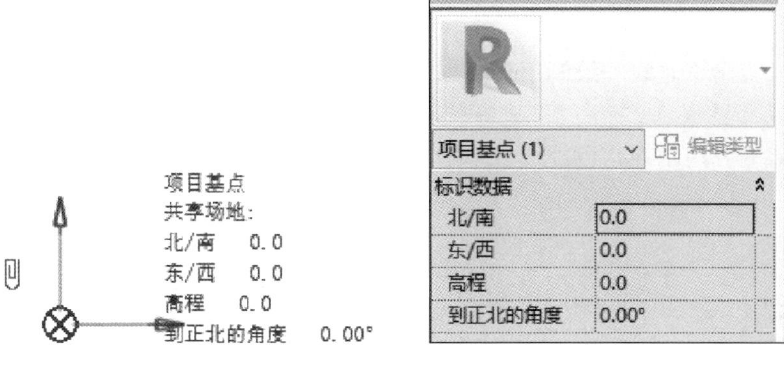

图 1.1-7　项目基点设置

1.3　绘制标高

1. 功能

标高用来定义楼层层高及生成平面视图，此时标高代表该高度所在的楼层平面。但是标高不是必须作为楼层层高，也可用作辅助定位平面。标高是在空间高度上相互平行的一组平面，由标头和标高线组成，其中标头分为标头符号、标高数值和标高名称三部分，如图 1.1-8 所示。

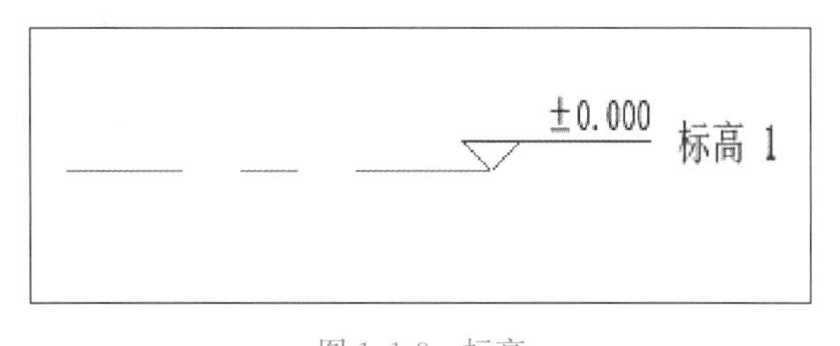

绘制标高

图 1.1-8　标高

2. 操作步骤

常见的标高创建方法有新建标高、复制标高和阵列标高等。标高的创建应在剖面视图或立面视图中完成，通常在立面图中完成。下面进入南立面进行标高的创建。

（1）新建标高

第 1 步：点击“建筑”选项卡（或“结构”选项卡），点击在该选项卡下“基准”面板中“标高”工具（图 1.1-9），进入标高创建界面。“修改｜放置标高”选项卡“绘制”面板中有两种标高绘制方式：直线绘制和拾取线绘制（图 1.1-10）。

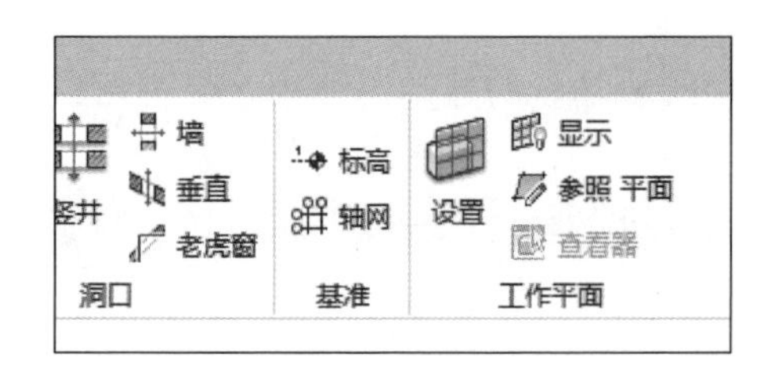

图 1.1-9　标高绘制选项卡

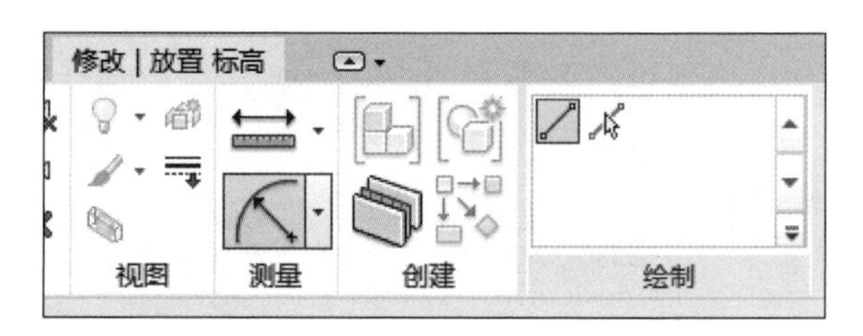

图 1.1-10　“修改 | 放置标高”选项卡

第 2 步：点击“直线”绘制工具，鼠标移至“标高 2”上方任意位置，鼠标指针显示为绘制状态，并显示与“标高 2”之间的临时尺寸标注，如图 1.1-11 所示，当指针位置与标高一端起点对齐时出现蓝色虚线，单击鼠标左键确定标高起点。

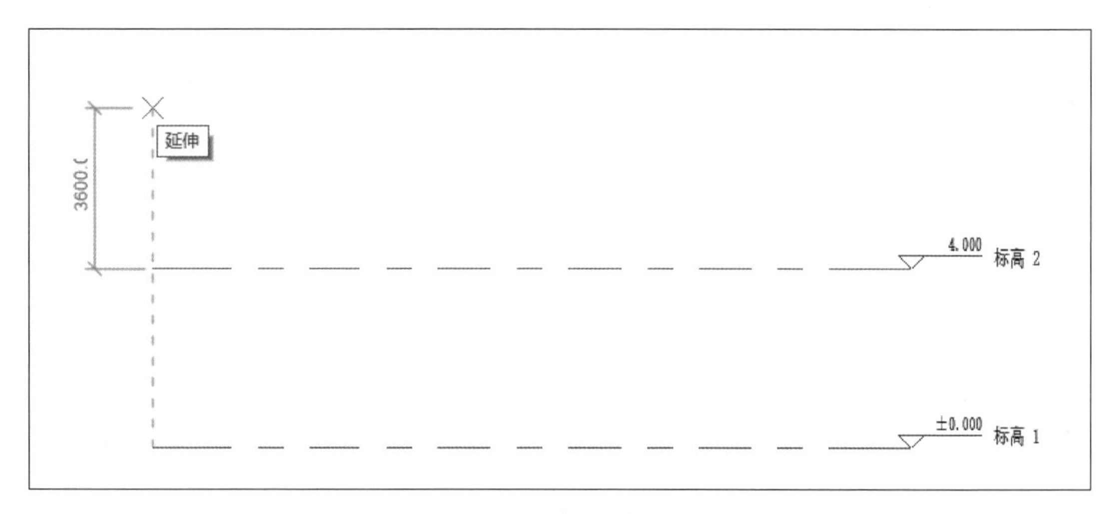

图 1.1-11　确定标高起点

第 3 步：沿水平方向向右移动鼠标至标高右侧端点，出现蓝色虚线显示端点对齐位置时单击鼠标左键完成标高绘制（图 1.1-12）。

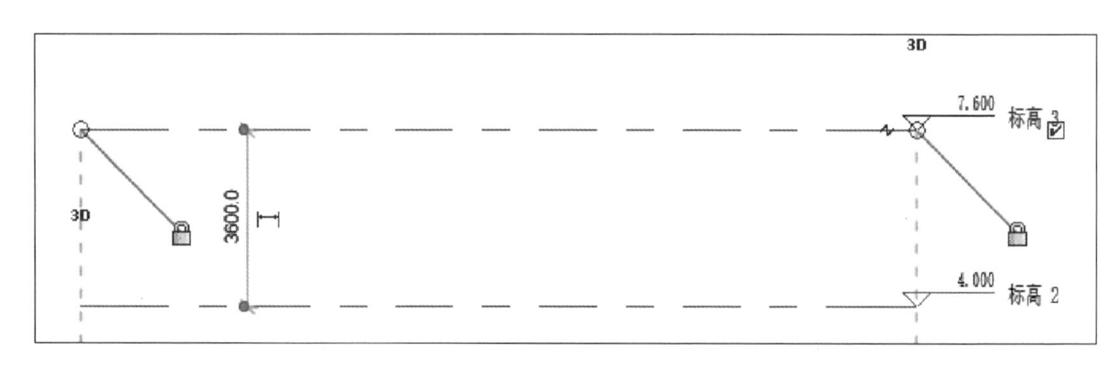

图 1.1-12　绘制标高

采用“拾取线”绘制时点击“拾取线”绘制工具，选项栏“偏移”输入“3600”，鼠标放置在所选参照标高线，在参照标高线上方出现蓝色虚线，单击鼠标左键生成“标高 3”（图 1.1-13）。

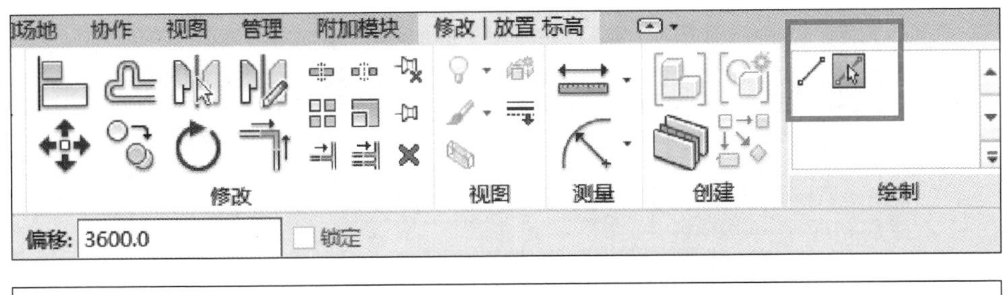

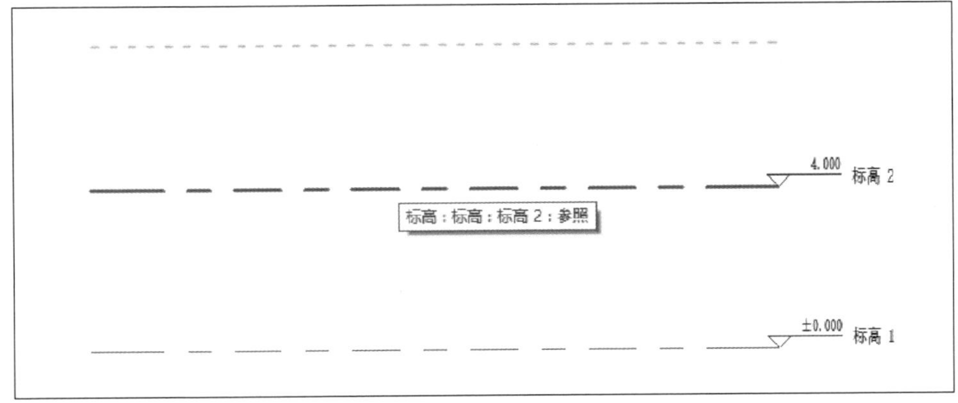

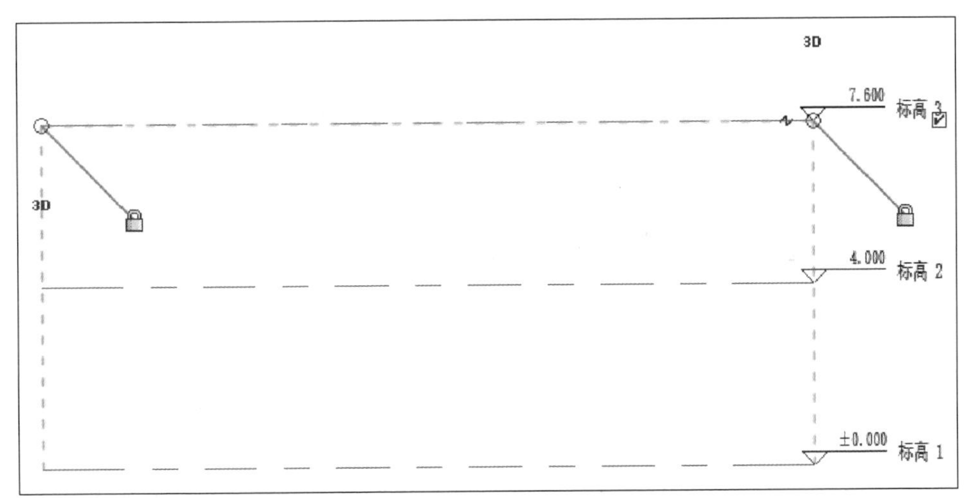

图 1.1-13　采用“拾取线”绘制标高

注意

1. Revit 会自动根据已有标高名称最后的字母或者数字命名后续标高的名称。
2. 新建标高操作可以在楼层平面中自动生成相应的平面视图。
3. 双击进入其他立面，标高跟随南立面做出了相应修改。

（2）复制标高

建筑物有多个标高时也可以通过复制标高命令来创建。

第 1 步： 单击选中要复制的标高线“标高 2”，进入“修改｜标高”选项卡，单击“修改”面板“复制”命令，选项栏勾选“多个”（图 1.1-14）。

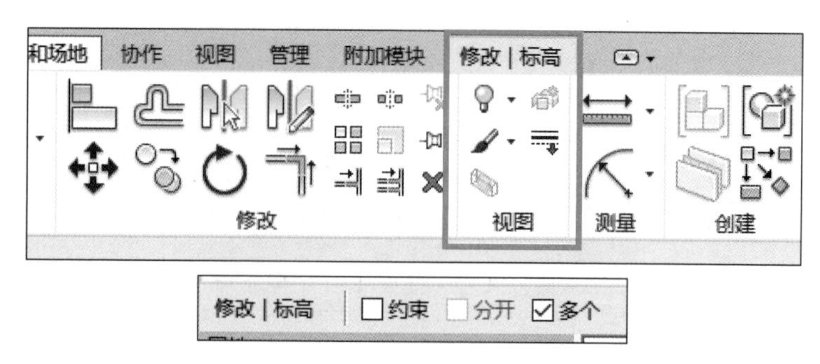

图 1.1-14　复制标高选项卡

第 2 步： 向上移动鼠标，直接输入间距数值或根据临时标注显示距离的数值确定位置，单击确认，可多次输入数值进行多个标高复制（图 1.1-15）。

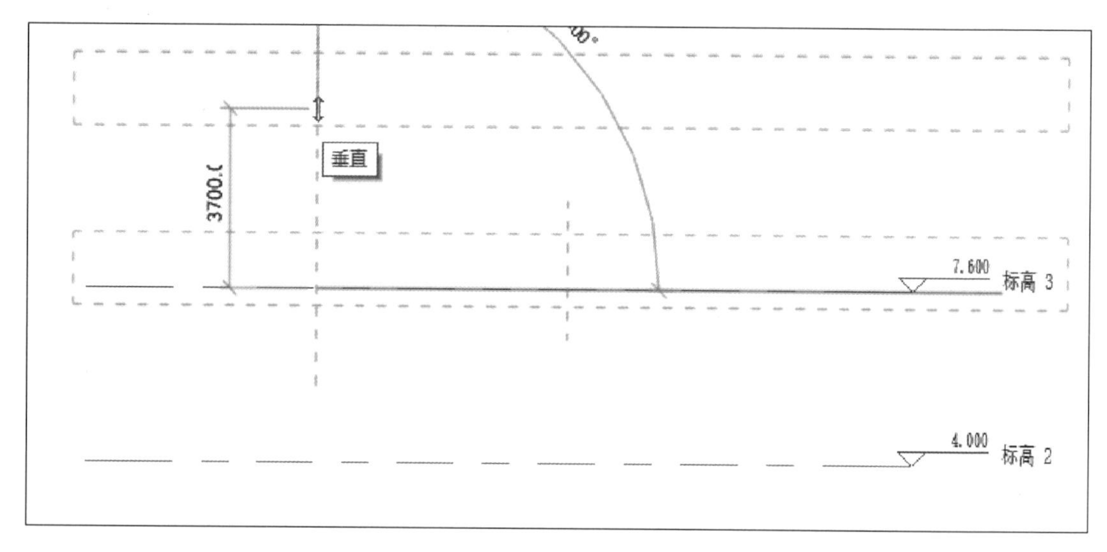

图 1.1-15　复制标高

注意

选项栏中的约束选项可以保证正交，如果不勾选约束选项，复制命令可能出现偏移；勾选多个选项，可以在完成一次复制操作之后无须重新激活复制命令，继续执行复制操作，实现连续复制。

（3）阵列标高

如果建筑物有多个距离相等标高，可采用阵列命令来创建。

第 1 步： 单击选中要复制的标高线"标高 2"，进入"修改 | 标高"选项卡，单击"修改"面板"阵列"命令，选项栏选择"线性"，禁用"成组并关联"复选框，设置"项目数"为"3"，启用"第二个"和勾选"约束"复选框，单击标高任意位置确定基点，向上移动鼠标输入。

第 2 步： 直接输入间距数值或根据临时标注显示距离的数值确定位置，单击确认。即可以生成包含所选择"标高 2"在内的 3 个标高（图 1.1-16）。

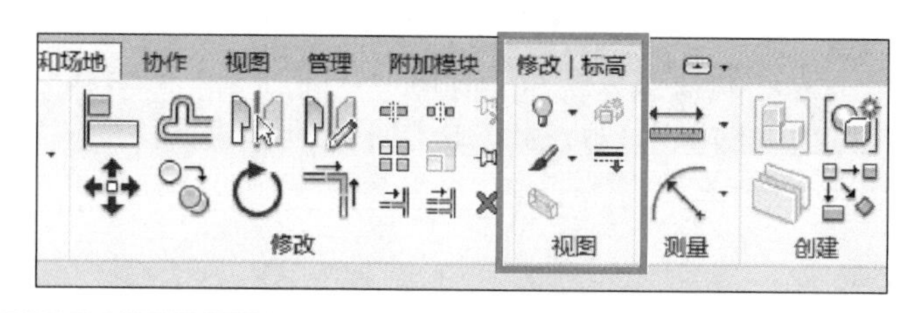

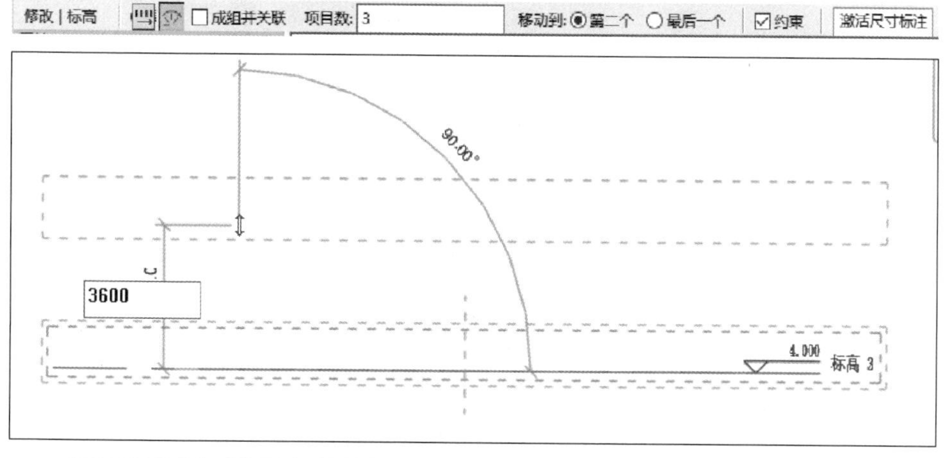

图 1.1-16　阵列标高

注意

启用成组并关联阵列后的标高将自动成组，表示阵列的每个标高包含在一个组中，如果禁用该项，将创建指定数量的副本，每个副本都是相对独立。

（4）为复制和阵列标高添加楼层平面

在楼层平面列表中，并未出现通过复制和阵列命令创建的标高对应的楼层平面，观察立面视图发现，有对应楼层平面视图的标高标头为蓝色，没有生成平面视图的标高标头为黑色，需要为标高创建对应的平面视图。

单击选中“视图”选项卡，点击在该选项卡下“创建”面板“平面视图”下拉列表中“楼层平面”选项，打开“新建楼层平面”对话框，勾选“不复制现有视图”，选中标高 3 和标高 4，点击“确定”（图 1.1-17）。此时楼层平面列表中已添加了相应标高的平面视图（图 1.1-18）。

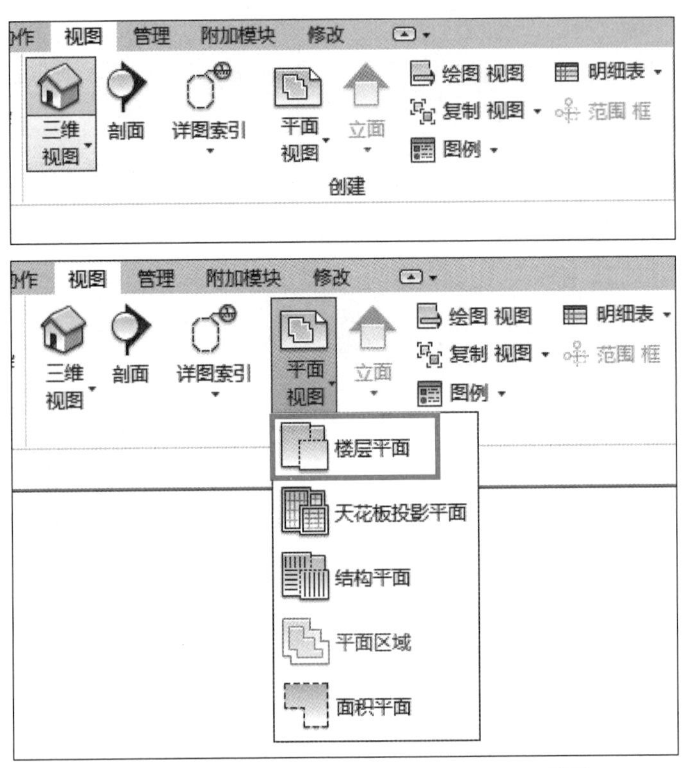

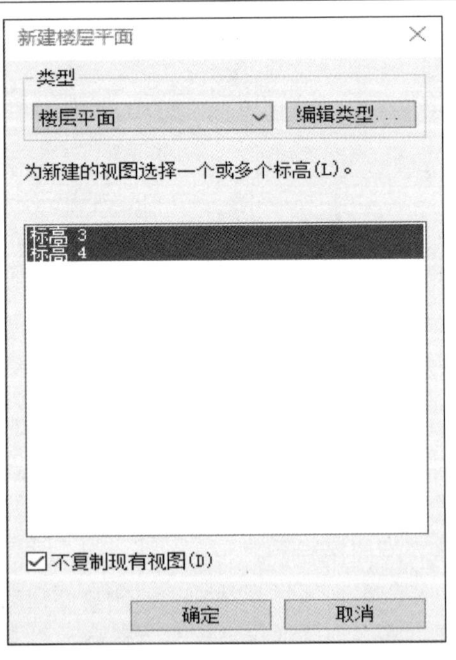

图 1.1-17 添加楼层平面

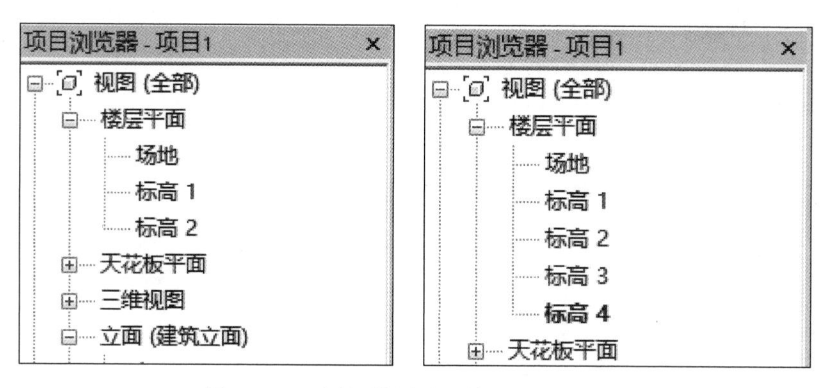

图 1.1-18　添加楼层平面前后项目浏览器

（5）标高的修改

修改标高数值：单击标高数值，直接进入标高数值文本编辑状态进行修改（图 1.1-19）。通常标高单位为米。

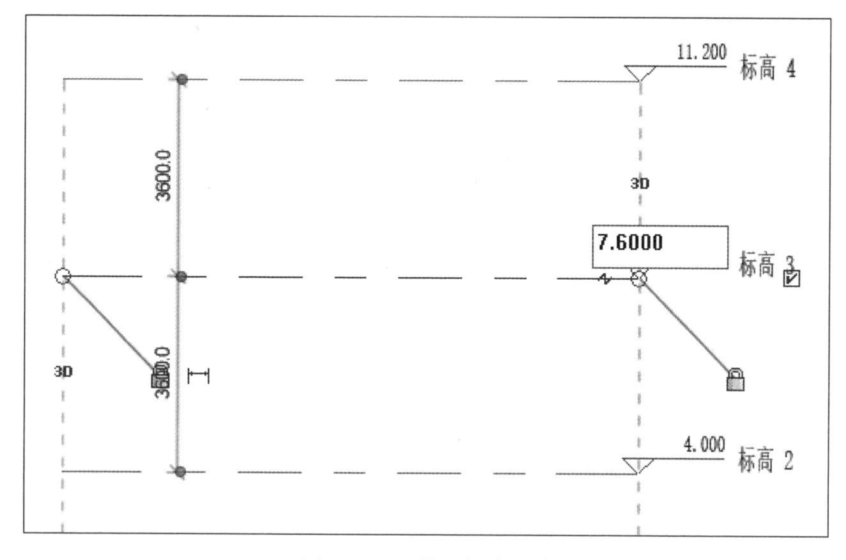

图 1.1-19　修改标高数值

修改临时尺寸：单击选中要修改的标高线，会显示选中标高线上下临时尺寸，修改临时尺寸数值，临时尺寸长度单位是毫米（图 1.1-20）。

修改标高名称：单击标高名称文字进行文本编辑，例如把“标高 2”改为“2F”，如图 1.1-21 所示，系统会弹出“是否希望重命名相应视图”对话框，单击“是”，将相应修改对应平面视图列表中的名称（图 1.1-21）。

（6）标高的编辑

选中任意一根标高（图 1.1-22），所有对齐此标高的端点位置会出现一条蓝色的标头对齐虚线，并显示一些控制符号、复选框和临时尺寸标注等。调整和拖拽这些符号和复选框可编辑标高（图 1.1-23）。

标高显示设置：选择标高线，单击标头外侧的方形复选框，即可以隐藏/显示标头。

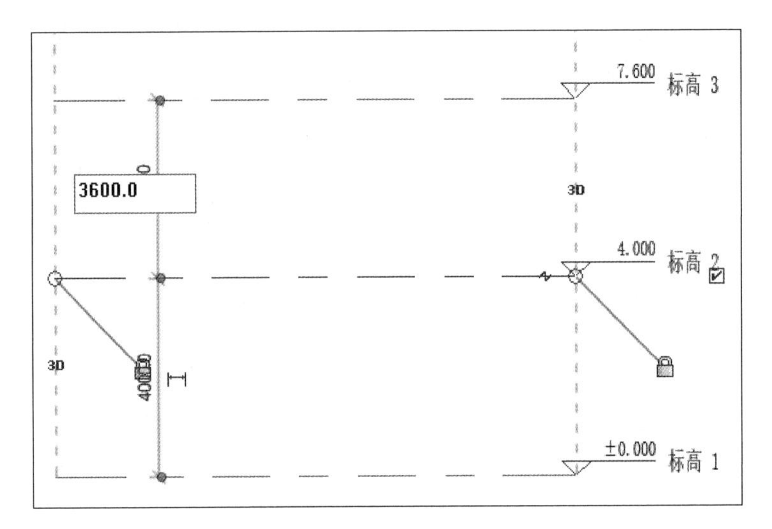

图 1.1-20　修改标高临时尺寸

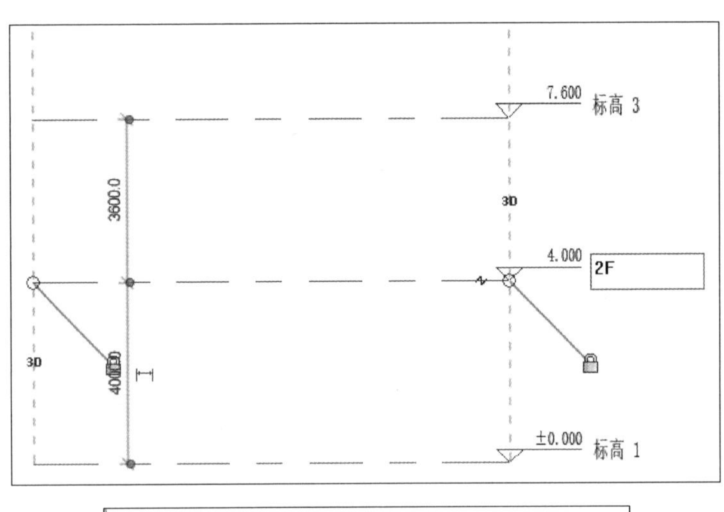

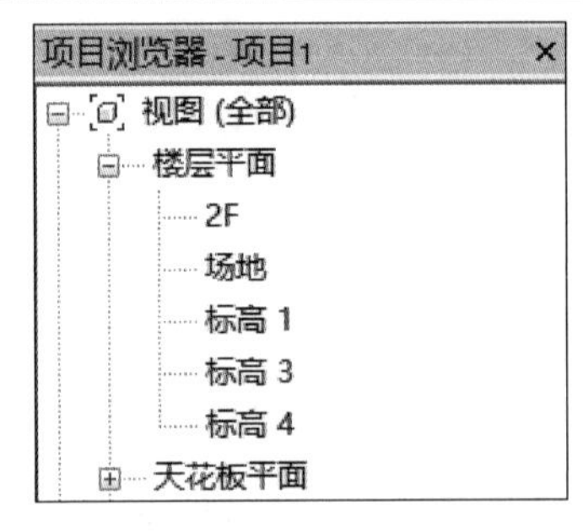

图 1.1-21　修改标高名称

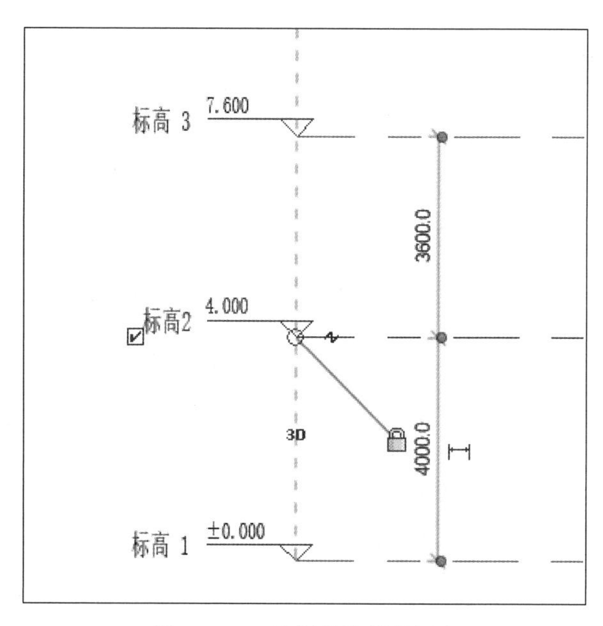

图 1.1-22　选择待编辑的标高

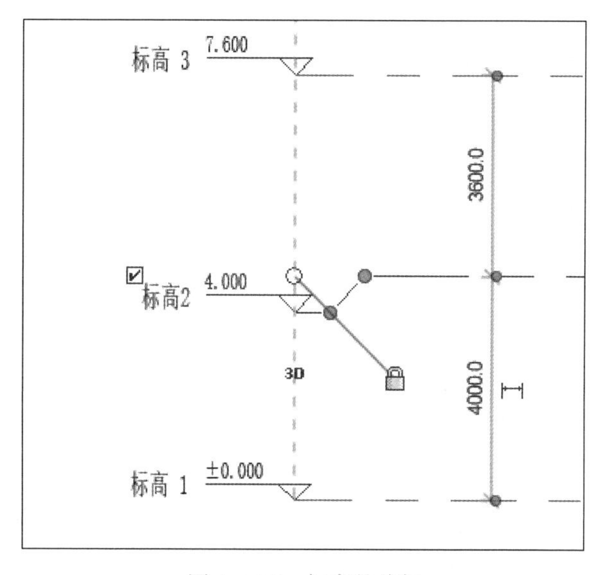

图 1.1-23　标高的编辑

标高标头位置：拖拽标高线端点的圆形复选框，可统一拉伸标高线的端点位置；如果只想移动某一根标高线的端点，需先打开标头对齐锁，再拖拽相应的标高端点；如果标高的状态为 3D 则表示当前所有平面视图中的标高端点是同步联动的，如果单击切换为 2D 状态，此时拖拽标高端点则只影响当前视图中标高端点位置。

标高标头偏移：单击标高标头附近的折线符号添加弯头，可拖拽蓝色夹点调整弯头位置。

标高属性参数有关设置：选择一条标高线，单击“属性”面板的“编辑类型”（图 1.1-24），打开类型属性对话框，可对所有标高线的线宽、颜色、线型图案，符号（上下标头），端点符号隐藏和显示进行设置（图 1.1-25）。

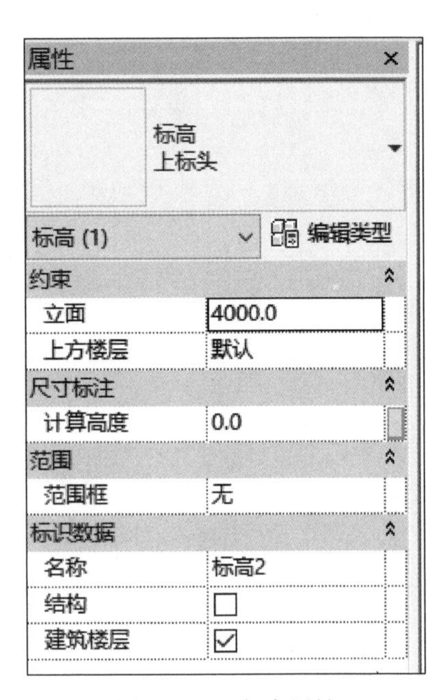

图 1.1-24　标高属性

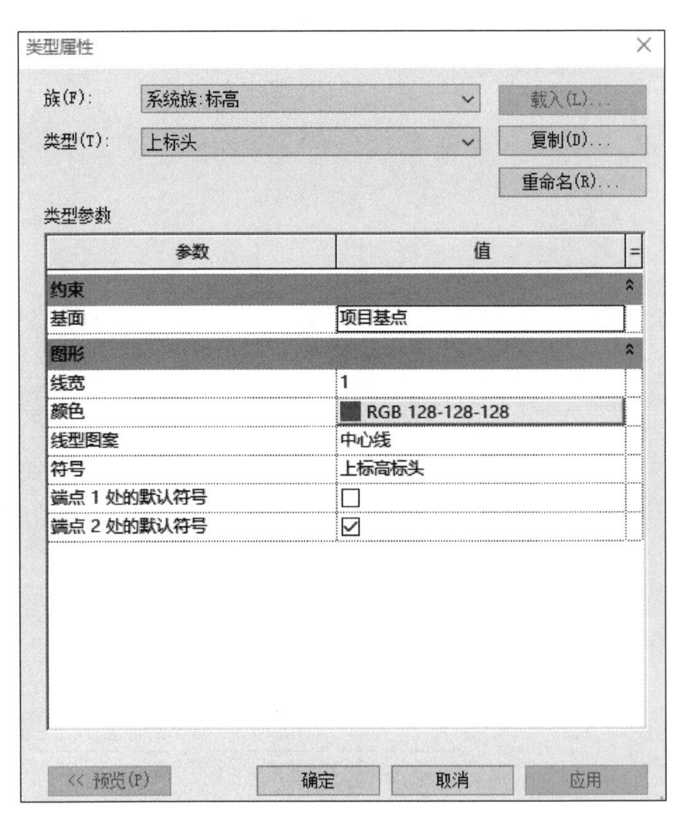

图 1.1-25　标高类型属性

1.4　绘制轴网

1. 功能

标高创建完成后，可以切换至任意平面视图来创建和编辑轴网。轴网用于在平面视图中定位项目图，Revit“轴网”工具在“建筑”或“结构”选项卡下的“基准”面板，如图 1.1-26 所示。

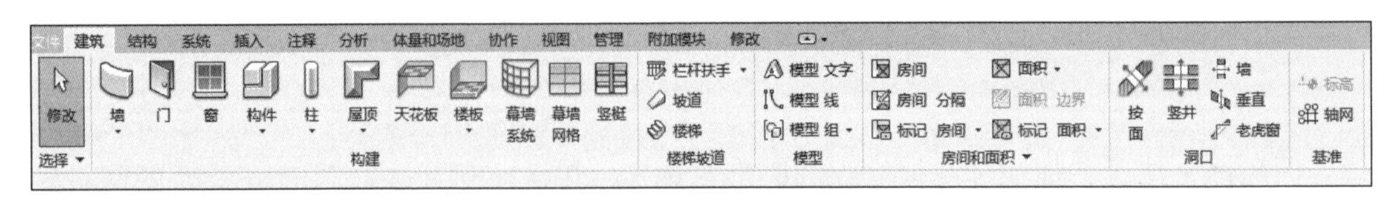

图 1.1-26　轴网绘制选项卡

2. 操作步骤

Revit 中轴网只需要在任意一个平面视图中绘制一次，其他平面、立面、剖面视图中都将自动显示。下面我们将在 F1 平面绘制轴网。

（1）直线绘制轴网

第 1 步：点击“建筑”选项卡（或“结构”选项卡），点击在该选项卡下“基准”面板中“轴网”工具，进入轴网创建界面。“修改｜放置 轴网”选项卡“绘制”面板中有五种标高绘制方式：直线绘制、起点-终点-半径弧绘制、圆心-弧线绘制、拾取线绘制和多段线绘制（图 1.1-27）。

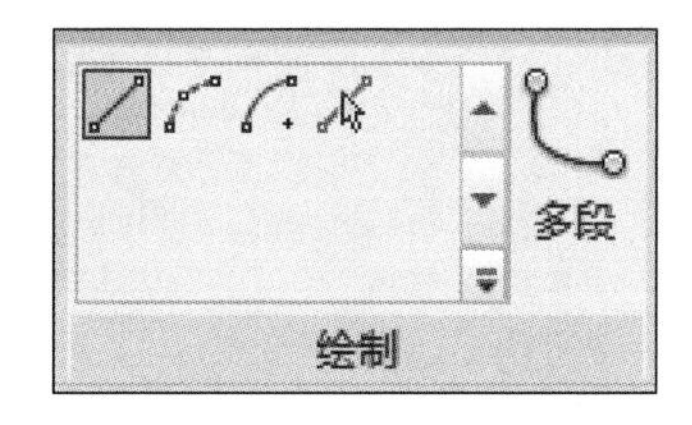

图 1.1-27 轴网绘制面板

第 2 步：在“绘制”面板中选择“直线”工具，在绘图区单击确定起点和终点位置，绘制一根轴网。绘制的第一根纵向轴网的编号为①，自左向右，后续轴网将自动按照数字升序排序命名。

第 3 步：绘制第一根横向轴网，轴网标头会自动接续上一根轴网编号。单击轴网轴号，修改编号为Ⓐ，自下向上绘制，后续的轴网将自动按照英文字母顺序排序命名（图 1.1-28）。

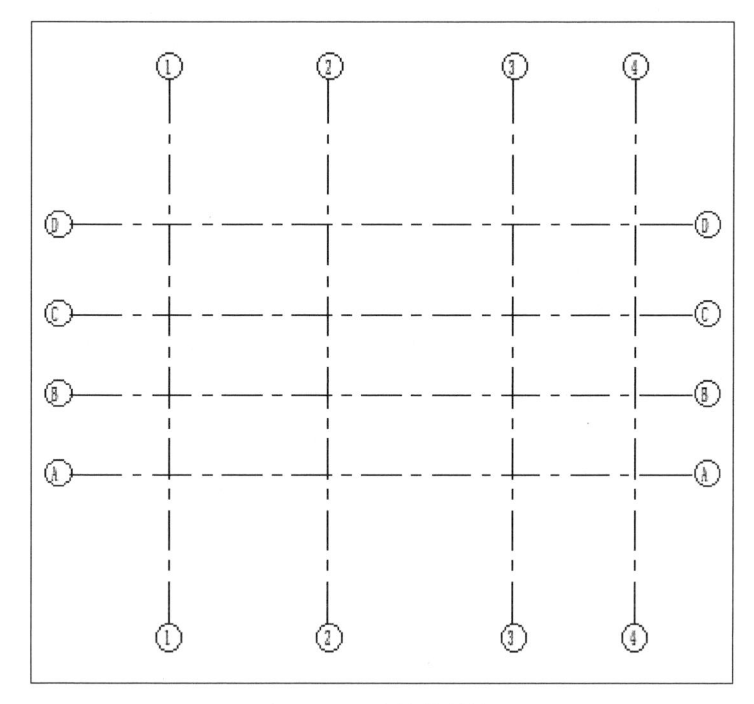

图 1.1-28 直线绘制轴网

绘制轴网

注意

1. 软件不能自动排除字母 I、O 和 Z 作为轴线编号，需要手动排除。
2. 可通过复制和阵列命令快速生成轴网，轴号自动排序。

（2）拾取线绘制轴网

绘制一根轴线后，其他轴网可通过“拾取线”工具进行绘制（图 1.1-29），在选项区中输入两根轴线间的距离。在调用 CAD 图纸作为底图时，也可通过“拾取线”工具对底图轴网进行拾取。

（3）编辑轴网

选择任意一根轴线，所有对齐此轴线的端点位置会出现一条蓝色的轴号对齐虚线，并

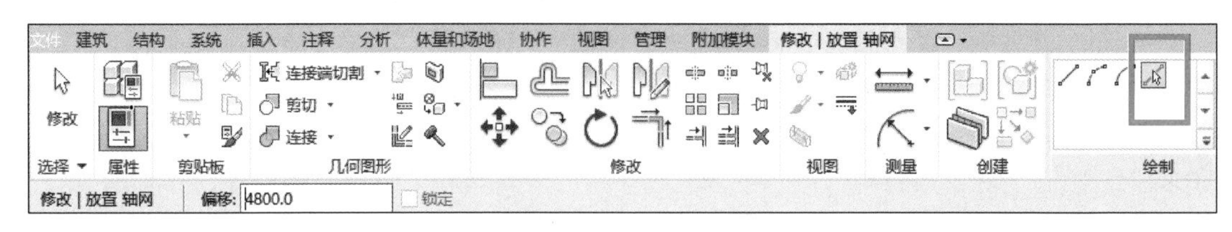

图 1.1-29　拾取线绘制轴网选项

显示一些控制符号、复选框和临时尺寸标注等，如图 1.1-30 所示。调整和拖拽这些符号和复选框可编辑轴网。

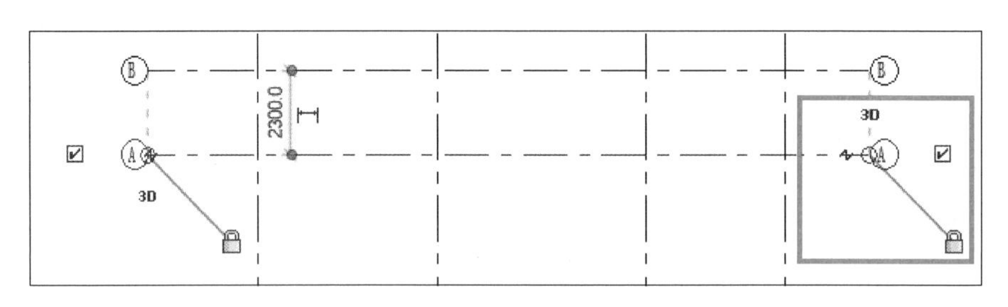

图 1.1-30　选择待编辑的轴线

编辑轴网类型：选择任意轴线，单击“属性”面板中的“编辑类型”按钮，弹出“类型属性”对话框，可分别对轴线中段、轴线末段宽度、轴线末段颜色、轴线末段填充图案、平面视图轴号端点 1、平面视图轴号端点 2、非平面视图符号等进行设置，可选择不同的选项进行设置（图 1.1-31）。

图 1.1-31　编辑轴网类型

更改轴线编号：在平面视图中单击轴线编号，进入编辑状态后可输入新的数字或字母。选择轴线，单击轴线编号外侧的方形复选框，即可以隐藏/显示标头（图 1.1-32）。

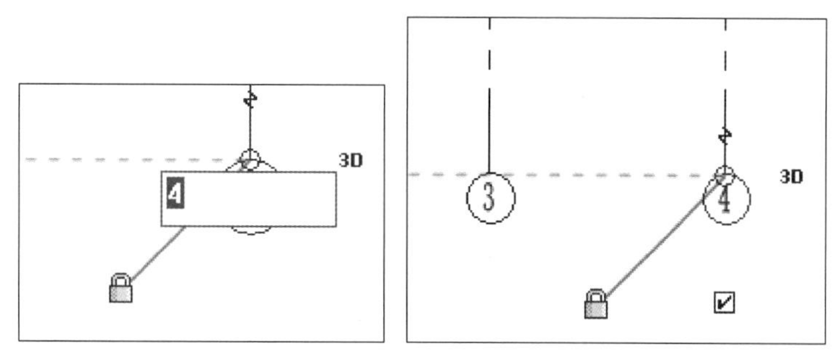

图 1.1-32　更改轴线编号

调整轴线长度：在平面视图中选中某一条轴线，按住轴线边上的空心圆圈水平或上下拖动，可改变轴线长度，当对齐线起作用时，多条轴线都会跟着做调整，单击“轴线对齐锁”解锁，修改单条轴线长度（图 1.1-33）。

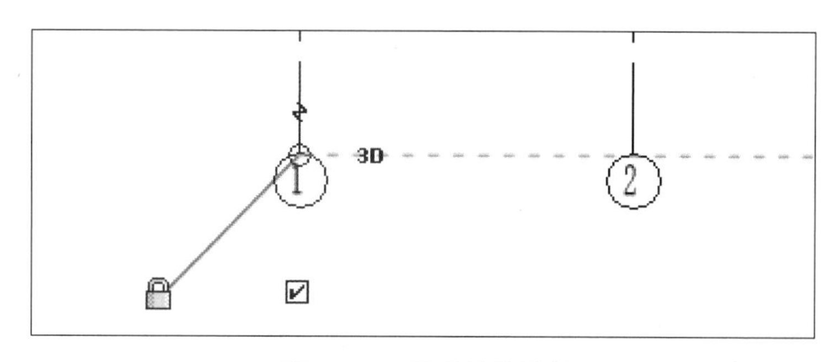

图 1.1-33　调整轴线长度

调整轴线位置：选择轴线，在该轴线与其直接相邻的轴线之间将显示临时尺寸标注。若要移动选定的轴线，则单击临时尺寸标注，输入新值并按 Enter 键确认（图 1.1-34）。

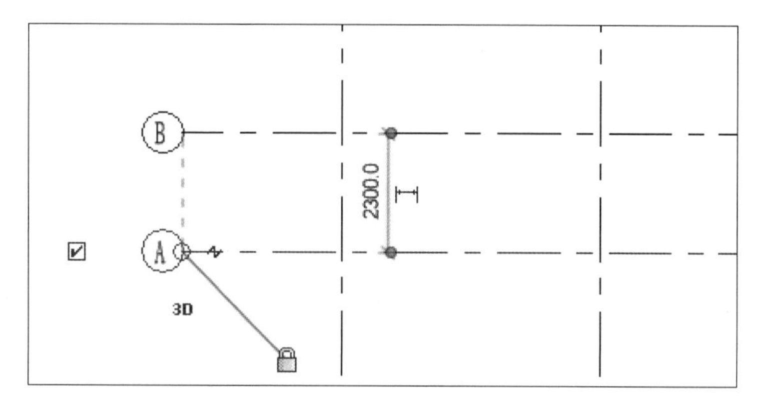

图 1.1-34　调整轴线位置

添加轴线弯头：单击轴线标头附近的折线符号添加弯头，可拖拽蓝色夹点调整弯头位置（图 1.1-35）。

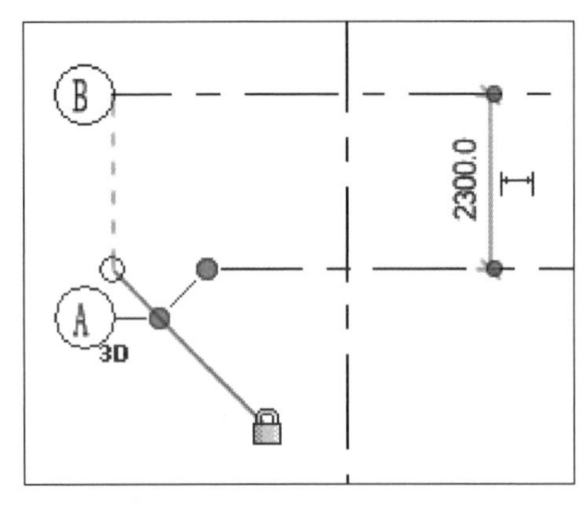

图 1.1-35　添加轴线弯头

切换 2D/3D 模式：在 3D 模式中，Revit 在任何一个平面视图中绘制修改轴网，其他视图都会相应修改。若某一视图的轴线与其他视图不同，可将 3D 调整为 2D 方式进行修改，其他视图将不会受到影响。

注意

在一个视图中按上述方法完成轴线标头位置、轴号显隐和轴号偏移等设置后，修改仅在当前视图改变，其他视图不会发生修改。如需将这些设置应用到其他视图，可选择要编辑的轴网，“修改｜轴网”选项卡中，单击“基准”面板的“影响范围”命令，在对话框中选择需要相应修改的平面或立面视图名称（图 1.1-36）。

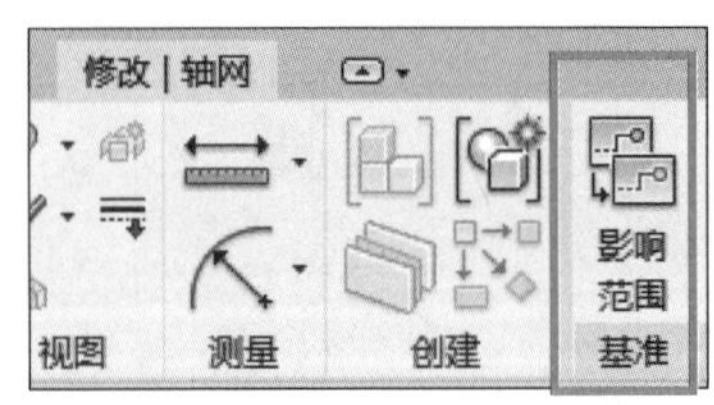

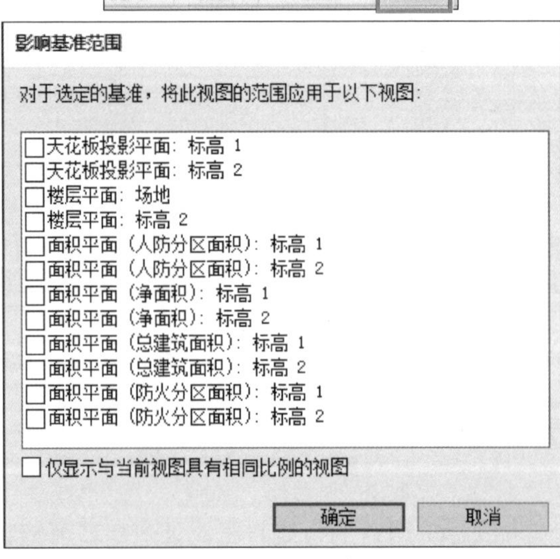

图 1.1-36　影响范围设置

锁定/解锁轴网：轴网绘制完成后，为了避免在设计过程中对轴网进行移动，通常会对轴网进行锁定。框选所有轴线，“修改｜轴网”选项卡中，单击“修改”面板的“锁定”命令即可将轴网锁定（图 1.1-37）。解锁只需按照上述步骤，选择“解锁”工具即可。

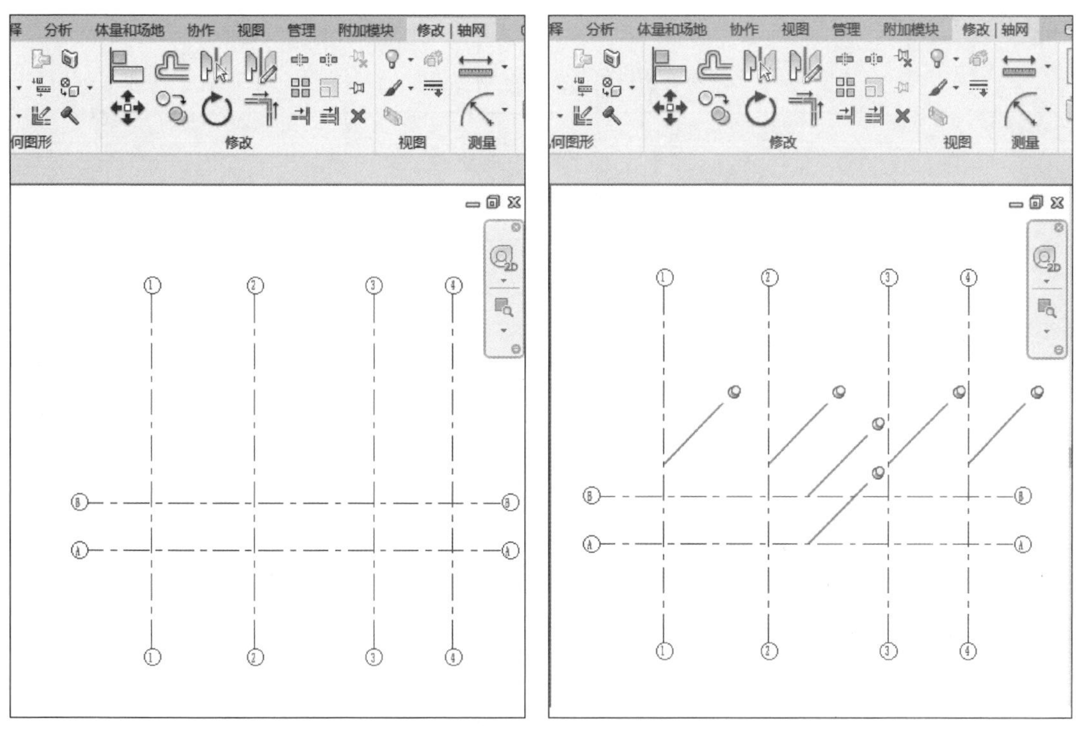

图 1.1-37　锁定/解锁轴网

注意

在设计过程中如需一次解锁所有轴网，可先选择单根轴线，然后右键单击选中的轴线，如图 1.1-38 所示，在弹出的菜单中右键单击“选择全部实例”中的“在视图中可见”或“在整个项目中”，然后点击“解锁”按钮即可实现对所有轴网的解锁。

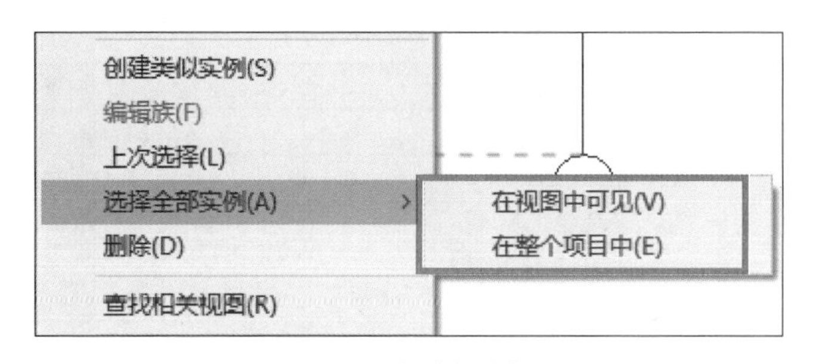

图 1.1-38　选择全部实例选项

任务 2　结构构件建模

能力目标

结构构件建模能力目标　　表 1.2-1

结构构件建模能力	1. 结构柱建模
	2. 结构基础构件建模
	3. 墙体建模
	4. 梁建模
	5. 结构楼板建模
	6. 模型组定义

概念导入

1. Revit 结构建模

Revit 结构建模主要功能包括基础、结构柱、梁、结构板等功能，工程项目结构建模一般在结构平面视图完成建模操作，在视图中，可通过调整可见性来决定是否显示相应的结构构件模型。

2. 结构平面

结构平面是 Revit 结构建模的主要平面绘图区域，可使用平面视图菜单的结构平面功能进行添加。

3. 分析模型

Revit 结构构件中，默认打开了分析模型设置。分析模型主要为软件提供结构分析计算功能。由于目前 Revit 的结构分析功能与我国国内的规范并不适配，该功能基本不被使用。在进行结构建模时可以将构件的分析模型显示关闭以节约系统资源。

任务清单

结构构件建模任务清单　　表 1.2-2

序号	子任务项目	备注
1	结构柱建模训练	混凝土柱、垂直柱/斜柱
2	独立基础建模训练	柱下独立基础
3	墙建模训练	建筑墙、结构墙
4	条形基础建模训练	墙下条形基础
5	基础底板建模训练	地下室底板
6	梁建模训练	结构梁、地梁
7	楼板建模训练	标准层楼板
8	模型组创建训练	任意构件创建模型组

任务分析

本任务中的结构构件主要包括基础、柱、剪力墙、梁、结构楼板等，在建模过程中主要应注意构件的水平定位、标高和相关材质信息是否正确，在完成子任务建模训练时，同步完成相应测试题。

2.1 结构柱建模

1. 功能

绘制结构柱命令（CL）能够在平面视图和三维视图中放置结构柱，其图形菜单在建筑和结构选项卡中均有显示，见图1.2-1。其中结构选项卡中仅提供结构柱绘制功能。

结构柱建模

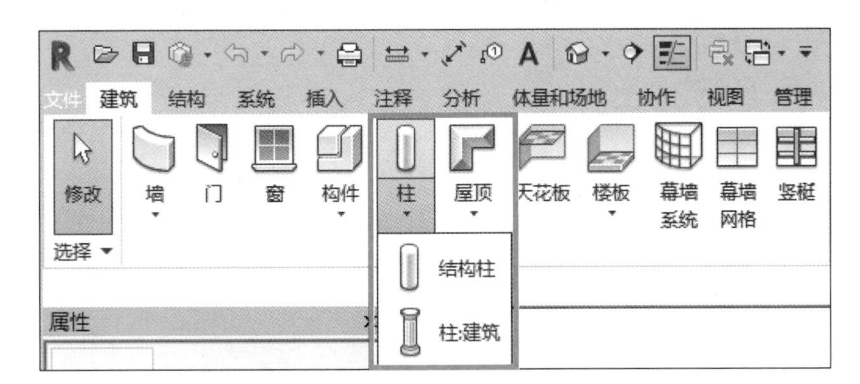

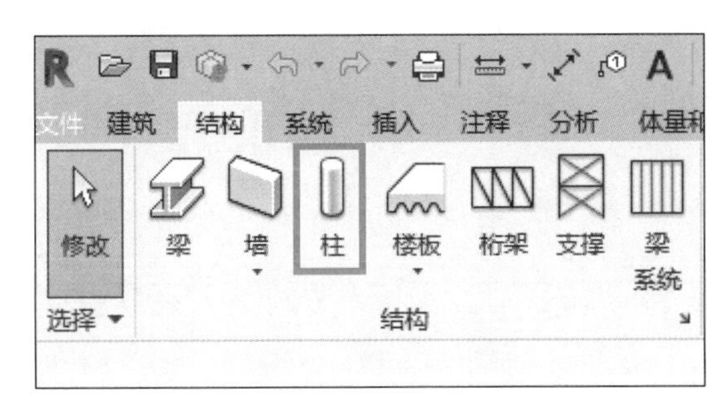

图1.2-1 结构柱绘制选项卡

2. 操作步骤

常规情况下结构柱在结构平面内进行绘制。绘制结构柱前，我们应已完成标高、轴网及项目基点等准备工作的设置。如使用建筑样板建立项目，混凝土结构柱需要载入相应的族，族载入步骤如下：

第1步：点击进入结构柱绘制功能。

第2步：点击属性栏中的“编辑类型”，如图1.2-2所示。

第3步：在编辑类型中选择“载入”（图1.2-3）。

第4步：选择外部族库中的结构→柱→混凝土路径，然后选取自己要建立的柱的类型载入（图1.2-4）。

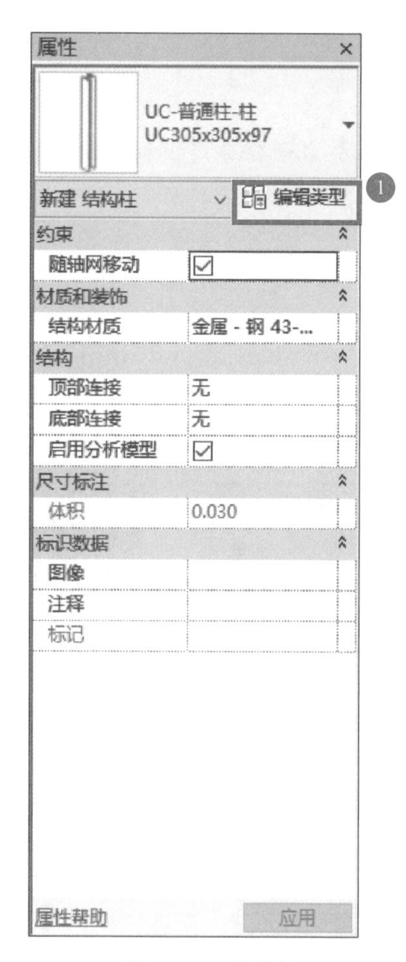

图 1.2-2　柱属性

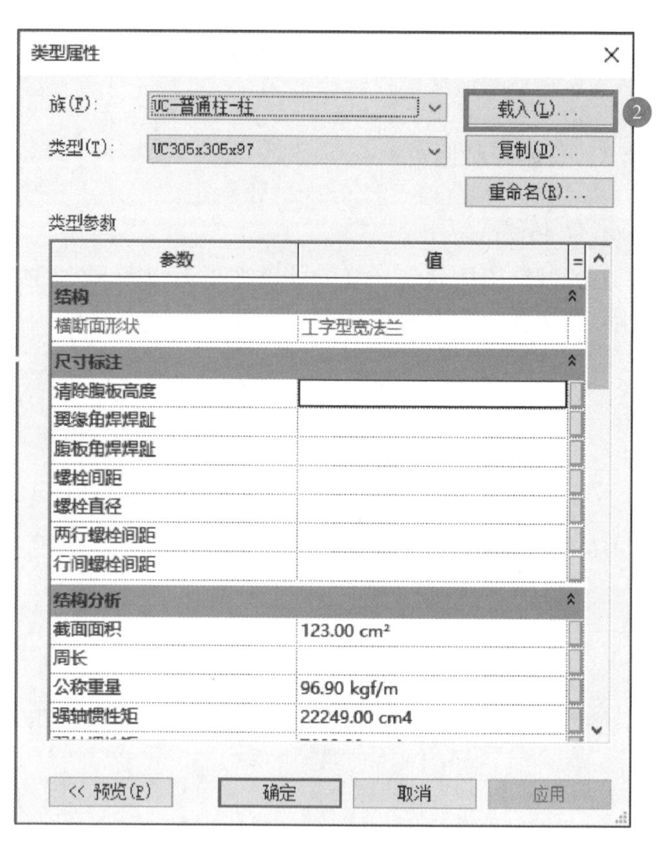

图 1.2-3　类型属性

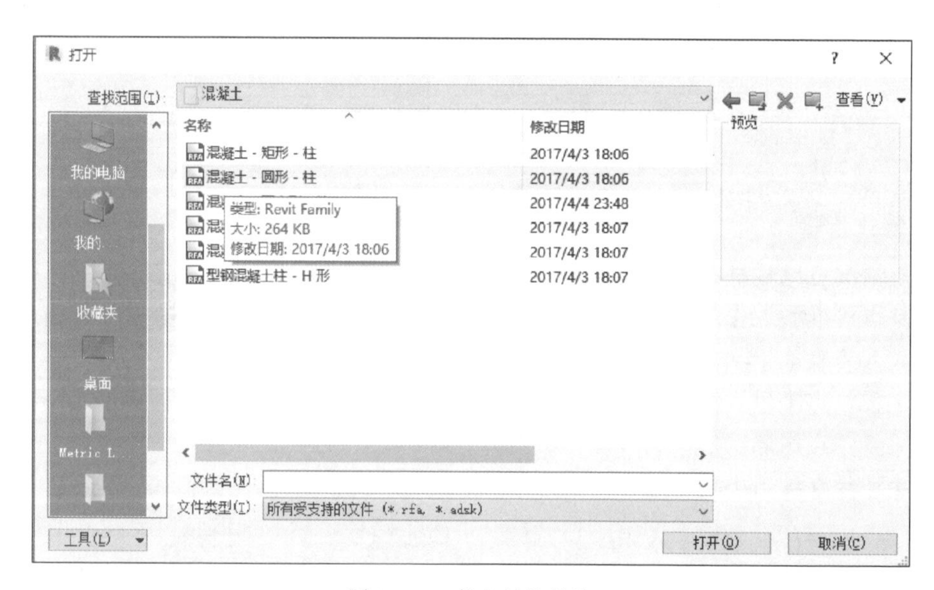

图 1.2-4　载入结构柱族

不同的族库安装方式可能导致混凝土柱族所在的位置不同，如 Revit2018 安装正确，族库默认位置见图 1.2-5。

如使用结构样板建立项目，则混凝土矩形柱已被样板默认载入项目中。结构柱的绘制有两种方式，即垂直柱和斜柱，在选项卡上可以进行切换，且通常工程建模时会点选“在放置时进行标记”菜单，用于标注柱名称，见图 1.2-6。同时可以看到在本菜单也可以载入族，操作方式与前述相同，Revit 载入族的菜单在各个命令中均有出现，操作方式类似。

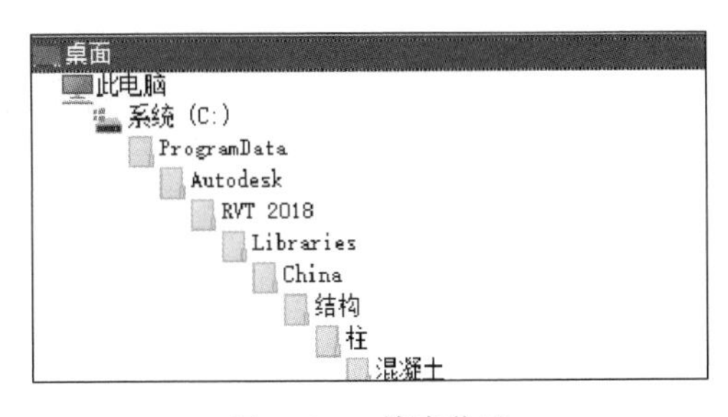

图 1.2-5　族库位置

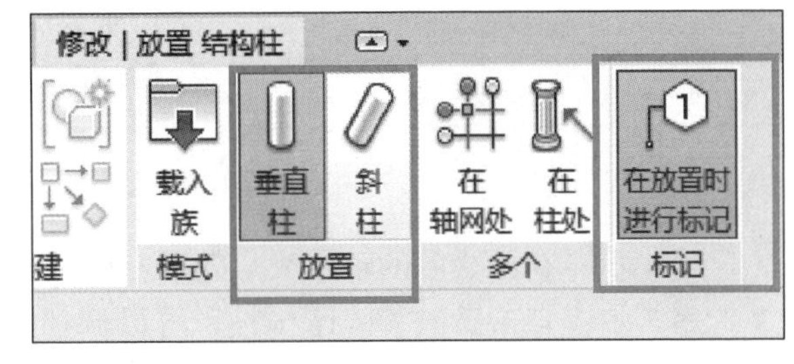

图 1.2-6　柱样式切换

（1）绘制垂直柱

第 1 步：左键点击柱属性的“编辑类型”，定义柱截面尺寸（b 和 h），可点击预览键查看效果，如图 1.2-7 所示。工程建模中，建议点击“复制”得到新类型，根据项目命名原则重新命名后再修改截面尺寸。

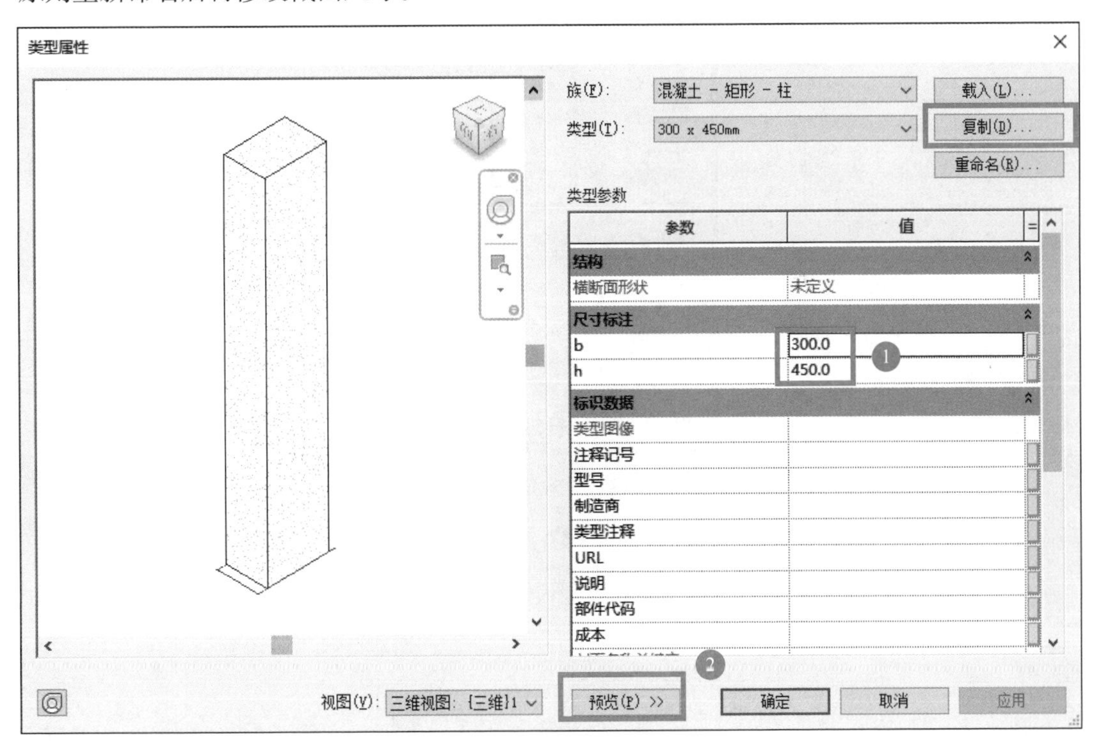

图 1.2-7　柱截面定义与预览

第 2 步：在属性栏中调整柱属性，因为 Revit 分析模型目前不适用于国内的结构设计计算，我们可以取消属性栏中的“启用分析模型”勾选。如材质根据工程项目要求需进行修改，可点击“材质与装饰”分栏中的“结构材质”栏内容，进入材质编辑器进行选择调整。

第 3 步：设置绘制状态菜单属性，菜单见图 1.2-8，为选项卡底部临时出现的淡绿色状态栏。将“深度”调整为“高度”，“未连接”调整为柱需要延伸到的标高。如需旋转，可勾选放置后旋转选项，也可绘制完成后单独修改。

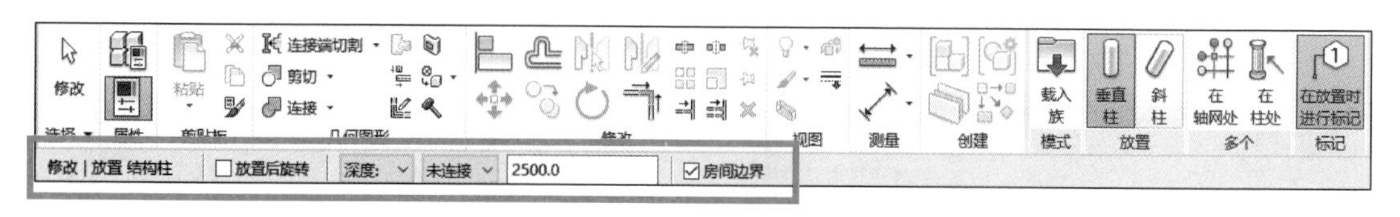

图 1.2-8　垂直柱绘制状态菜单

第 4 步：在已绘制的轴网交点处，左键点击放置结构柱。

第 5 步：点击已放置的结构柱，可以调整单个柱的具体属性，见图 1.2-9。如有底部偏移或顶部偏移，可直接在属性中进行调整，正值为上升，负值为下降，单位均为毫米。

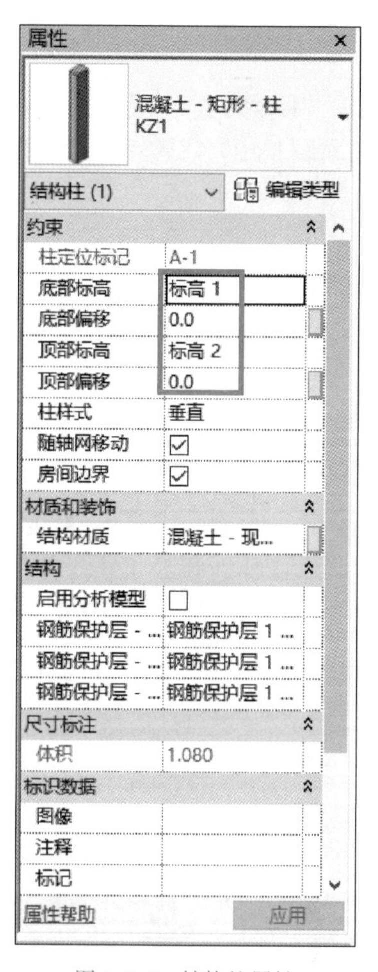

图 1.2-9　结构柱属性

第 **6** 步：点击已放置的结构柱，根据实际需要调整水平位置，选中结构柱后即可使用通用修改命令进行修改，状态如图 1.2-10 所示。

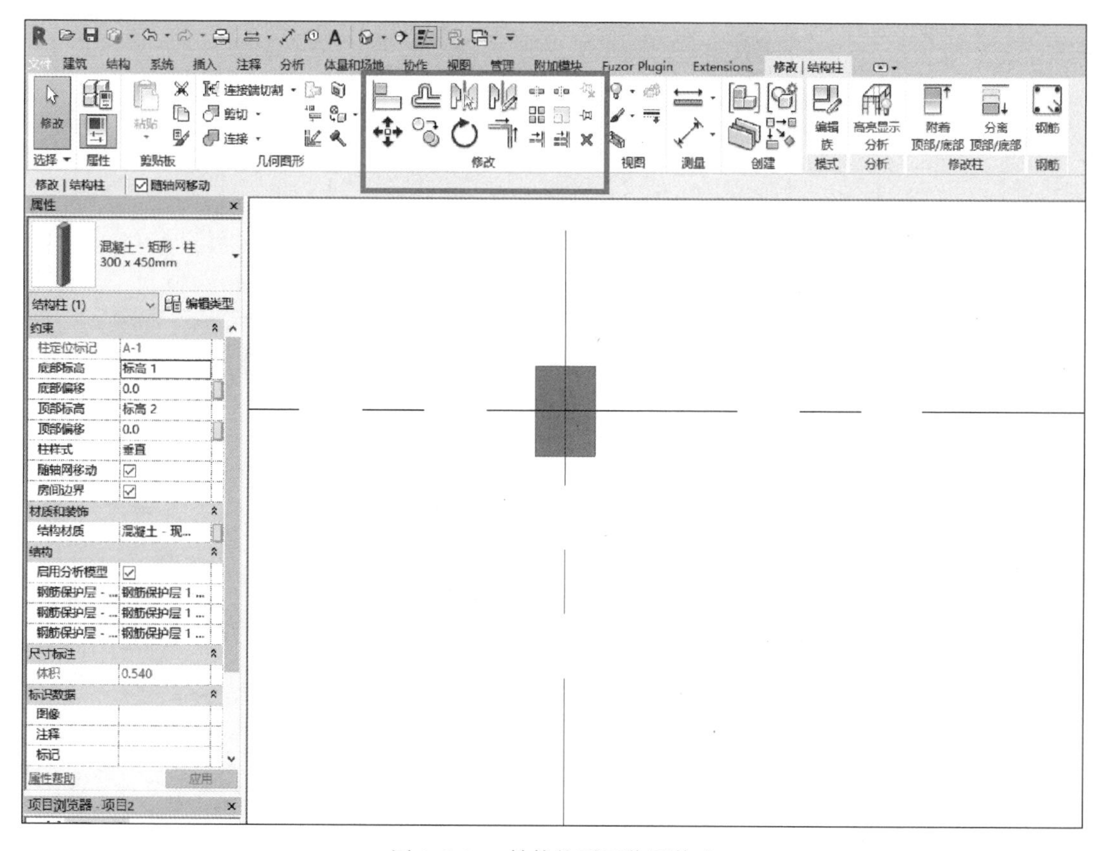

图 1.2-10　结构柱平面位置修改

（2）绘制斜柱

绘制斜柱前首先应将绘制样式切换到斜柱模式，柱属性与定义操作与垂直柱一致，但绘制状态菜单发生变化，见图 1.2-11。

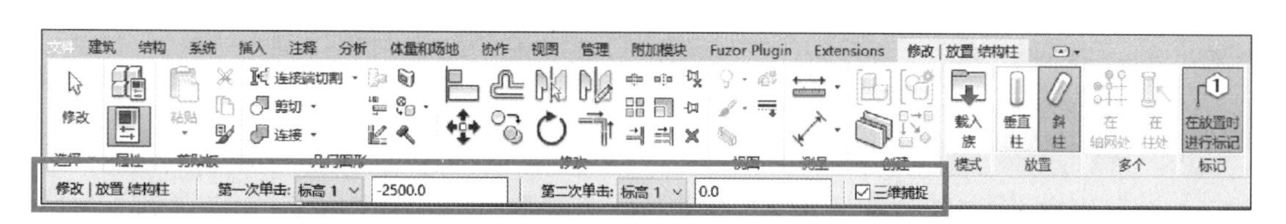

图 1.2-11　斜柱绘制状态菜单

完成柱属性设置后的操作步骤如下：

第 **1** 步：修改绘制状态栏菜单中的“第一次单击”定位，选择放置标高和偏移值，正值为上丌，负值为下降，单位均为毫米。

第 **2** 步：修改绘制状态栏菜单中的“第二次单击”定位，选择放置标高和偏移值，正值为上升，负值为下降，单位均为毫米。

第 **3** 步：单击平面位置确定第一放置点。

第 4 步：单击平面位置确定第二放置点，生成斜柱，如图 1.2-12 和图 1.2-13 所示，平面中仅显示在视图剖切面以下的部分。

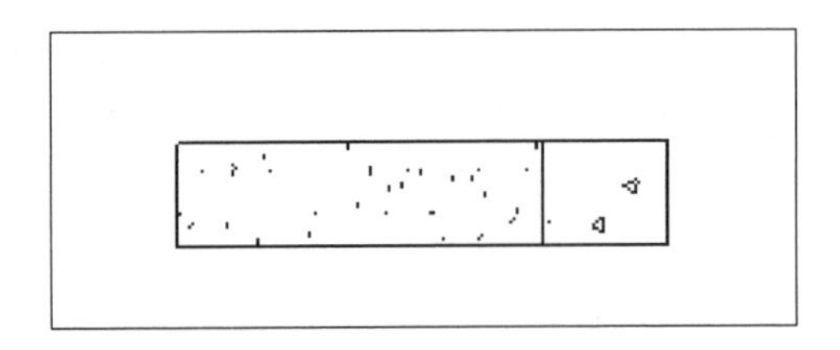

图 1.2-12　斜柱平面视图

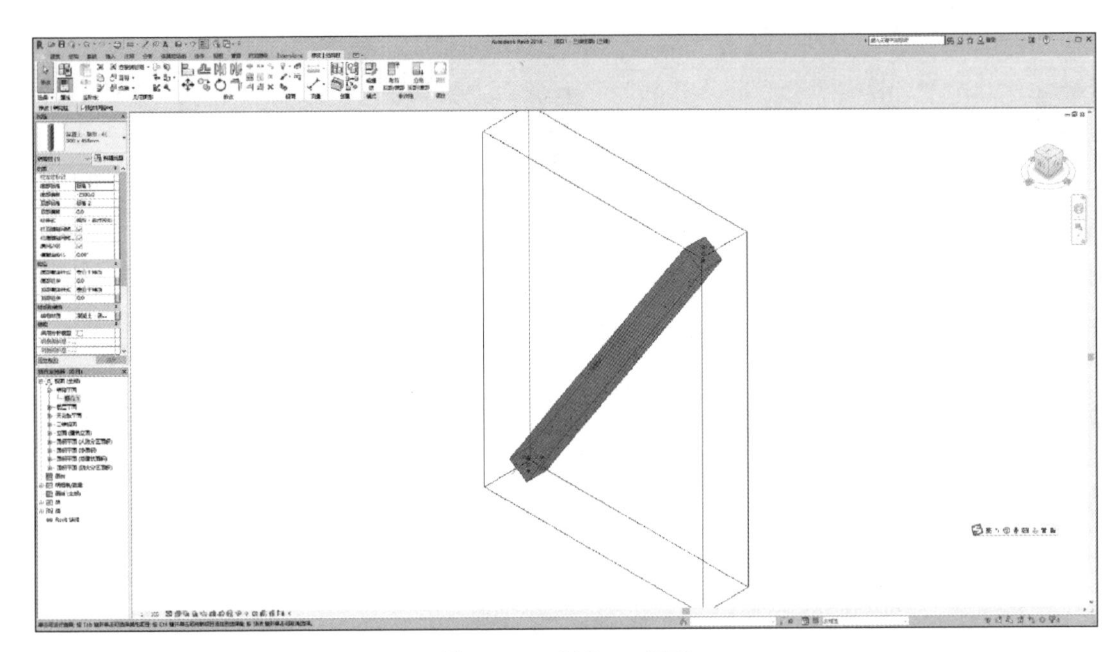

图 1.2-13　斜柱 3D 视图

完成建模后，属性及定位修改方式与垂直柱相同，此处不再赘述。

2.2　独立基础建模

1. 功能

独立基础命令能够在平面视图和三维视图中放置独立基础，包括柱下独立基础、桩承台、桩帽和单桩等都可在该命令中绘制，其图形菜单在结构选项卡中显示，见图 1.2-14。

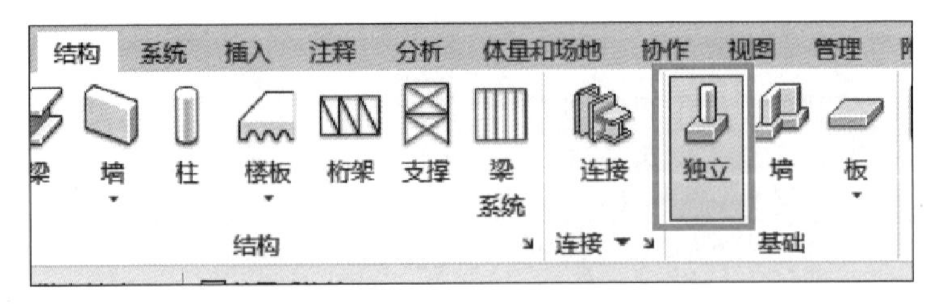

图 1.2-14　独立基础绘制选项卡

2. 操作步骤

常规情况下独立基础在结构平面内进行绘制。绘制独立基础前，我们应已完成标高、轴网绘制，且通常已完成结构柱的绘制定位。如所需绘制的独立基础未在样板中默认载入，则需要载入相应的族，族载入步骤如下：

结构基础建模

第 1 步：点击进入独立基础绘制功能。

第 2 步：点击属性栏中的“编辑类型”（图 1.2-15）。

第 3 步：在编辑类型中选择“载入”（图 1.2-16）。

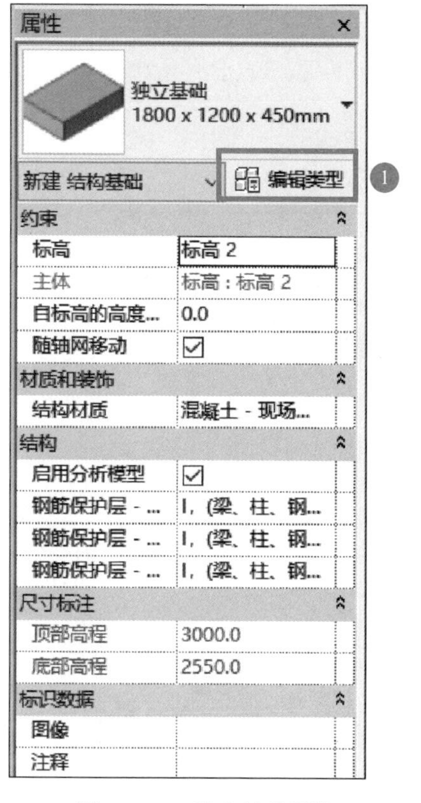

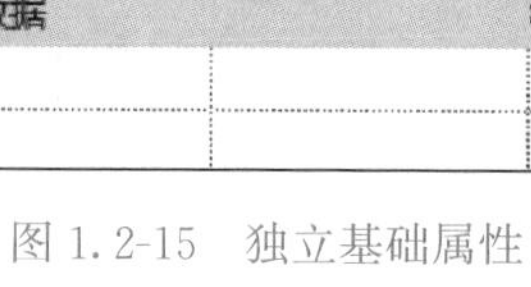

图 1.2-15　独立基础属性

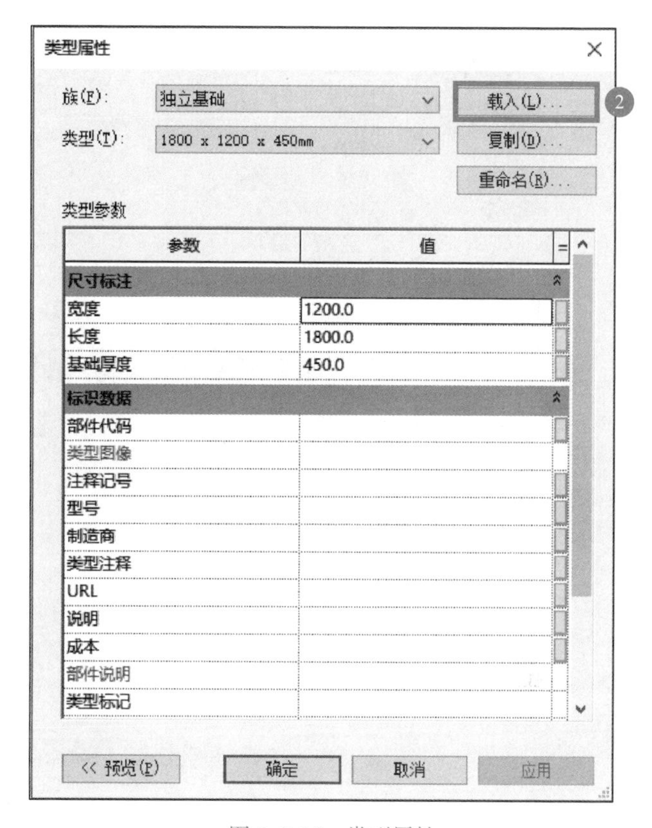

图 1.2-16　类型属性

第 4 步：选择外部族库中的结构→基础路径，然后选取自己要建立的独立基础类型载入（图 1.2-17）。

不同的族库安装方式可能导致基础族所在的位置不同，如 Revit2018 安装正确，族库默认位置见图 1.2-18。

（1）绘制独立基础（以桩承台为例）

第 1 步：左键点击独立基础属性的“编辑类型”，定义承台几何尺寸，可点击预览键查看效果，如图 1.2-19 所示。工程建模中，建议点击“复制”得到新类型，根据项目命名原则重新命名后再修改截面尺寸。

第 2 步：在属性栏中调整独立基础属性。桩承台等为组合构件，可在构造参数中调整类型等相关参数。其他参数如材质等，可在放置后根据工程项目要求需进行修改。

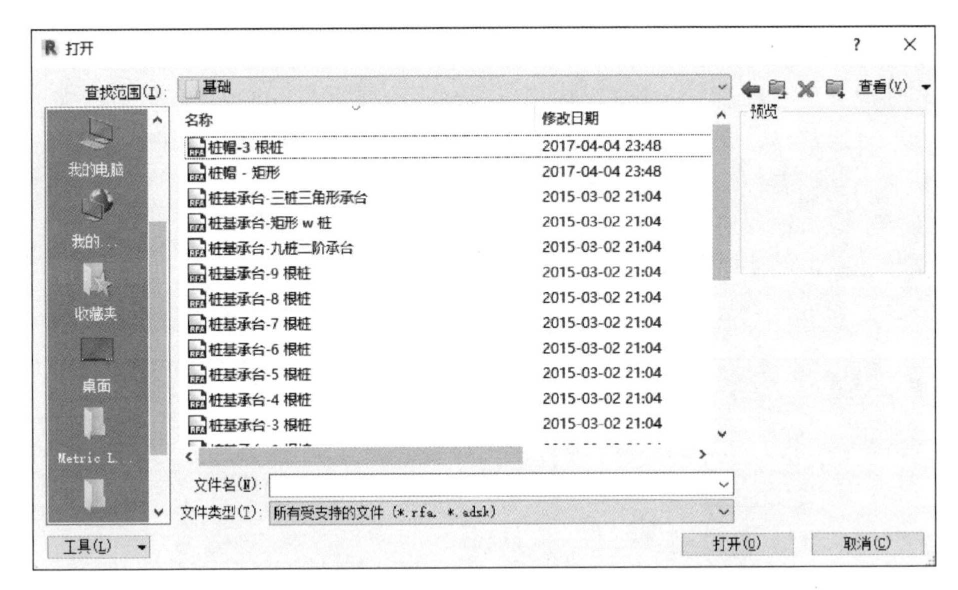

图 1.2-17　载入独立基础

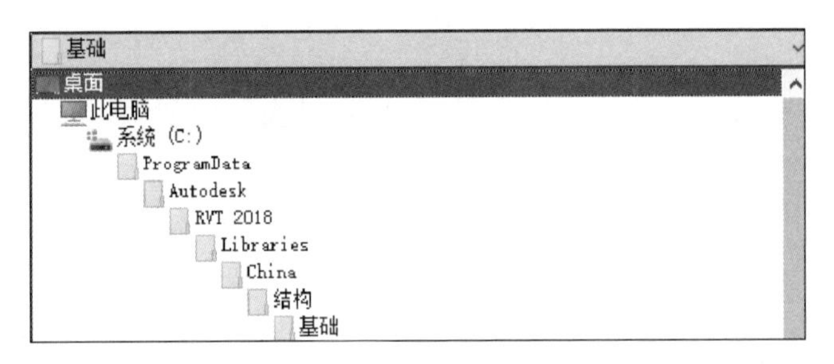

图 1.2-18　族库位置

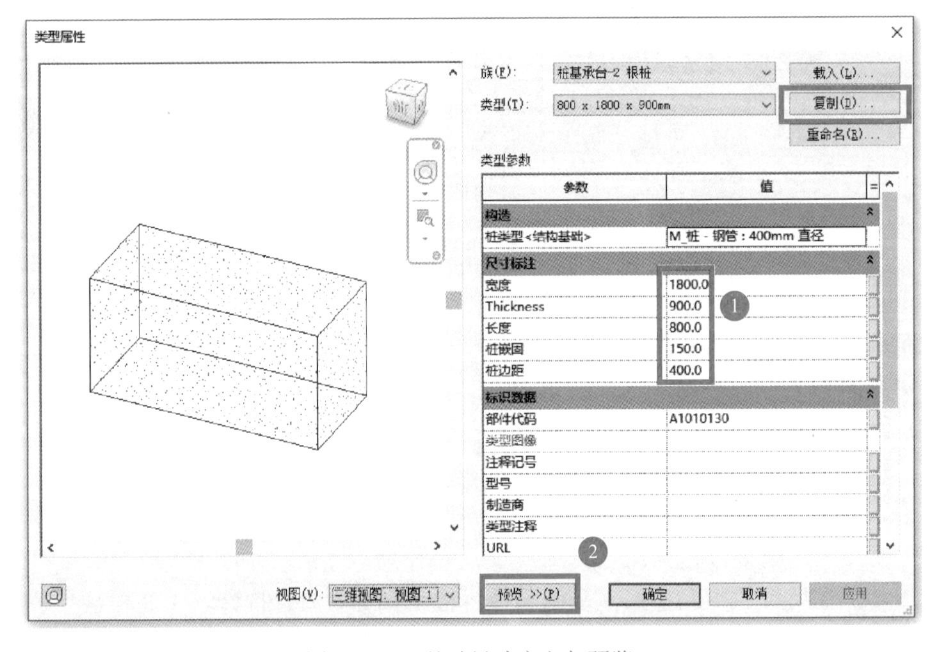

图 1.2-19　基础尺寸定义与预览

第3步： 设置绘制状态菜单属性，菜单见图1.2-20，为选项卡底部临时出现的淡绿色状态栏。如需旋转，可勾选“放置后旋转”选项，也可绘制完成后单独修改。同时，柱下独立基础放置时会与已建立的结构柱直接连接，顶面高度与柱底高度一致。

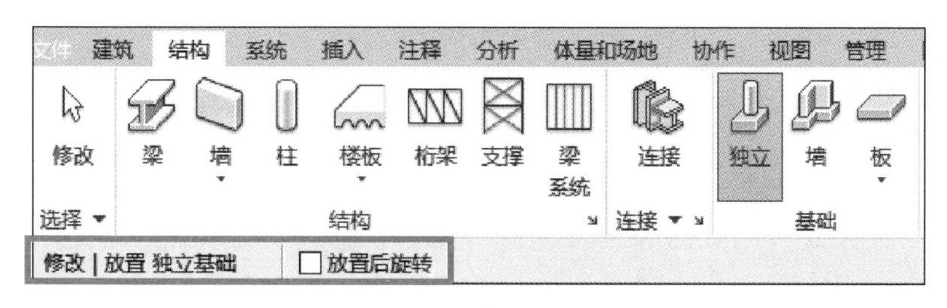

图1.2-20 独立基础绘制状态栏

第4步： 在已绘制的轴网交点处或结构柱位置，左键点击放置独立基础。

第5步： 点击已放置的独立基础，可以调整单个基础的具体属性，见图1.2-21。如有偏移，可直接在属性中进行调整，正值为上升，负值为下降，单位均为毫米。

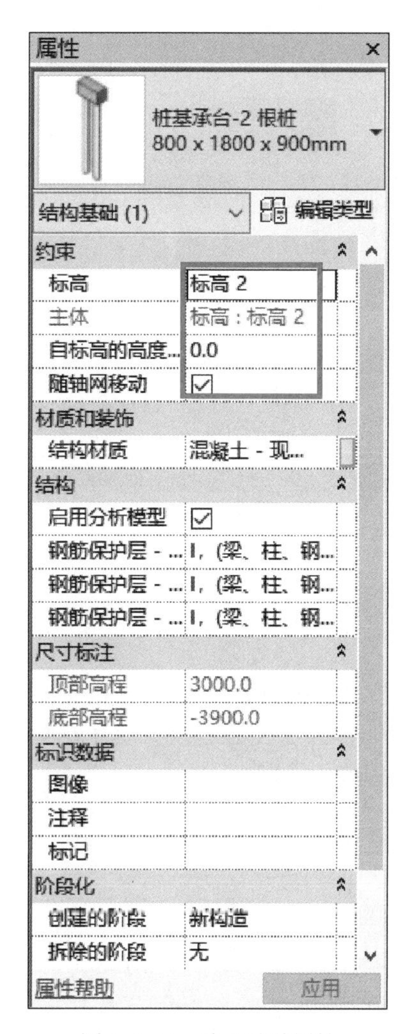

图1.2-21 独立基础属性

第 6 步：点击已放置的独立基础，根据实际需要调整水平位置，选中独立基础后即可使用通用修改命令进行修改，状态如图 1.2-22 所示。但修改后会和所连接的结构柱分离，请务必注意。

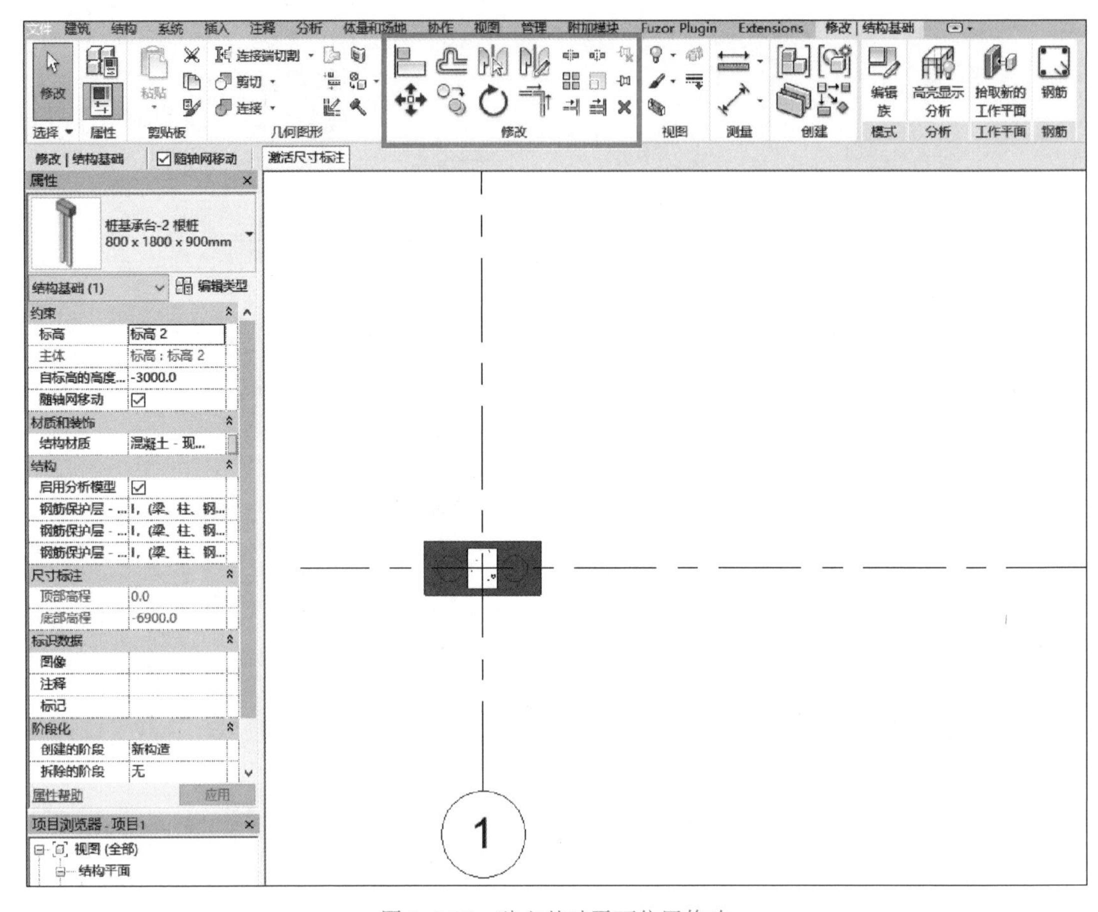

图 1.2-22　独立基础平面位置修改

2.3　墙建模

1. 功能

绘制墙体命令（WA）能够在平面视图和三维视图中放置结构墙或建筑墙，其图形菜单在建筑和结构选项卡中均有显示，见图 1.2-23。其中结构菜单中墙体绘制功能无面墙选项。本节介绍常规墙体的绘制功能与方法。

2. 操作步骤

墙体可在楼层平面或结构平面内进行绘制。绘制墙体前，我们应已完成标高、轴网及项目基点等准备工作的设置。墙体为系统族，无需另行载入，可直接选择进行绘制。绘制常规建筑墙和绘制结构墙的方法相同，本节以结构墙为例。

第 1 步：左键点击“墙：结构”，进入绘制菜单，在墙属性栏中点击“编辑类型”属性菜单，见图 1.2-24。

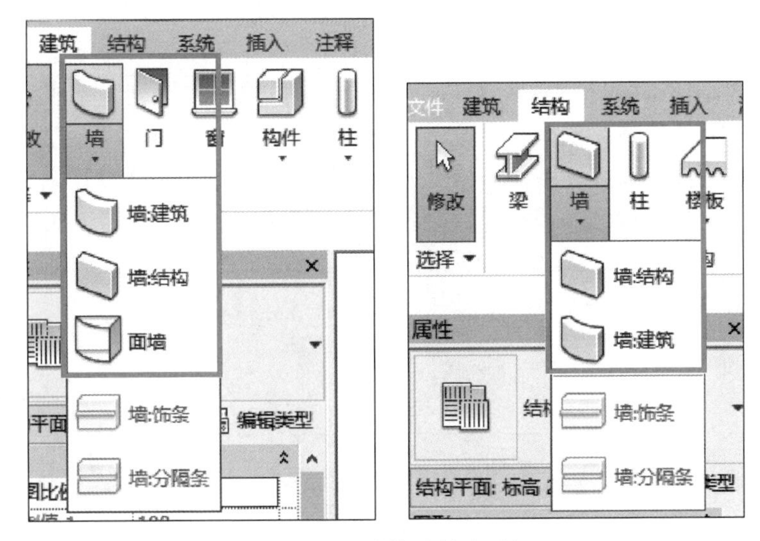

图 1.2-23　墙体绘制选项卡

墙建模

图 1.2-24　墙属性

第 2 步：点击“构造：结构”中的“编辑”，进入墙体结构编辑菜单，如图 1.2-25 所示。此时可以点击“插入”或“删除”，增减墙体结构，不同层结构可上下移动，并可点击“材质”修改不同层的材质属性（同材质编辑器），输入“厚度”完成定义，在核心层主要材质上勾选结构材质。非核心层材质应根据设计要求，使用“向上”和“向下”的功能移动到“核心边界”以外。墙体编辑完成后，点击“确定”完成设置。工程建模中，建议点击“复制”得到新类型，根据项目命名原则重新命名后再修改墙体属性。

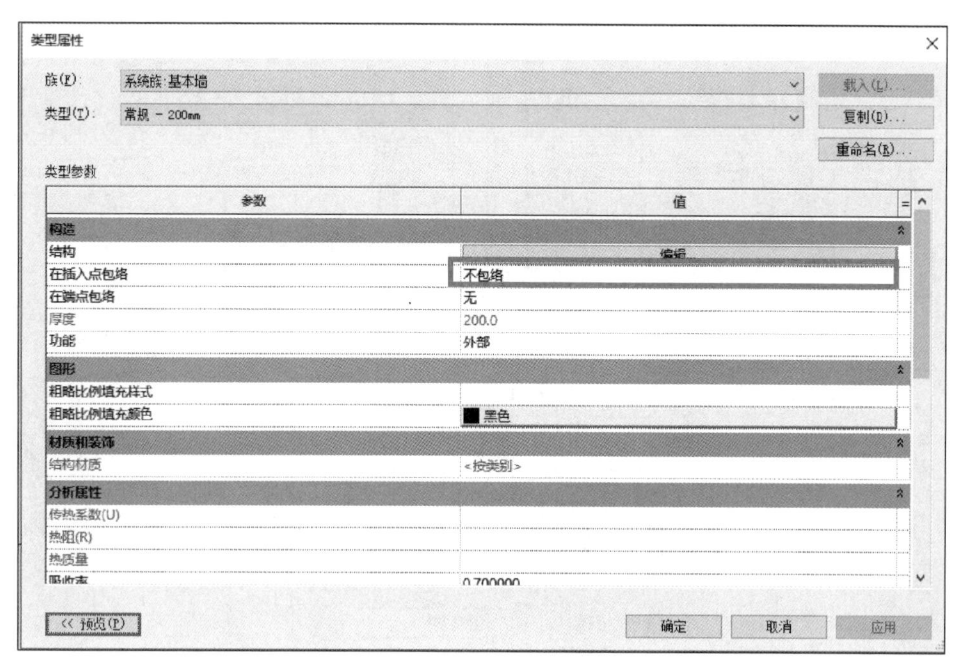

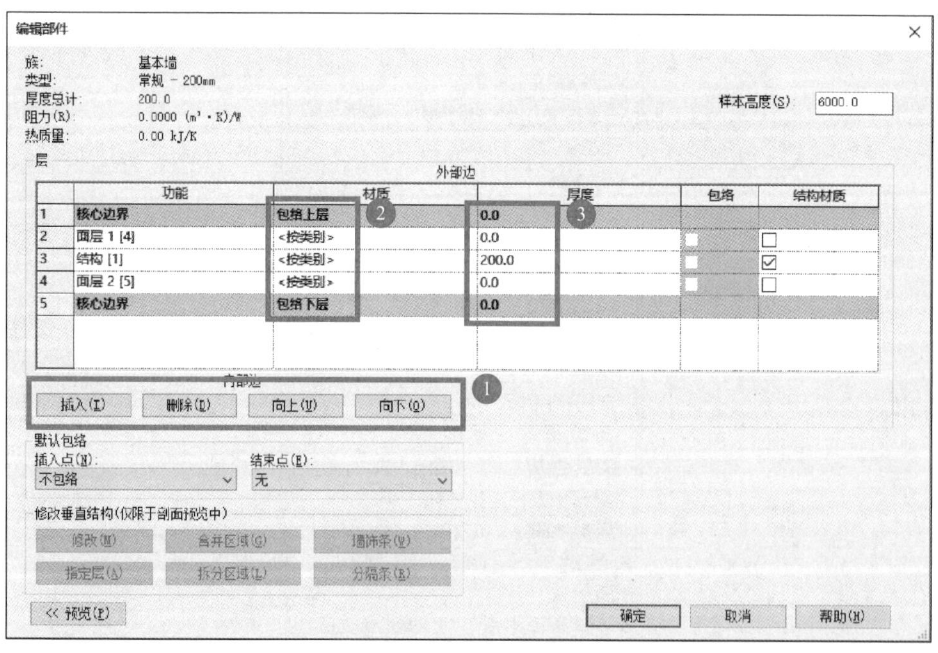

图 1.2-25　墙体结构编辑

第 3 步：点击“类型属性”中的“确定”完成设置后，开始进入墙体平面绘制。此时应首先根据设计要求调整绘制状态，见图 1.2-26。通常我们将放置方式选择为按“高度”放置，并在连接位置选择要到达的标高，如选择“未连接”，则应输入相应的高度。通过定位线功能可以设置墙体绘制时的对中方式，见图 1.2-27。若要连续绘制墙体，则应在“链”功能上打钩。绘制直线墙体无需勾选“半径”。默认墙体的连接状态为“允许”，如有特殊情况，可以修改连接样式。

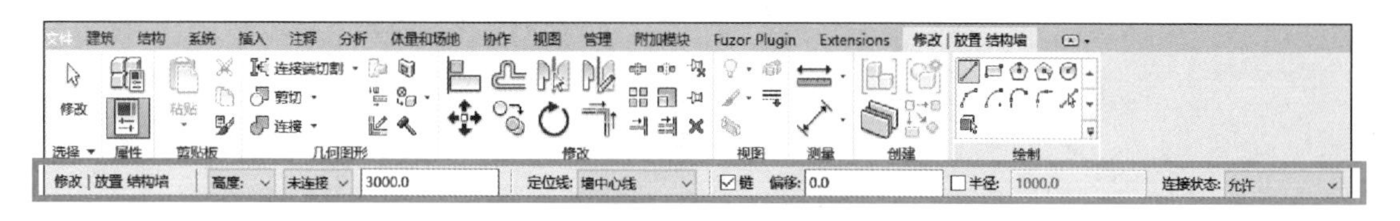

图 1.2-26　墙体绘制状态栏

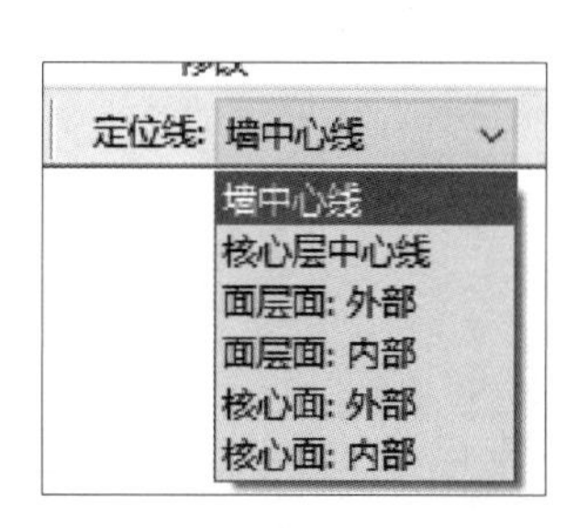

图 1.2-27　墙体定位线修改

第 4 步：在平面上左键点击确定墙的起点，然后移动到下一点，左键点击，生成第一段墙体，再移到下一点依次点击绘制出需要建立的墙体模型。已绘制的墙体，可以使用空格键或平面上的双箭头修改方向，也可选中后使用通用修改菜单进行编辑。见图 1.2-28。

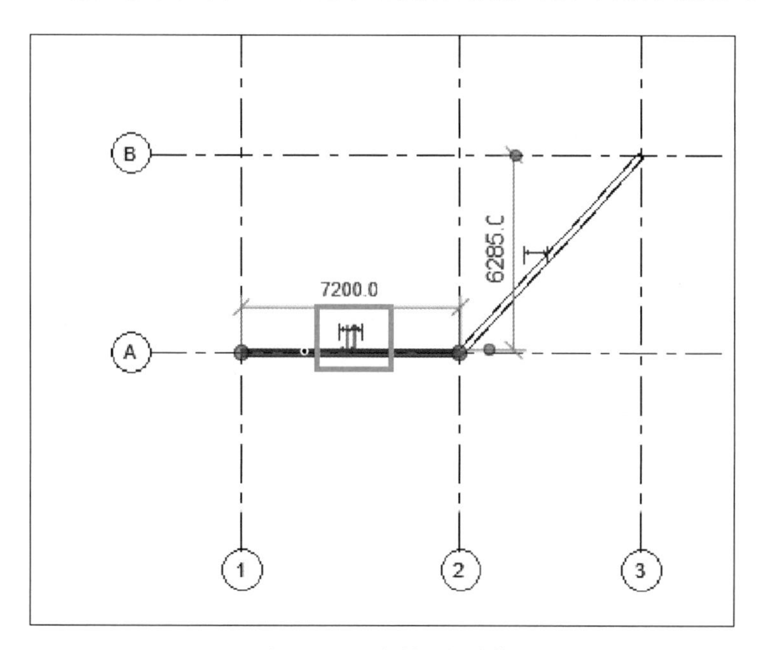

图 1.2-28　绘制后的墙体

建筑墙和结构墙，绘制的方法完全一致，但建筑墙不具备分析模型和承重墙等结构属性，见图 1.2-29。

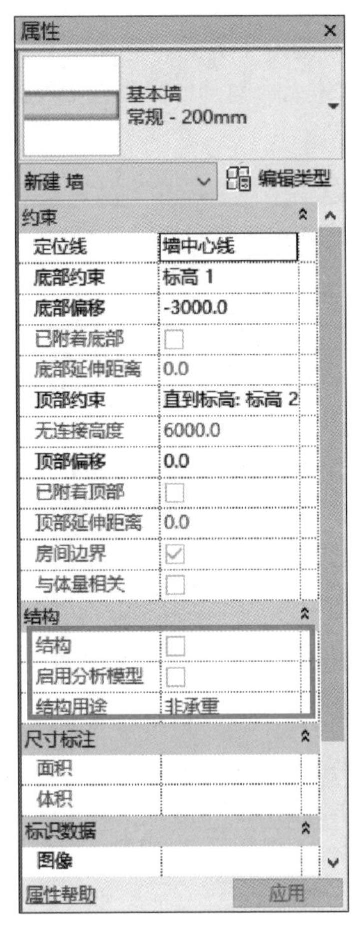

图 1.2-29　建筑墙属性

2.4　条形基础建模

1. 功能

条形基础建模命令能够在平面视图和三维视图中基于墙放置墙下条形基础，其图形菜单在结构选项卡中，如图 1.2-30 所示。

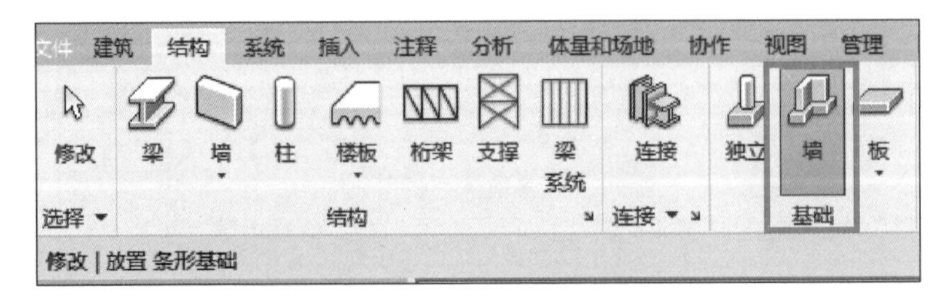

图 1.2-30　条形基础绘制选项卡

2. 操作步骤

常规情况下条形基础在结构平面内进行绘制。绘制条形基础前，我们应已完成标高、轴网及墙体的绘制。条形基础为系统族，故无需额外载入。

第 1 步： 左键点击基础输入中的“墙”选项，在属性栏查看基本属性，如图 1.2-31 所示。点击“编辑类型”，调整条形基础类型、材质和尺寸，其中类型可选择“挡土墙基础”或“承重基础”，如图 1.2-32 所示。工程建模中，建议点击“复制”得到新类型，根据项目命名原则重新命名后再修改相关属性。

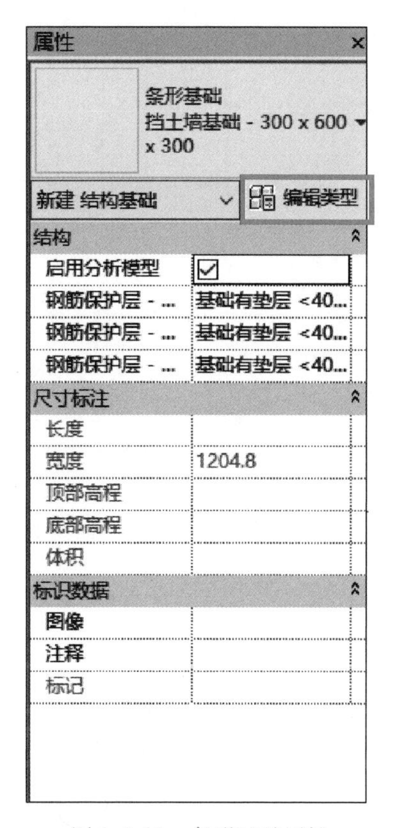

图 1.2-31　条形基础属性

第 2 步： 定义完属性后，点击“确定”即可开始放置条形基础，此时状态栏没有可调整的参数，可直接左键点击需要在墙下放置条形基础的墙体，点击一次放置一段，绘制效果如图 1.2-33 所示。由于和墙体关联，绘制完的条形基础无法使用通用修改进行局部调整，如需修改则应删除后重新绘制。

2.5　基础底板建模

1. 功能

基础底板建模命令能够在平面视图中建立基础底板的模型实体，其图形菜单在结构选项卡中的位置，如图 1.2-34 所示。

基础底板建模

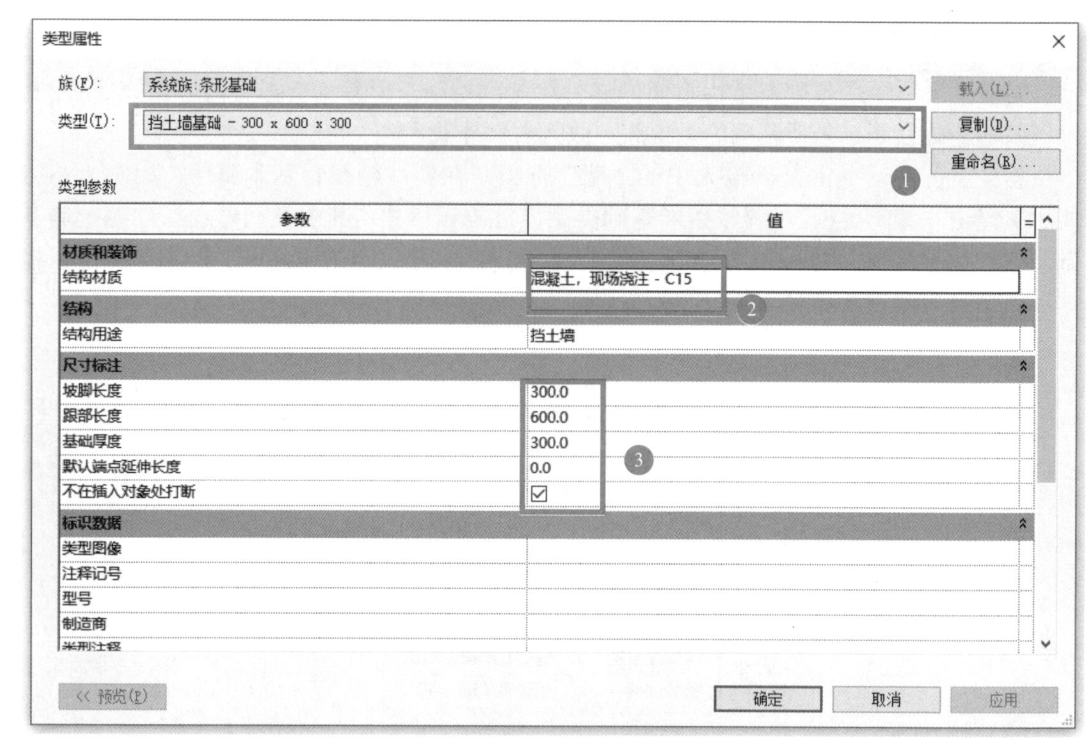

图 1.2-32　类型属性

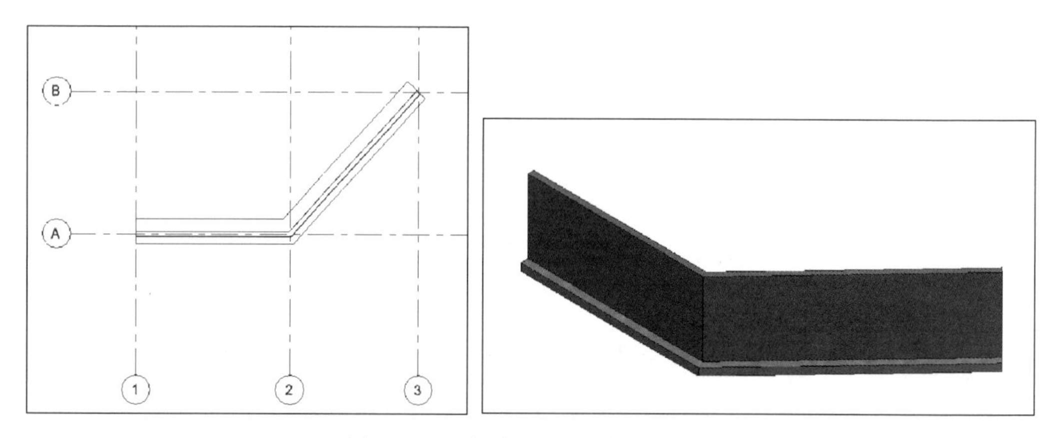

图 1.2-33　条形基础平面与 3D 显示

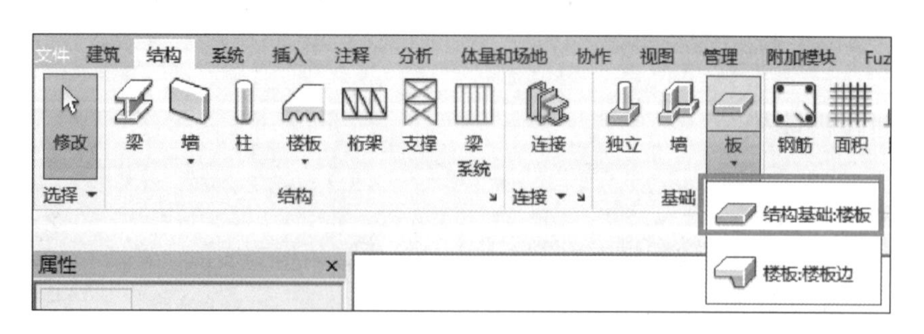

图 1.2-34　基础底板绘制选项卡

2. 操作步骤

基础底板一般在结构平面内进行绘制。绘制基础前，我们应已完成标高、轴网、结构柱、墙体等的绘制。基础底板为系统族，故无需额外载入。

第 1 步：左键点击基础输入中的“楼板”选项，此时我们会进入创建边界界面，请注意当未勾选确定或取消时，除本界面外的其他界面操作均不可用，见图 1.2-35。状态栏中的偏移量仅表示绘制路径与实际边界路径的偏移，请根据实际建模情况使用。

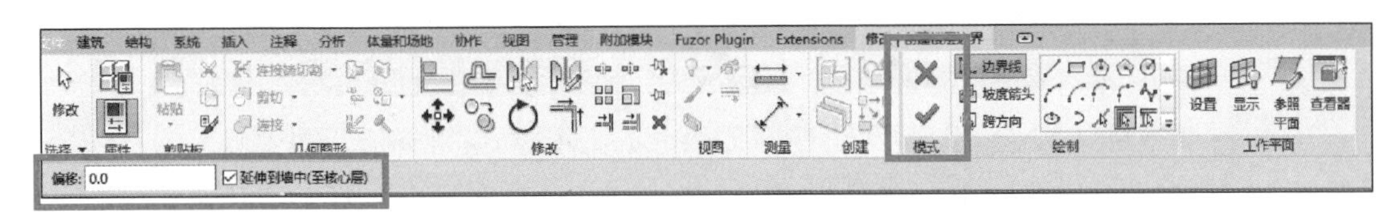

图 1.2-35　创建边界界面

第 2 步：在属性栏查看和修改基础底板基本属性，包括标高和保护层等，如图 1.2-36 所示。点击“编辑类型”，可进入类型属性调整基础底板类型、厚度及其他属性，如图 1.2-37 所示。

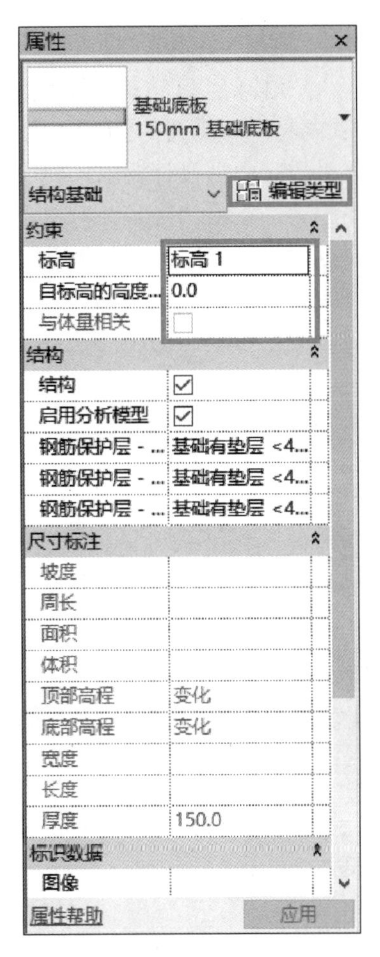

图 1.2-36　基础底板属性

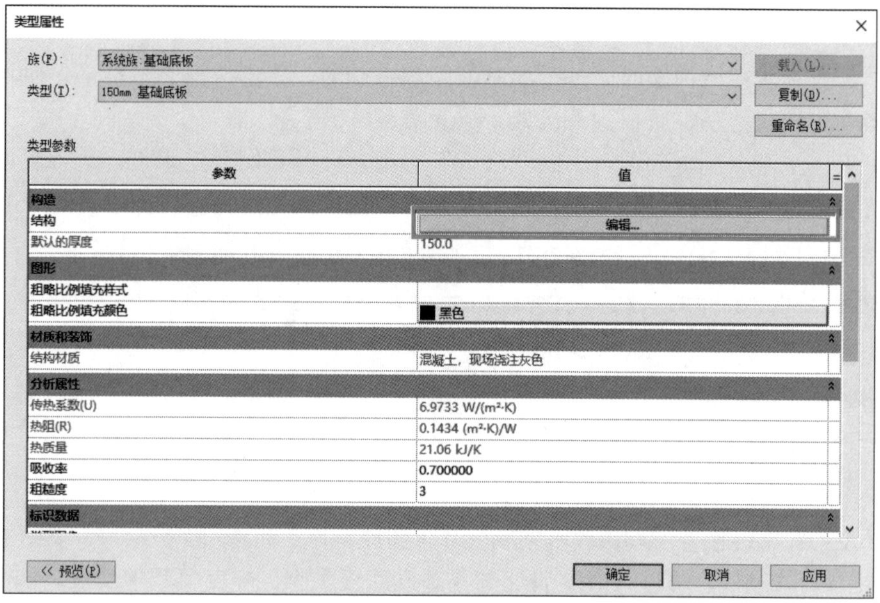

类型属性

族(F)：系统族：基础底板

类型(T)：150mm 基础底板

载入(L)…　复制(D)…　重命名(R)…

类型参数

参数	值
构造	
结构	编辑…
默认的厚度	150.0
图形	
粗略比例填充样式	
粗略比例填充颜色	黑色
材质和装饰	
结构材质	混凝土，现场浇注灰色
分析属性	
传热系数(U)	6.9733 W/(m²·K)
热阻(R)	0.1434 (m²·K)/W
热质量	21.06 kJ/K
吸收率	0.700000
粗糙度	3
标识数据	

<< 预览(P)　确定　取消　应用

图 1.2-37　类型属性

第 3 步：点击“构造：结构”中的“编辑”，进入结构编辑菜单，如图 1.2-38 所示。此时可以点击“插入”或“删除”，增减底板结构，不同层结构可上下移动，并可点击“材质”修改不同层的材质属性（同材质编辑器），输入“厚度”完成定义，在核心层主要材质上勾选结构材质。非核心层材质应根据设计要求，使用“向上”和“向下”的功能移动到“核心边界”以外。编辑完成后，点击“确定”完成设置。编辑的过程与墙体编辑操作基本一致。工程建模中，建议点击“复制”得到新类型，根据项目命名原则重新命名后再修改属性。

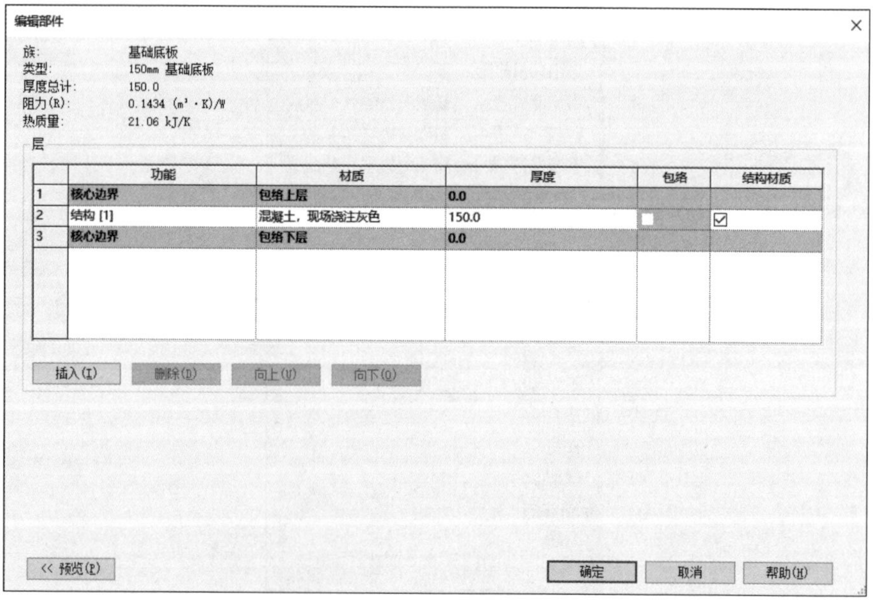

编辑部件

族：基础底板

类型：150mm 基础底板

厚度总计：150.0

阻力(R)：0.1434 (m²·K)/W

热质量：21.06 kJ/K

层

	功能	材质	厚度	包络	结构材质
1	核心边界	包络上层	0.0		
2	结构 [1]	混凝土，现场浇注灰色	150.0	☐	☑
3	核心边界	包络下层	0.0		

插入(I)　删除(D)　向上(U)　向下(O)

<< 预览(P)　确定　取消　帮助(H)

图 1.2-38　基础底板结构编辑

第 4 步：设置完成后，使用绘制功能菜单绘制基础底板边界，可直接绘制边界线形状，在套用底图建模时也可使用拾取功能生成，但均应注意边界的完整性和闭合性，且不得存在多余的线条。绘制菜单见图 1.2-39，闭合的底板边界线条如图 1.2-40 所示。

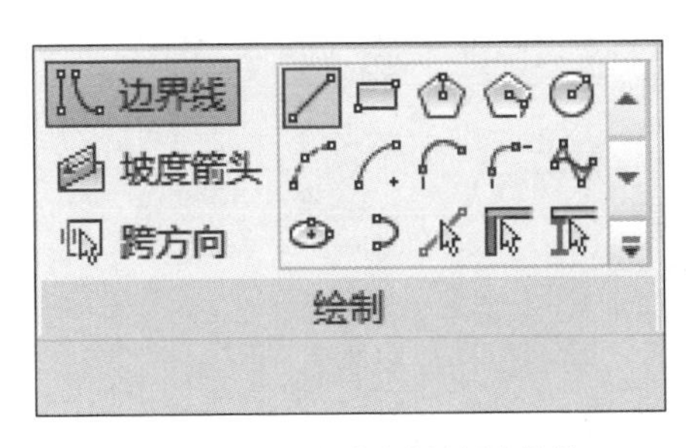

图 1.2-39　基础底板绘制菜单

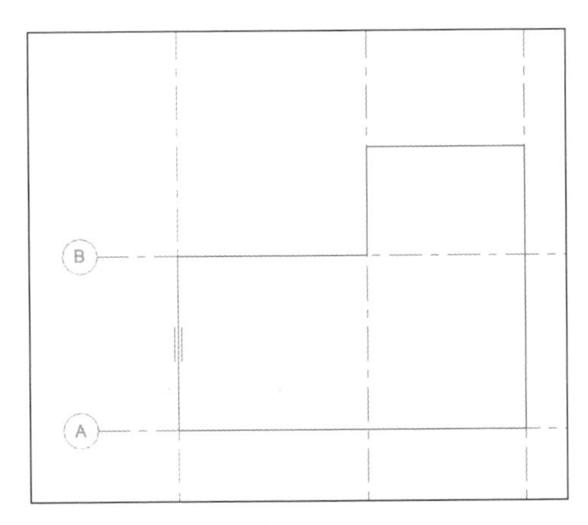

图 1.2-40　底板边界绘制示意

第 5 步：边界绘制完成后，在创建楼层边界菜单中选择“√”，完成编辑，即可生成底板，见图 1.2-41。已生成的底板选中后可使用通用编辑菜单进行编辑，如移动、复制等，如需改变底板形状，则需点击“编辑草图”，重新进入创建楼层边界菜单进行再次编辑，操作过程同第 4 步。

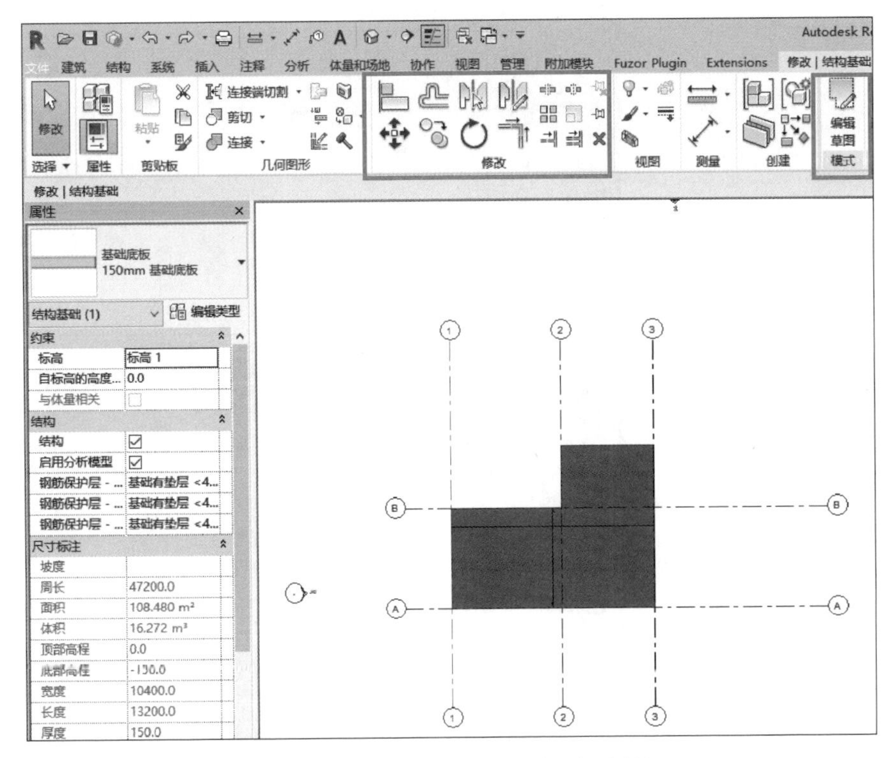

图 1.2-41　基础底板生成后的平面属性

2.6 梁建模

1. 功能

绘制梁命令（BM）能够在平面视图和三维视图中放置结构梁，其图形菜单在结构选项卡中显示，见图 1.2-42。可使用该功能绘制混凝土梁和型钢梁。

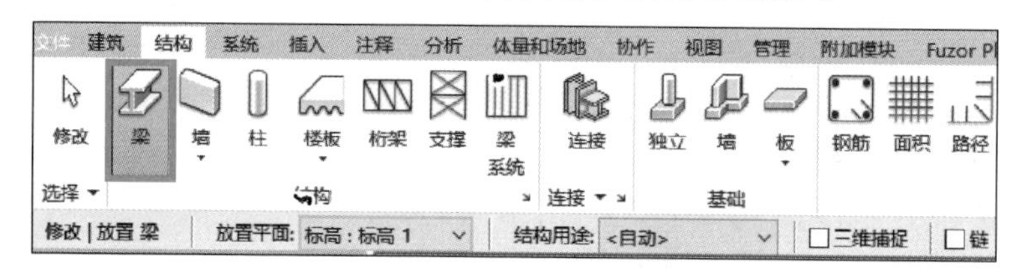

图 1.2-42　结构梁绘制选项卡

2. 操作步骤

常规情况下结构梁在结构平面内进行绘制。绘制结构梁前，我们应已完成标高、轴网及结构柱的绘制，无论框架梁还是地梁均使用本功能进行绘制。如使用建筑样板建立项目，混凝土结构柱需要载入相应的族，族载入步骤如下：

第 1 步：点击进入梁绘制功能。

第 2 步：点击属性栏中的“编辑类型”，如图 1.2-43 所示。

梁建模

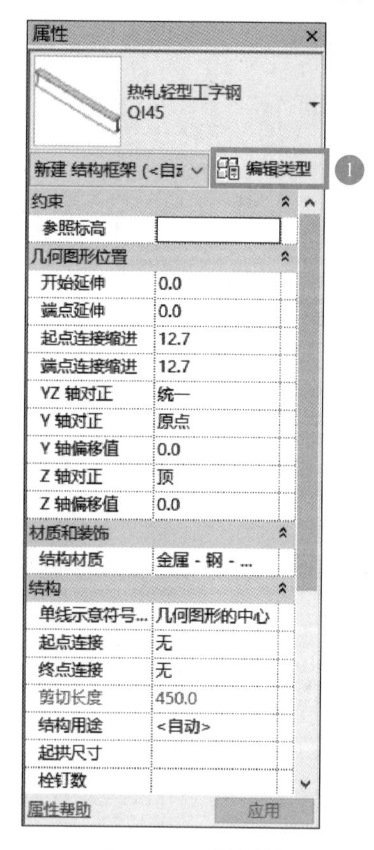

图 1.2-43　梁属性

第 **3** 步：在编辑类型中选择“载入”（图 1.2-44）。

类型属性

族(F)：热轧轻型工字钢　　载入(L)...

类型(T)：QI45　　复制(D)...

重命名(R)...

类型参数

参数	值
结构	
横断面形状	工字型倾斜法兰
尺寸标注	
清除腹板高度	
腹板角焊焊趾	
螺栓间距	
螺栓直径	
结构分析	
截面面积	
周长	n
公称重量	65.18 kgf/m
强轴惯性矩	27446.00 cm4
弱轴惯性矩	806.90 cm4
强轴弹性模量	1219.80 cm³
弱轴弹性模量	100.90 cm³
强轴塑性模量	0.00 cm³

螺栓直径

螺栓孔的最大直径。

<< 预览(P)　　确定　　取消　　应用

图 1.2-44　类型属性

第 **4** 步：选择外部族库中的结构→框架，然后选取自己要建立的梁种类和型号载入（图 1.2-45）。

图 1.2-45　载入结构梁

不同的族库安装方式可能导致结构梁所在的位置不同，如 Revit2018 安装正确，族库默认位置见图 1.2-46。

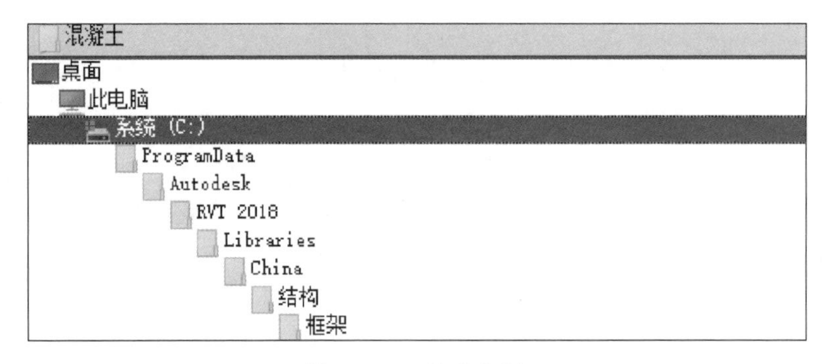

图 1.2-46　族库位置

如使用结构样板建立项目，则混凝土矩形梁已被样板默认载入项目中。下面我们以绘制混凝土矩形框架梁为例来学习建模步骤。

第 1 步：选择“梁”菜单后，左键点击梁属性的“编辑类型”，在族中选择“混凝土-矩形梁”，可以看到初始包含 2 个类型，可定义梁截面尺寸（b 和 h），点击“预览”能查看效果，如图 1.2-47 所示。工程建模中，建议点击“复制”得到新类型，根据项目命名原则重新命名后再修改截面尺寸。

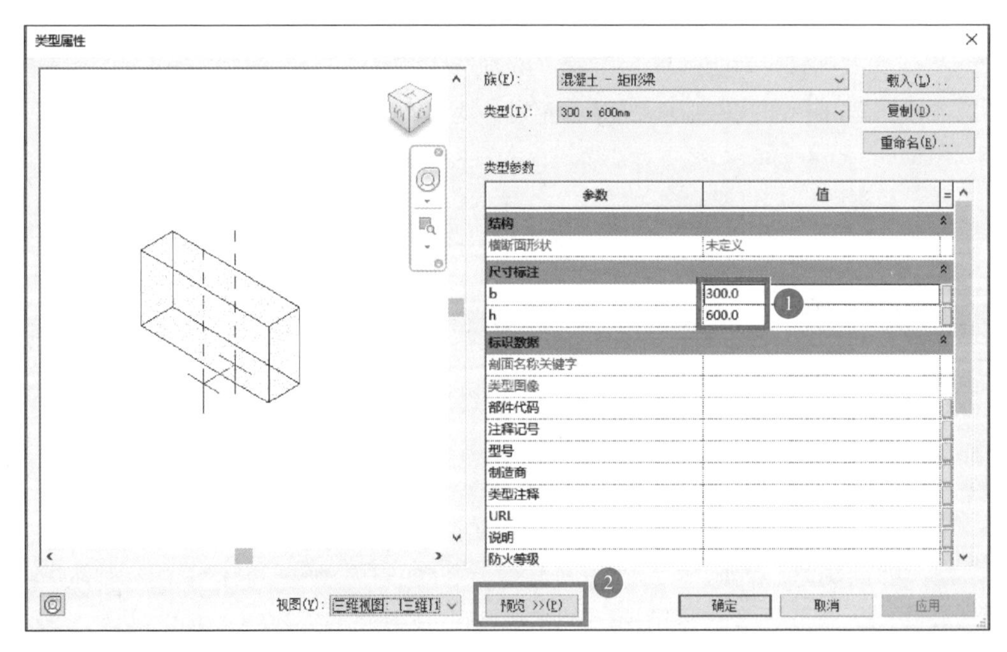

图 1.2-47　梁截面定义与预览

第 2 步：在属性栏中调整梁属性，因为 Revit 分析模型目前不适用于国内的结构设计计算，我们可以取消属性栏中的“启用分析模型”勾选。如材质根据工程项目要求需进行修改，可点击“材质与装饰”分栏中的“结构材质”栏内容，进入材质编辑器进行选择调整。

第 **3** 步：设置梁绘制状态菜单属性，菜单见图 1.2-48，为选项卡底部临时出现的淡绿色状态栏。选择需要放置的平面，结构用途选择自动或根据实际功能选择，如在三维视图中放置需要勾选“三维捕捉”以精确定位，如需连续绘制应勾选“链”功能。

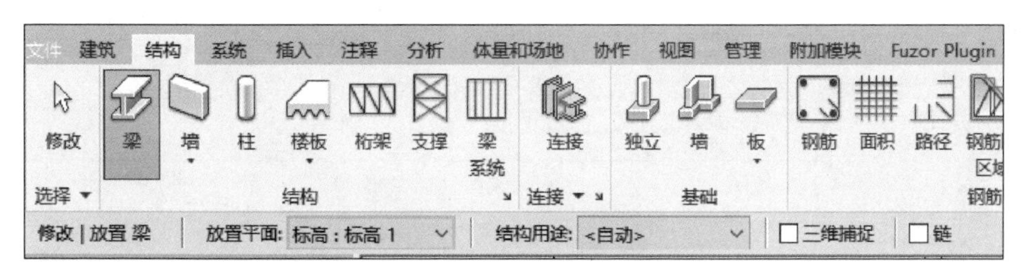

图 1.2-48 梁绘制状态菜单

第 **4** 步：在已绘制的结构柱处，左键点击确定梁段的起点。

第 **5** 步：鼠标移动至下一个结构柱位置，左键点击确定梁段的终点。

第 **6** 步：点击已放置的梁，可以调整单个梁构件的具体属性，见图 1.2-49。可以调整的参数包括起点和终点标高偏移量、横截面旋转角度等，其中起点终点偏移量不同可用于设置斜梁。同时可以调整 XYZ 轴几何图形位置，但调整不应与偏移重复。

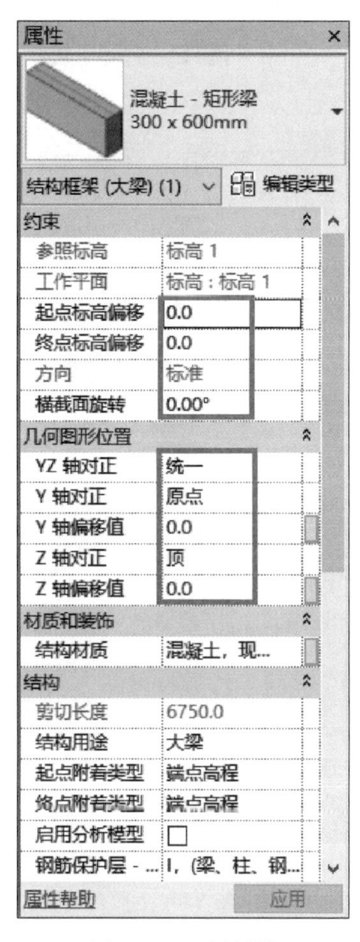

图 1.2-49 梁属性

第 7 步：点击已放置的结构梁，根据实际需要调整平面位置，选择中结构梁后即可使用通用修改命令进行修改，状态如图 1.2-50 所示。

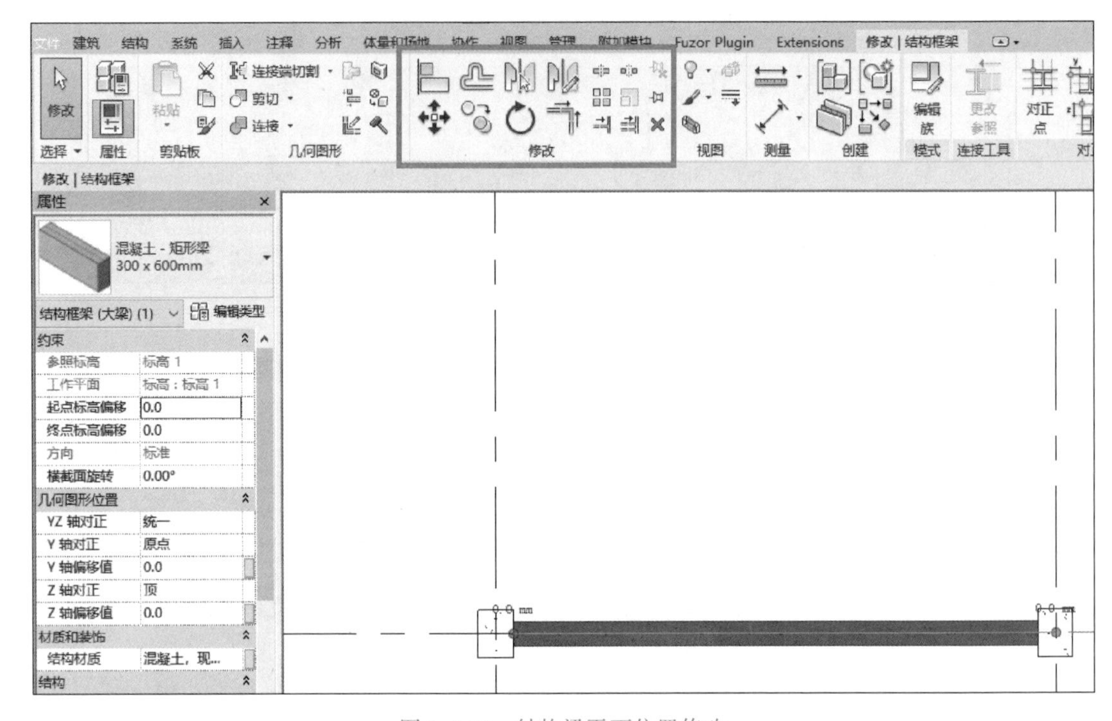

图 1.2-50　结构梁平面位置修改

2.7　楼板建模

1. 功能

楼板建模命令（SB）能够在平面视图中建立楼板的模型实体，其图形菜单在结构选项卡和建筑选项卡中均有提供，除建筑选项卡中提供面楼板外，其余功能完全一致，见图 1.2-51。

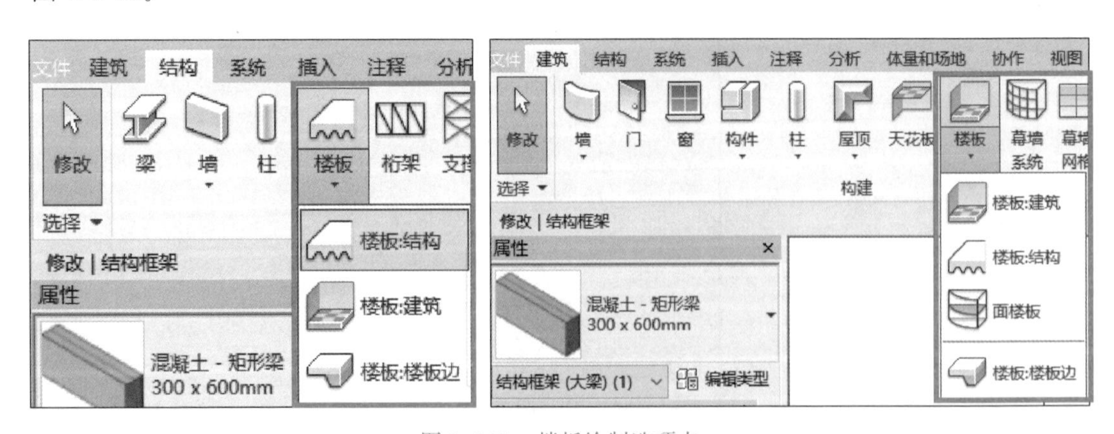

图 1.2-51　楼板绘制选项卡

2. 操作步骤

楼板在结构平面和楼层平面内均可绘制。绘制楼板前，我们应已完成标高、轴网、结构柱、墙体等的绘制。楼板为系统族，故无需额外载入。下面以结构楼板输入为例来学习建模步骤。

第1步：左键点击结构菜单中的“楼板：结构”选项，此时我们会进入创建边界界面，请注意当未勾选确定或取消时，除本界面外的其他界面操作均不可用，见图1.2-52。状态栏中的偏移量仅表示绘制路径与实际边界路径的偏移，请根据实际建模情况使用。

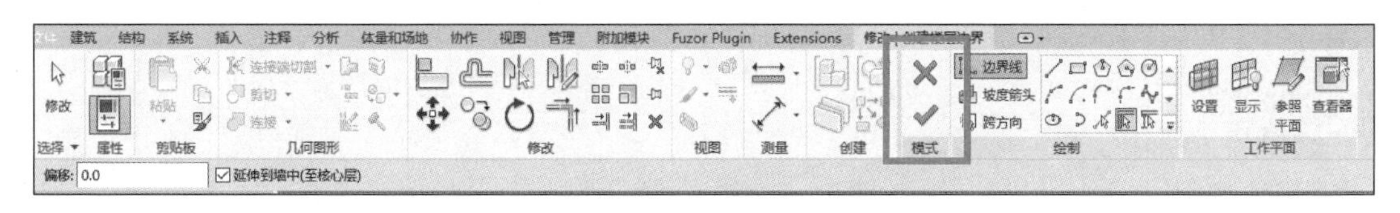

图1.2-52　创建边界界面

第2步：在属性栏查看和修改楼板基本属性，包括标高和保护层等，如图1.2-53所示。点击“编辑类型”，可进入类型属性调整楼板类型、厚度及其他属性，如图1.2-54所示。

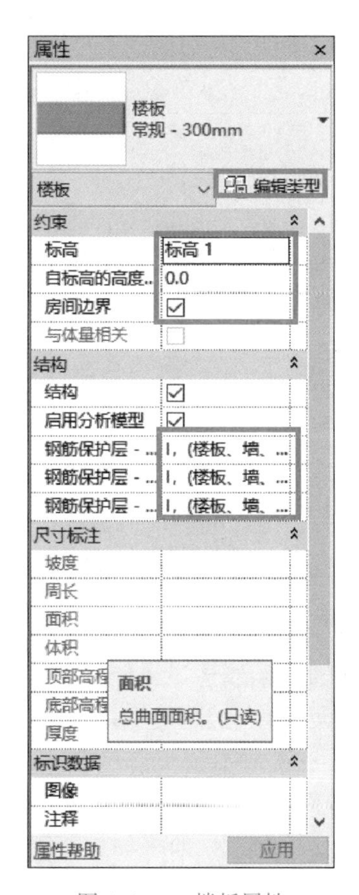

图1.2-53　楼板属性

图1.2-54　类型属性

第 3 步：点击“构造：结构”中的“编辑”，进入结构编辑菜单，如图 1.2-55 所示。此时可以点击“插入”或“删除”，增减楼板结构，不同层结构可上下移动，并可点击“材质”修改不同层的材质属性（同材质编辑器），输入“厚度”完成定义，在核心层主要材质上勾选“结构材质”。非核心层材质应根据设计要求，使用“向上”和“向下”的功能移动到“核心边界”以外。编辑完成后，点击“确定”完成设置。编辑的过程与墙体编辑操作基本一致。工程建模中，建议点击“复制”得到新类型，根据项目命名原则重新命名后再修改属性。

楼板建模

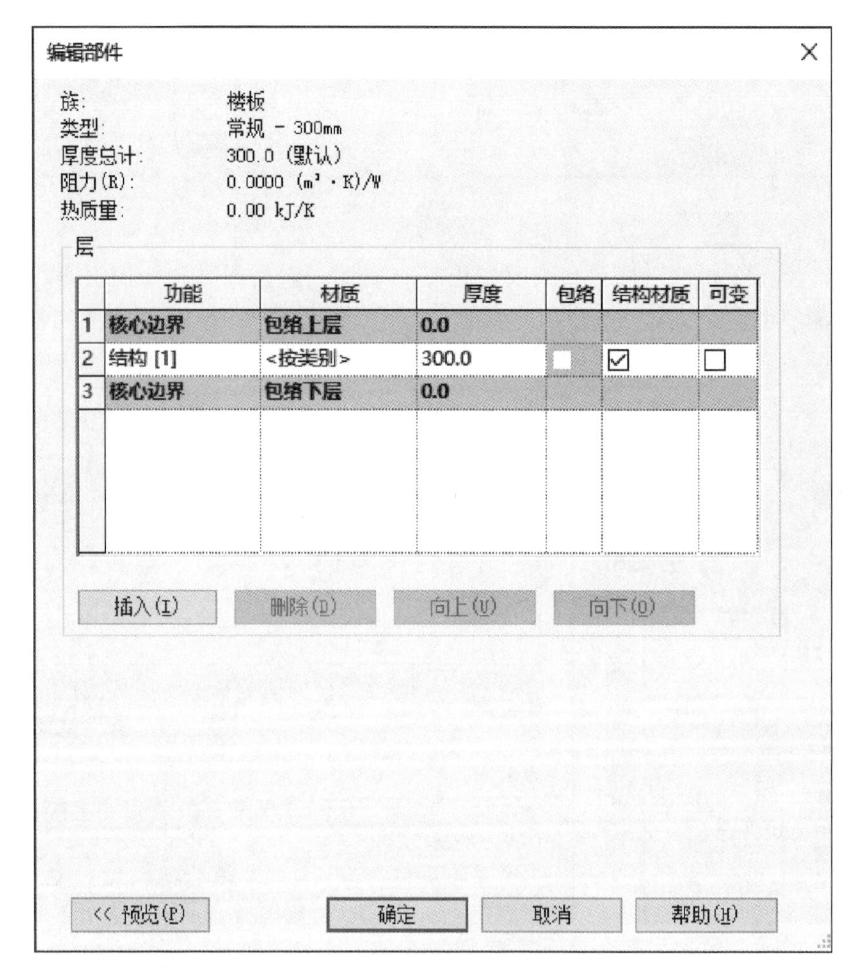

图 1.2-55　楼板结构编辑

第 4 步：设置完成后，使用绘制功能菜单绘制楼板边界，可直接绘制边界线形状，在套用底图建模时也可使用拾取功能生成，但均应注意边界的完整性和闭合性，且不得存在多余的线条。绘制菜单见图 1.2-56，闭合的底板边界线条如图 1.2-57 所示。

第 5 步：边界绘制完成后，在创建楼层边界菜单中选择“√”，完成编辑，即可生成楼板，见图 1.2-58。已生成的底板选中后可使用通用编辑菜单进行编辑，如移动、复制等，如需改变楼板形状，则需点击“编辑草图”，重新进入创建楼层边界菜单进行再次编辑，操作过程同第 4 步。

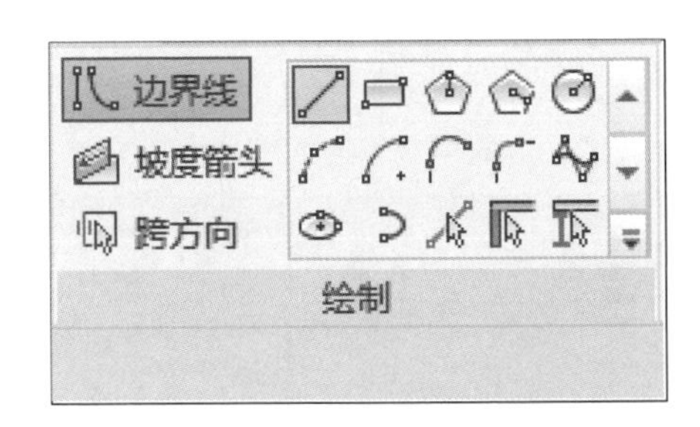

图 1.2-56　楼板绘制菜单

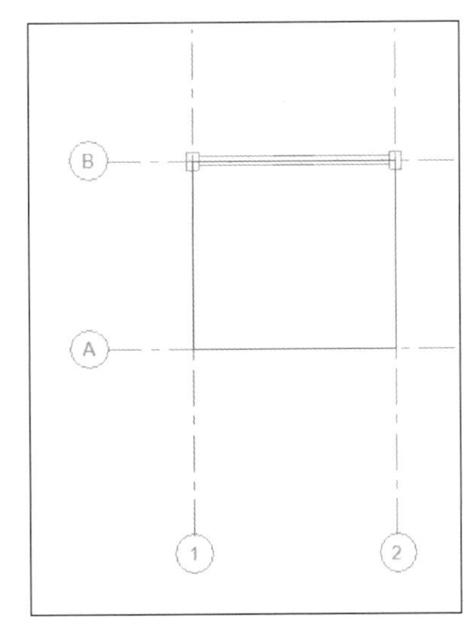

图 1.2-57　楼板边界绘制示意

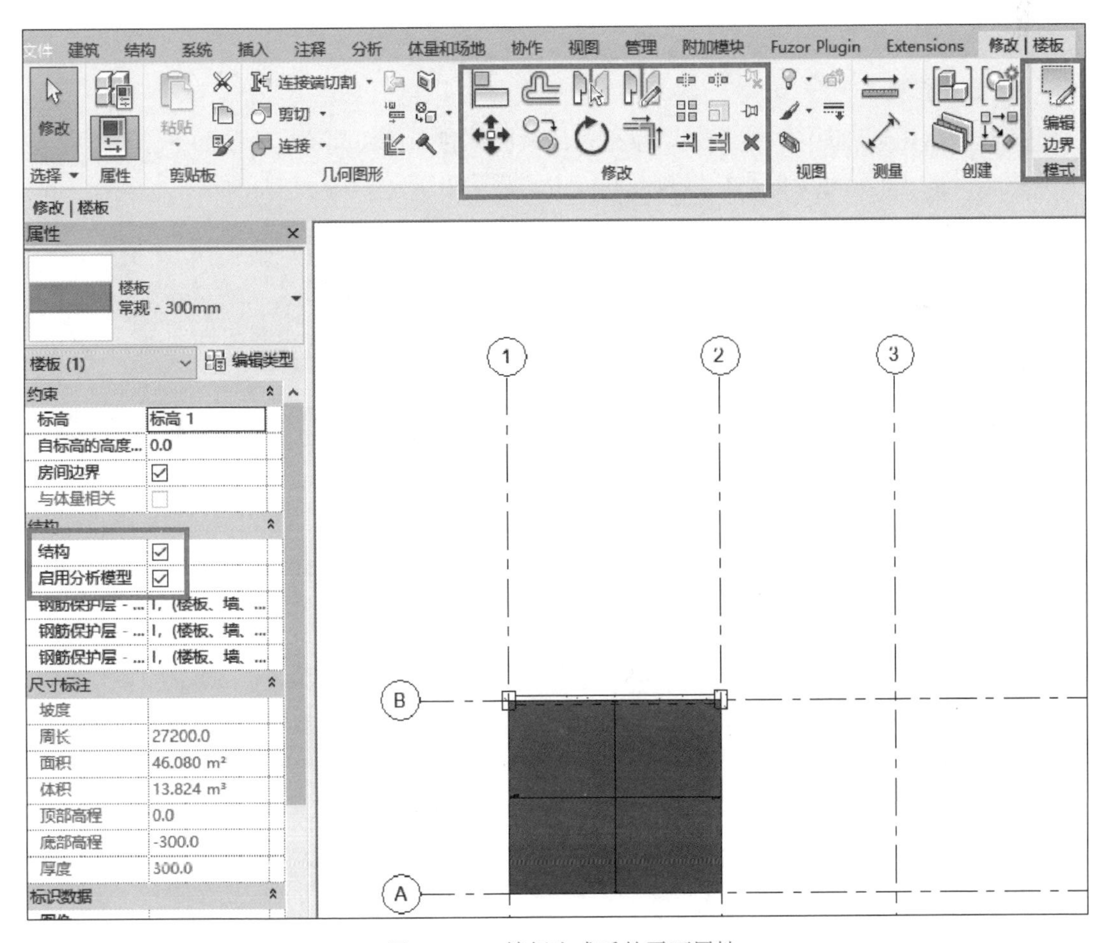

图 1.2-58　楼板生成后的平面属性

在 Revit 模型中，建筑楼板和结构楼板的区别仅为属性中是否勾选“结构”和“启用分析模型”，因此两种楼板可以通过设置自由转换。

2.8 创建模型组

1. 功能

创建模型组命令（CP）是一个快速辅助建模的命令，能够将已建立的模型创建成一组图元，以便重复使用，其图形菜单在建筑和结构选项卡中均有显示，两处的功能完全一致，以结构建模菜单为例，见图 1.2-59。

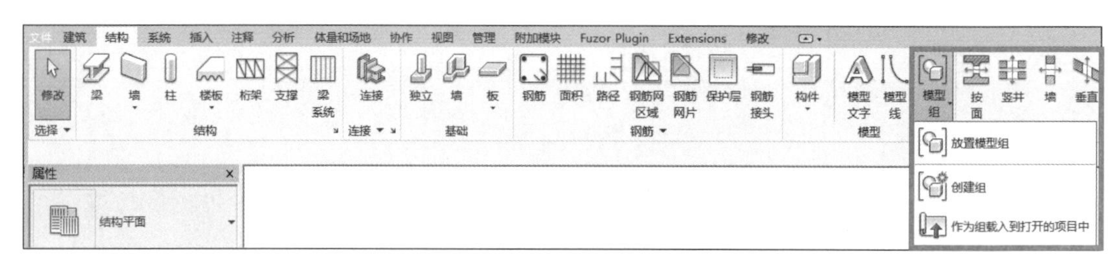

图 1.2-59 创建模型组选项卡

2. 操作步骤

模型组在任何平面中均能创建，以平行梁系的创建和使用为例，步骤如下：

第 1 步：选中已建立的平行梁系，并点击“创建组”，如图 1.2-60 所示。

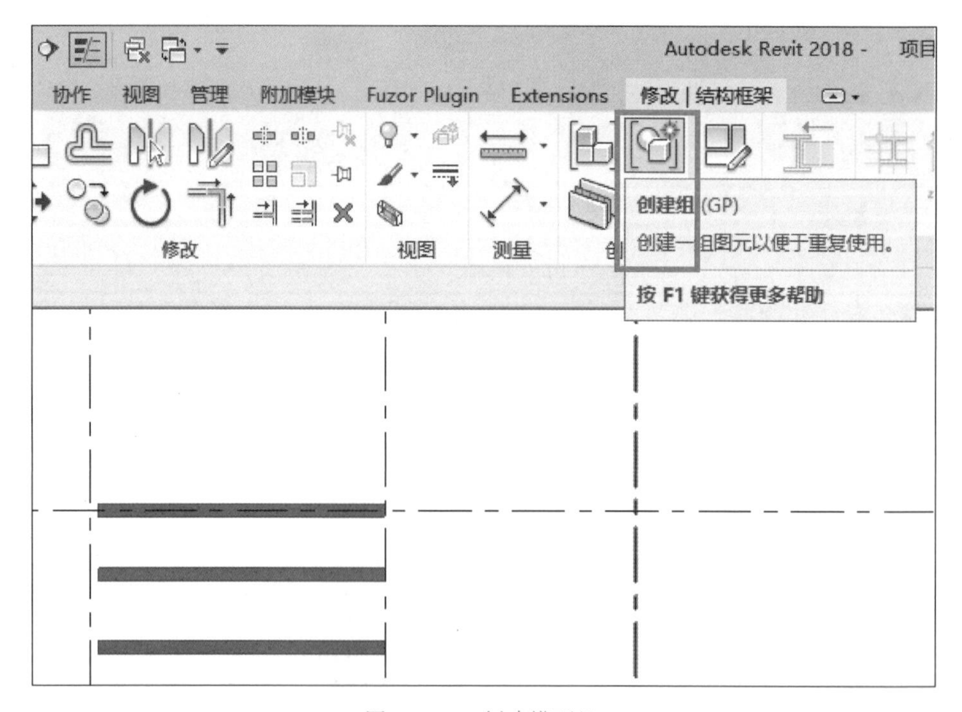

图 1.2-60 创建模型组

第 **2** 步：创建组名称，如图 1.2-61 所示。

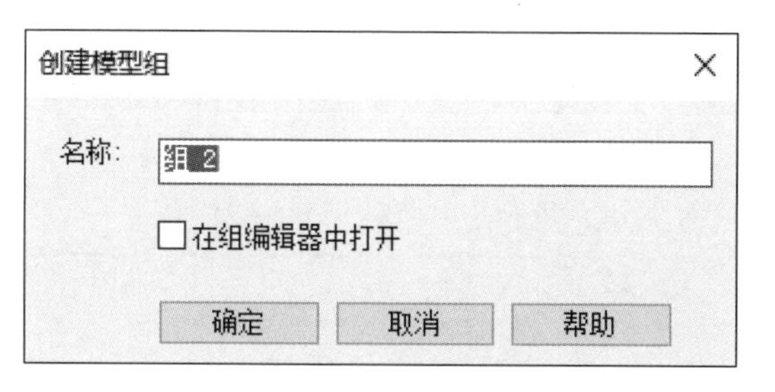

图 1.2-61　模型组命名

创建模型组

点击“确定”后即完成了模型组的建立，如需使用该模型组，则可使用“放置模型组”功能，即可将该组模型复制并放置到项目的相应位置，见图 1.2-62、图 1.2-63。如已建立多个模型组，在放置时可以进行选择，便于使用。

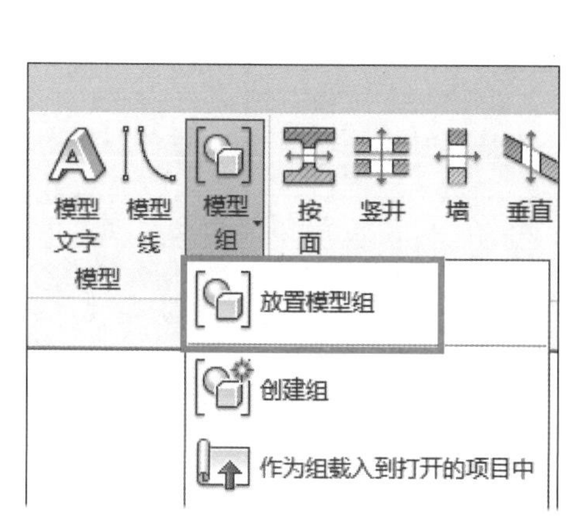

图 1.2-62　放置模型组

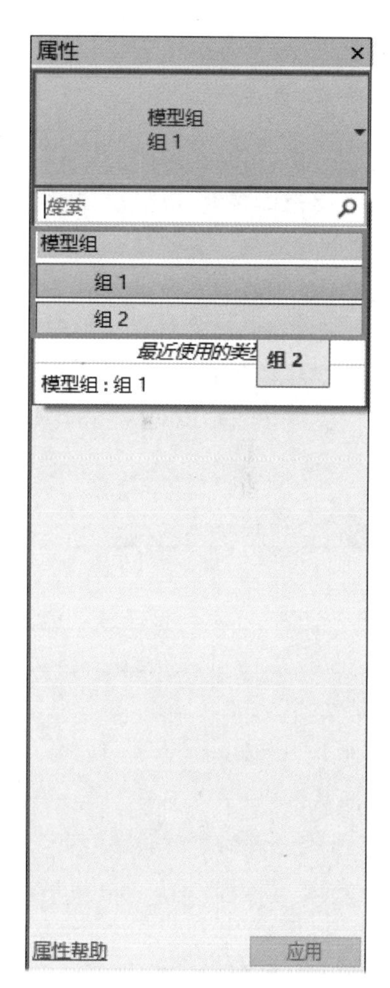

图 1.2-63　模型组属性选择

任务3　建筑构件建模

能力目标

建筑构件建模能力目标　　表1.3-1

<table>
<tr><td rowspan="5">建筑构件建模能力</td><td>1. 建筑柱</td></tr>
<tr><td>2. 幕墙建模</td></tr>
<tr><td>3. 门建模</td></tr>
<tr><td>4. 窗建模</td></tr>
<tr><td>5. 楼板边建模</td></tr>
</table>

概念导入

1. Revit建筑建模

Revit建筑建模主要功能包括建筑柱、墙、幕墙、门、窗、楼板及楼板边等建模，其中常规建筑墙和建筑楼板建模与结构墙板建模基本一致，已在上一任务学习。工程项目建筑建模一般在楼层平面视图完成建模操作，在视图中，可通过调整可见性来决定是否显示相应的建筑构件模型和其他模型。

2. 楼层平面

楼层平面是Revit建筑建模的主要平面绘图区域，使用视图菜单楼层平面功能进行添加。

任务清单

建筑构件建模任务清单　　表1.3-2

序号	子任务项目	备注
1	建筑柱建模训练	混凝土装饰柱
2	幕墙建模训练	常规玻璃幕墙
3	门建模训练	基于系统内置门族
4	窗建模训练	基于系统内置窗族
5	楼板边建模训练	混凝土翻边、踏步

任务分析

本任务中的一般建筑构件主要包括门、窗、幕墙、翻边与踏步等，在建模过程中主要应注意构件的水平定位、标高和相关材质信息是否正确，在完成子任务建模训练时，同步完成相应测试题。

3.1 建筑柱建模

1. 功能

绘制建筑柱命令能够在平面视图和三维视图中放置建筑柱，其图形菜单在建筑选项卡中显示，见图 1.3-1。

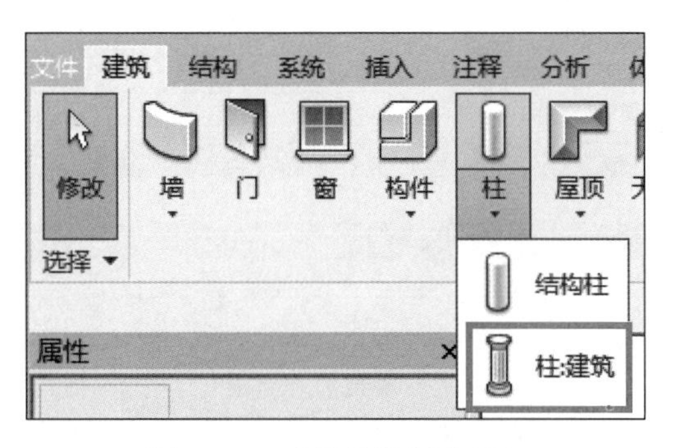

图 1.3-1 建筑柱绘制选项卡

建筑柱建模

2. 操作步骤

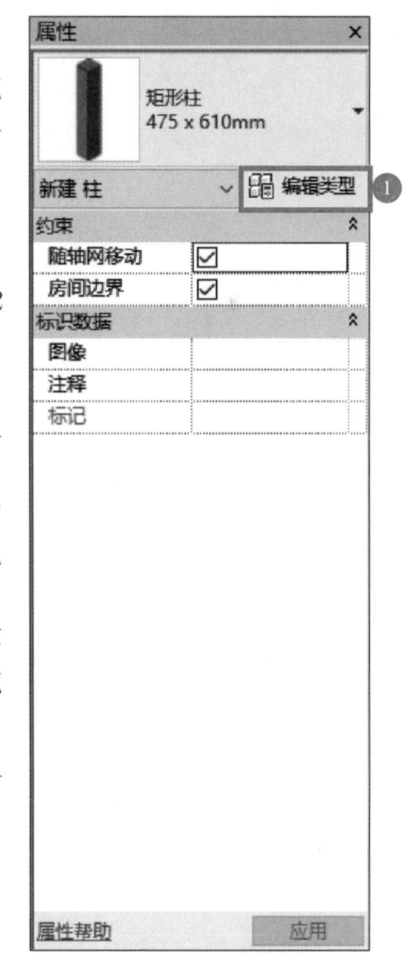

图 1.3-2 柱属性

建筑柱一般在楼层平面内进行绘制。绘制建筑前，我们至少应已完成标高、轴网及项目基点等准备工作的设置。如项目样板中未包含所需的建筑柱族，则需要载入相应的族，族载入步骤如下：

第 1 步：点击进入建筑柱绘制功能。

第 2 步：点击属性栏中的“编辑类型”，如图 1.3-2 所示。

第 3 步：在编辑类型中选择“载入”（图 1.3-3）。

第 4 步：选择外部族库中的建筑→柱，然后选取自己要建立的柱的类型载入（图 1.3-4）。

不同的族库安装方式可能导致混凝土柱族所在的位置不同，如 Revit2018 安装完整，族库默认位置见图 1.3-5。

建筑柱一般在工程中作为装饰柱，与结构柱不同，建筑柱仅提供垂直柱的建模，下面我们以陶立克柱为例学习基本的建筑柱绘制建立方式。

第 1 步：左键点击柱属性的“编辑类型”，载入陶立克柱族，定义柱截面尺寸（直径和颈部直径），并可修改材质，可点击“预览”查看效果，如图 1.3 6 所示。工程建模中，建议点击“复制”得到新类型，根据项目命名原则重新命名后再修改截面尺寸。

第 2 步：在属性栏中调整建筑柱属性。可调整约

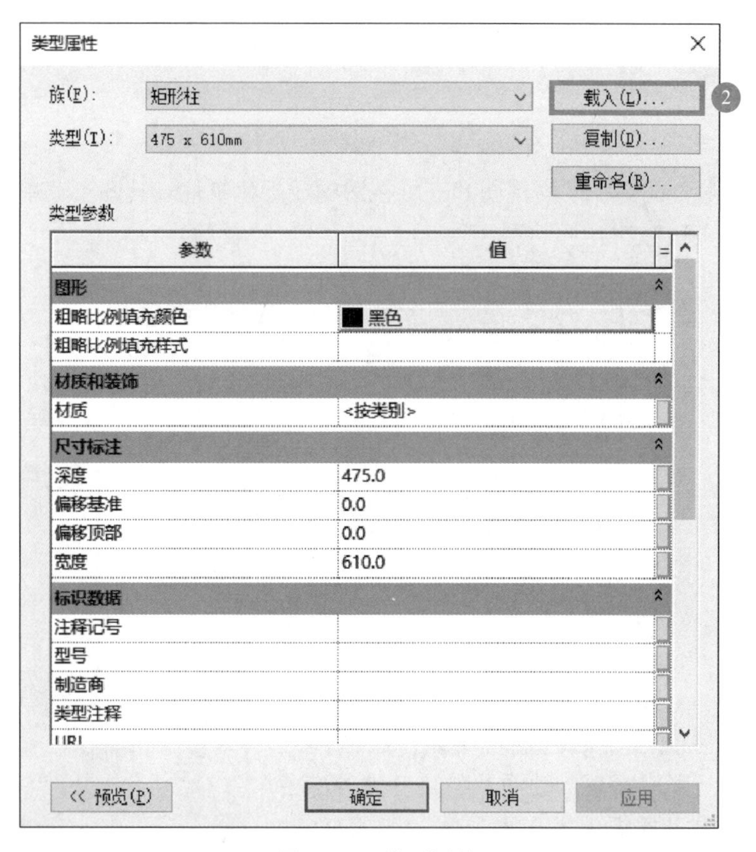

图 1.3-3　类型属性

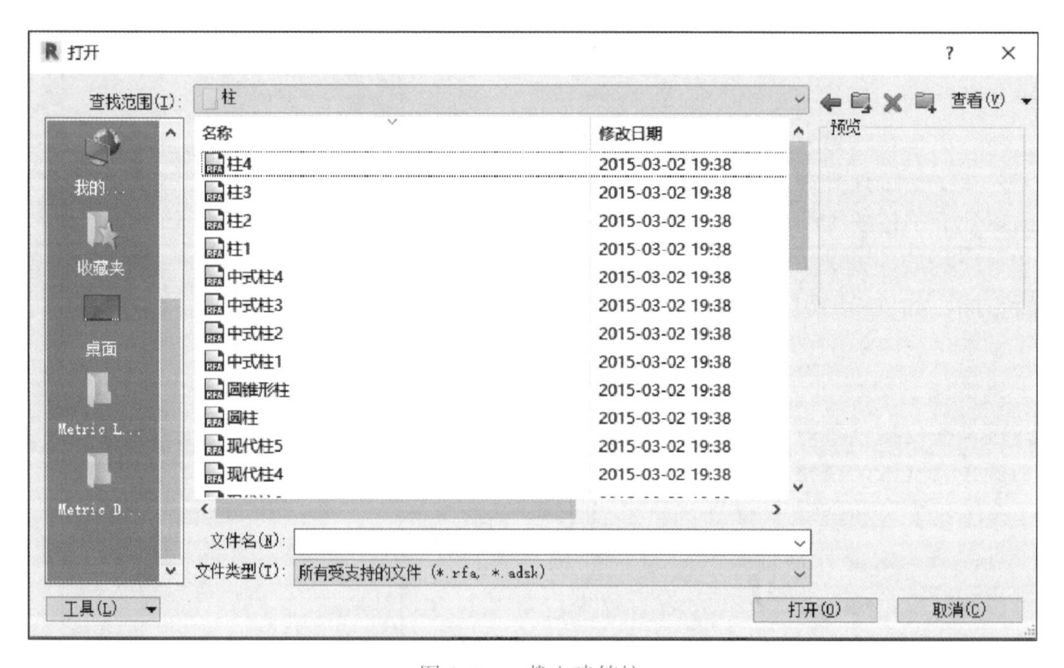

图 1.3-4　载入建筑柱

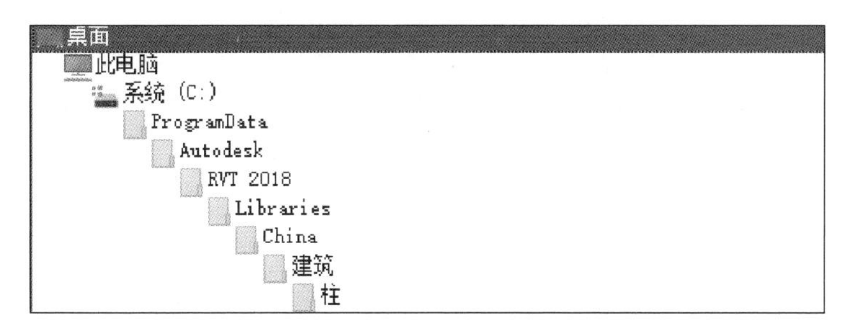

图 1.3-5　族库位置

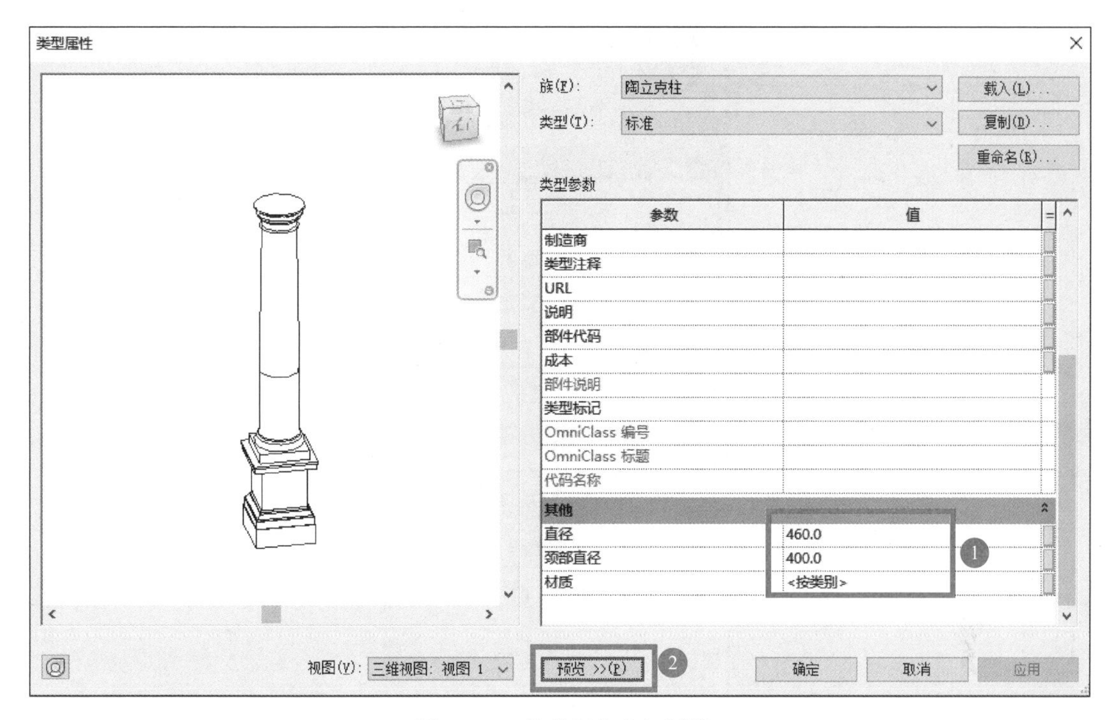

图 1.3-6　柱截面定义与预览

束条件，见图 1.3-7。

第 3 步：设置绘制状态菜单属性，菜单见图 1.3-8，为选项卡底部临时出现的淡绿色状态栏。将“深度”调整为“高度”，“未连接”调整为柱需要延伸到的标高。如需旋转，可勾选放置后旋转选项，也可绘制完成后单独修改。此处也可以调整房间边界的约束选项。

第 4 步：在已绘制的轴网交点处，左键点击放置建筑柱。

第 5 步：点击已放置的结构柱，可以调整单个柱的具体属性，见图 1.3-9。如有底部偏移或顶部偏移，可直接在属性中进行调整，正值为上升，负值为下降，单位均为毫米。

图 1.3-7　柱约束条件调整

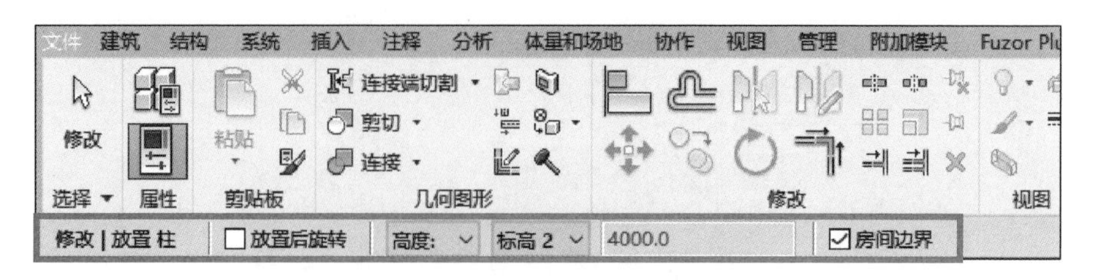

图 1.3-8　建筑柱绘制状态菜单

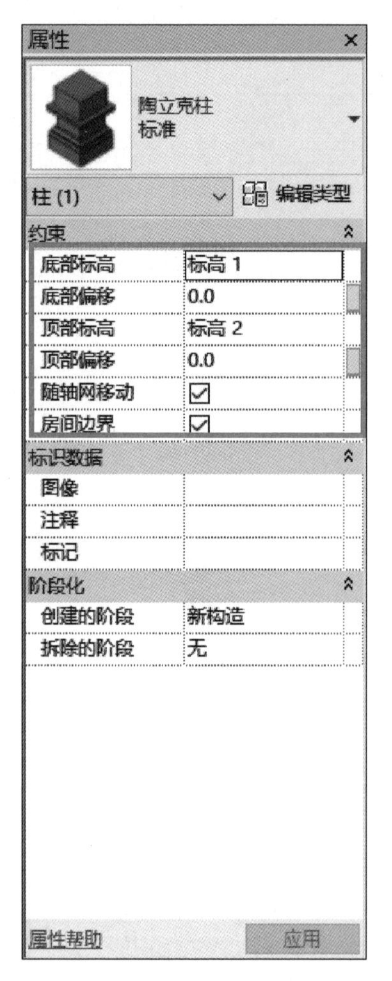

图 1.3-9　建筑柱属性

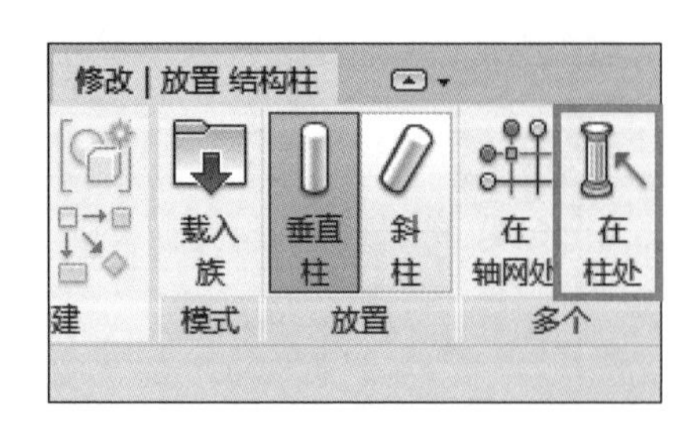

图 1.3-10　建筑柱处放置结构柱菜单

第 6 步： 点击已放置的建筑柱，根据实际需要调整水平位置，选中结构柱后即可使用通用修改命令进行修改，与垂直结构柱修改相同，此处不再赘述。

需要注意的是，建筑柱建立完成后，可以作为结构柱的定位条件，即在建筑柱中设置结构柱，这个技巧在不同阶段的工程模型修改中也较为常用，菜单见图 1.3-10。

3.2 幕墙建模

1. 功能

常规的幕墙建模命令在 Revit 中从属于建筑墙体建模命令，命令见 2.3 墙建模部分内容，能够在平面视图和三维视图中基于平面路径的幕墙，与一般墙体的主要区别是需要在属性栏中选择幕墙类别，见图 1.3-11。同时，也可以同样的方式绘制外部玻璃和整块的店面玻璃，本节仅以幕墙为例进行说明。

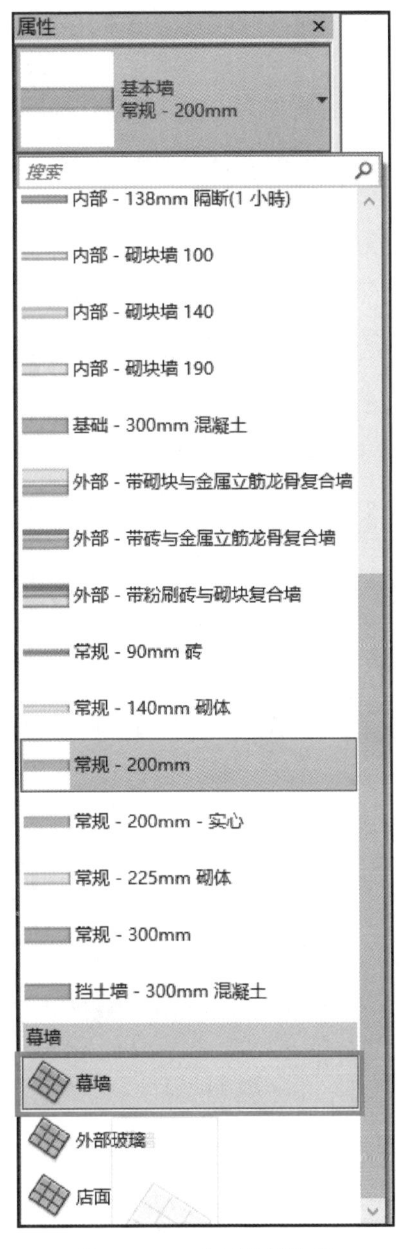

图 1.3-11　幕墙类别选择

幕墙建模

2. 操作步骤

幕墙建模一般在楼层平面内进行绘制。绘制建筑前，我们至少应已完成标高、轴网及项目基点等准备工作的设置。幕墙和基本墙体一样属于系统族，无需外部载入。常规幕墙在平面上的输入方法与普通墙体完全一致，故不再赘述，此处仅对幕墙的类型属性修改进行说明。

我们知道，幕墙通常都具有水平和垂直网格的分割，同时具备垂直和水平竖梃，嵌板的材质也有多种可以选择。针对这些需要修改的参数，我们可在绘制模型前点击幕墙属性里的“编辑类型”，进入类型属性菜单进行修改，见图 1.3-12、图 1.3-13。

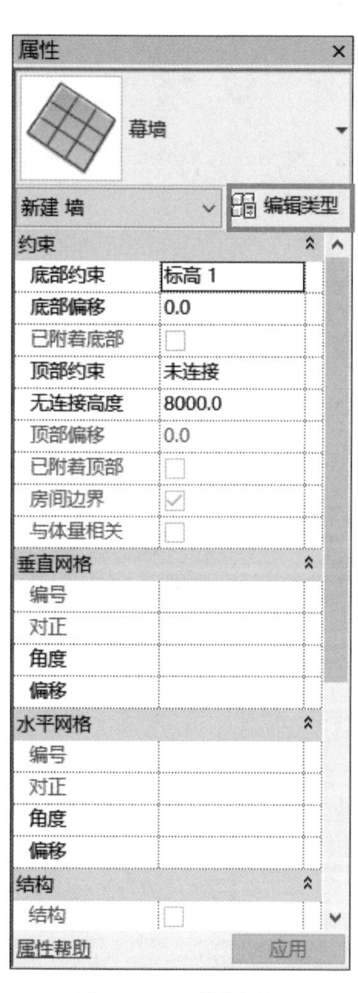

图 1.3-12　幕墙属性

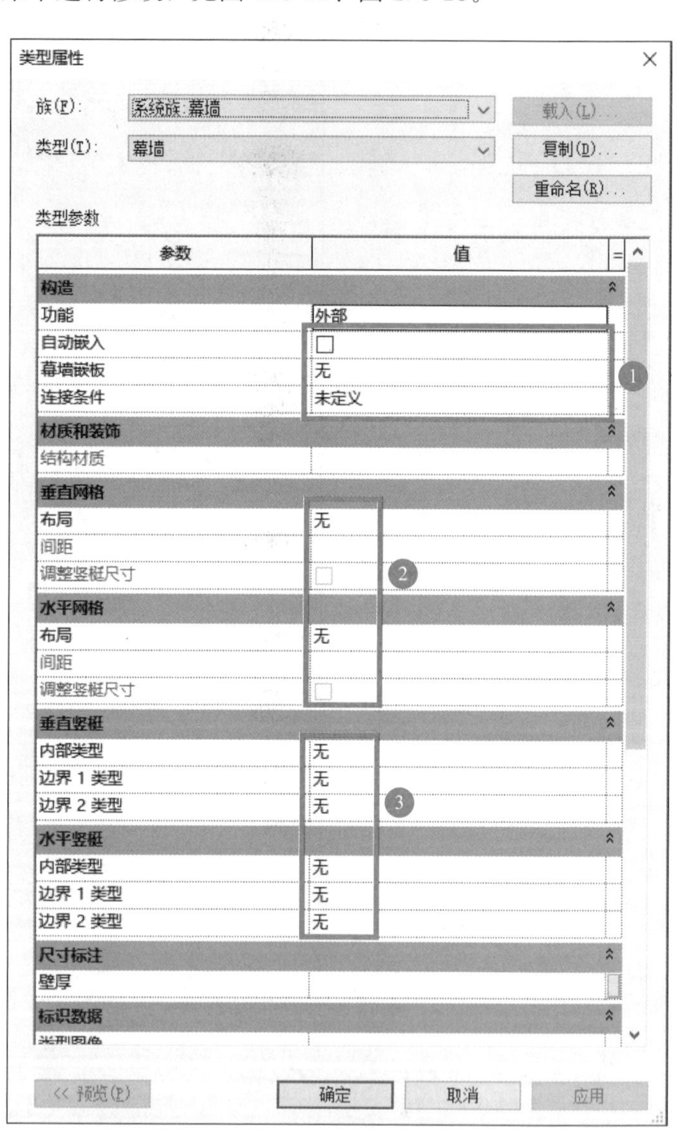

图 1.3-13　类型属性

通常，必须定义的幕墙参数包括：幕墙嵌板类型（玻璃、实体材质等）、连接条件（垂直网格连续、水平网格连续、边界和垂直网格链接、边界和水平网格连接）、垂直网格布局（固定距离、固定数量、最大间距、最小间距）、垂直网格间距、水平网格布局（固定距离、固定数量、最大间距、最小间距）、水平网格间距以及垂直和水平竖梃的类型与所在边界定义等。其中，如在属性中勾选调整竖梃尺寸，则模型建立后竖梃在模型中可手工调整。图 1.3-14 为着色模式下绘制的单片幕墙三维效果。

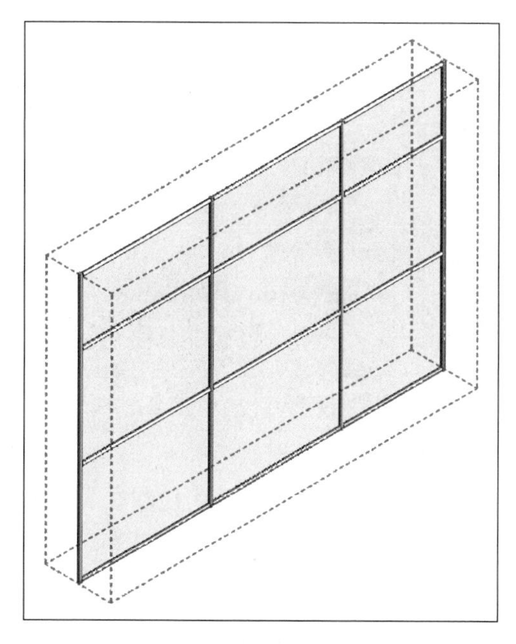

图 1.3-14　幕墙模型三维效果

3.3　门建模

1. 功能

门建模命令（DR）能够在平面视图和三维视图中放置门模型，其图形菜单在建筑选项卡中显示，见图 1.3-15。

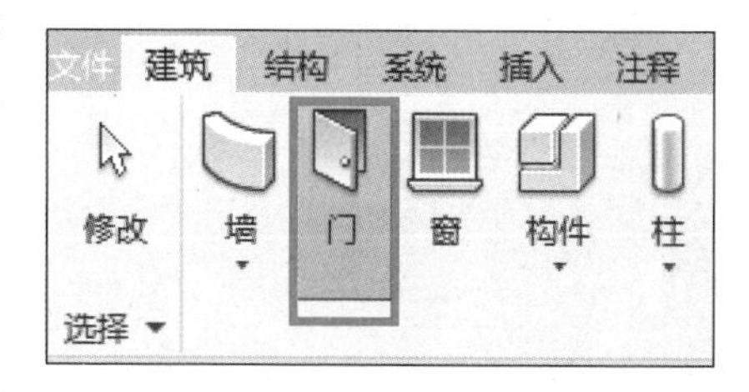

图 1.3-15　门绘制选项卡

2. 操作步骤

一般情况下门在楼层平面内进行绘制。由于门构件为基于墙体的附属构件，进行绘制以前，还必须完成墙体的绘制。门的形式种类繁多，默认项目样本中仅载入了最简单的门族，需要根据绘制要求自行载入相应的族，步骤如下：

第 1 步：点击进入门绘制功能。

第 2 步：点击属性栏中的“编辑类型”，如图 1.3-16 所示。

第 3 步：在编辑类型中选择“载入”（图 1.3-17）。

第 4 步：选择外部族库中的建筑→门，然后选取自己要建立的柱的类型载入（图 1.3-18）。

门建模

图 1.3-16　门属性

图 1.3-17　类型属性

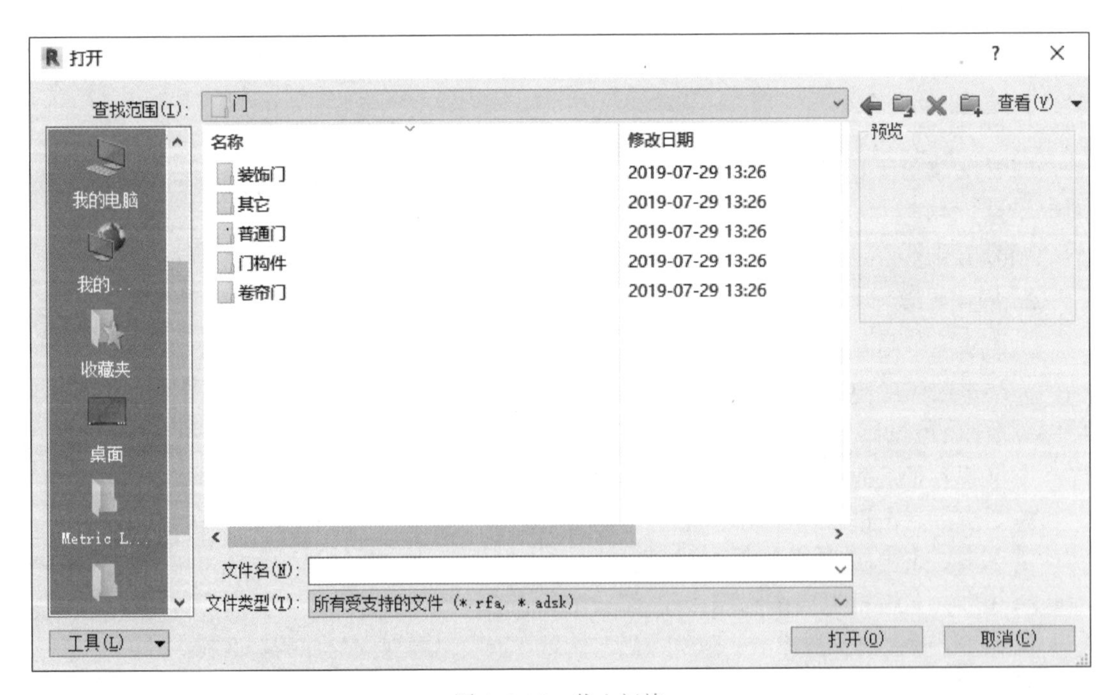

图 1.3-18　载入门族

不同的族库安装方式可能导致门族所在的位置不同，如 Revit2018 安装正确，族库默认位置见图 1.3-19。

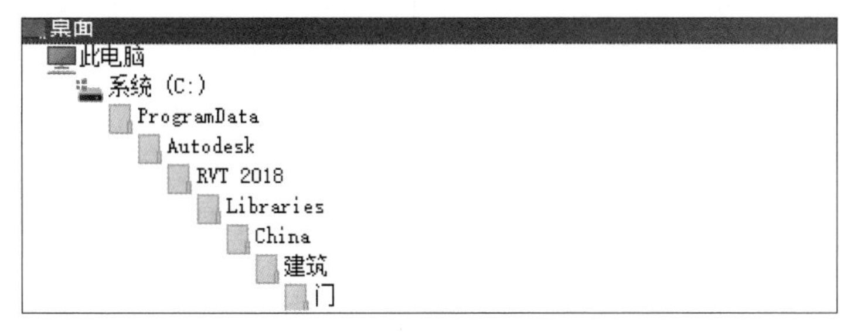

图 1.3-19　族库位置

由于门的形式种类多，Revit 默认的门族经常不能满足实际工程项目的使用要求，通常会由建模人员自行建立族，并保存为 .RFA 文件，此时同样可使用上述载入方式来进行使用，使用时应注意外部族的保存位置和版本。

完成门族载入后，进行门构件定义和放置的操作顺序如下：

第 1 步：左键点击门属性的“编辑类型”，定义门的几何尺寸、材质等，如图 1.3-20

类型属性

族(F)：单嵌板镶玻璃门 14　载入(L)...

类型(T)：700 x 2100mm　复制(D)...

重命名(R)...

类型参数

参数	值
约束	
门嵌入	0.0
构造	
功能	内部
墙闭合	按主体
构造类型	
材质和装饰	
把手材质	<按类别>
玻璃	<按类别>
贴面材质	<按类别>
门嵌板材质	<按类别>
尺寸标注	
厚度	50.0
粗略宽度	900.0
粗略高度	2100.0
高度	2100.0

1　2

<< 预览(P)　确定　取消　应用

图 1.3-20　门属性定义

所示。也可进行预览，但门预览显示的信息较少，一般直接载入项目进行校核。工程建模中，建议点击“复制”得到新类型，根据项目命名原则重新命名后再修改具体参数。

第 2 步： 在属性栏中调整门属性。如底标高偏移、顶标高偏移等，由于门为组合构件，材质属性一般已经在类型属性中进行调整。

第 3 步： 在平面已绘制的墙体上，左键点击放置门，见图 1.3-21。工程中经常点选“在放置时进行标记”，对门的类型进行标注。

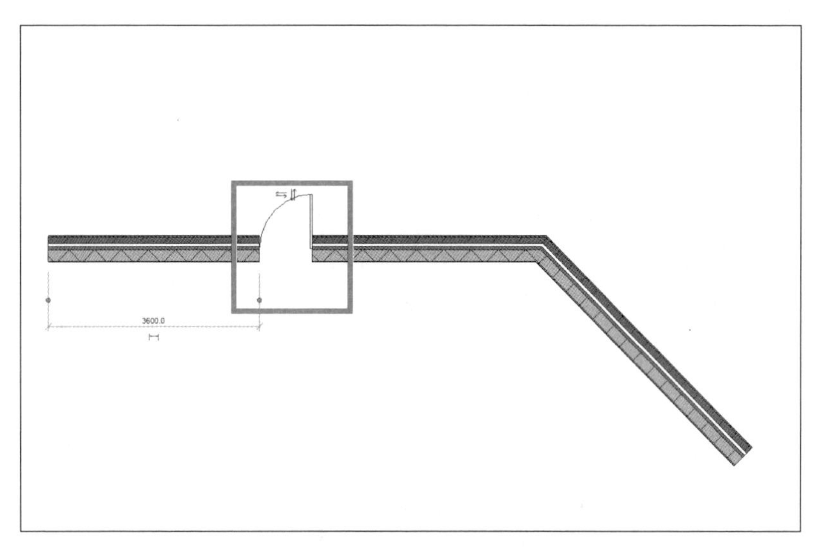

图 1.3-21　门模型平面显示

第 4 步： 点击已放置的门，可以调整门的具体定位属性，如左键点击标注并修改数值，修改门与参照边界的距离等，也可以通过点击操作句柄，或键盘空格键，修改门的开启方向，见图 1.3-22。其余修改操作可使用通用修改界面的操作，此处不再赘述。

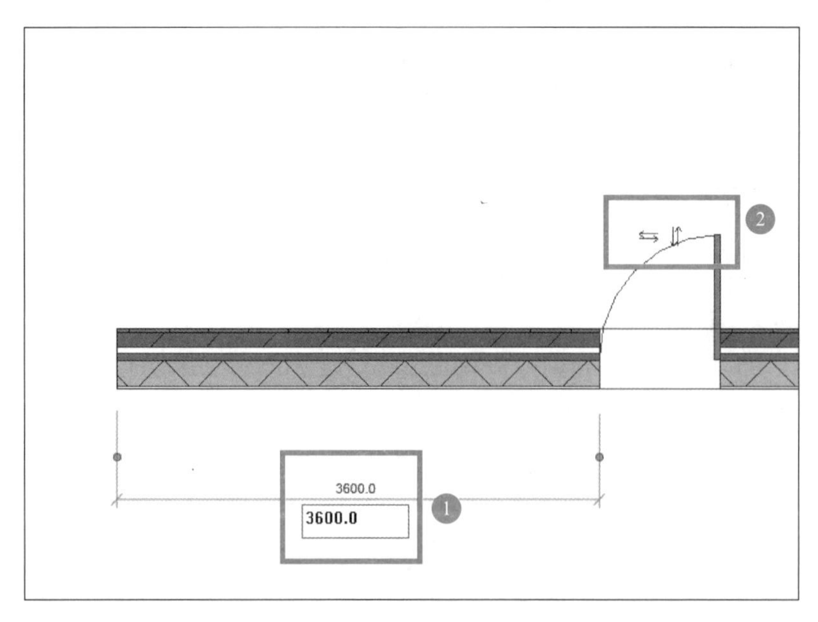

图 1.3-22　门构件平面修改示意

3.4 窗建模

1. 功能

窗建模命令（WN）能够在平面视图和三维视图中放置窗模型，其图形菜单在建筑选项卡中显示，见图 1.3-23。

2. 操作步骤

窗的建模和门基本类似，一般情况下窗在楼层平面内进行绘制。由于窗构件为基于墙体的附属构件，进行绘制以前，还必须完成墙体的绘制。默认项目样本中仅载入了最简单的窗族，需要根据绘制要求自行载入相应的族，步骤如下：

窗建模

第 1 步：点击进入窗绘制功能。

第 2 步：点击属性栏中的“编辑类型”，如图 1.3-24 所示。

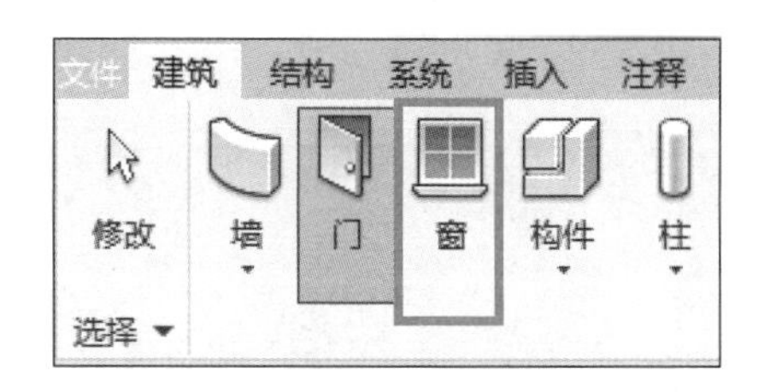

图 1.3-23 窗绘制选项卡

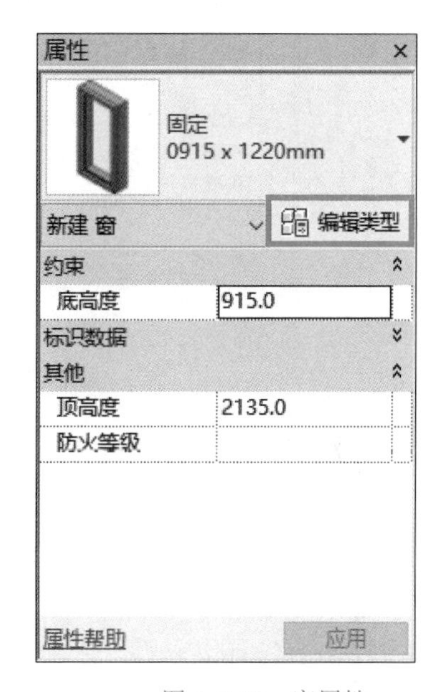

图 1.3-24 窗属性

第 3 步：在编辑类型中选择“载入”（图 1.3-25）。

第 4 步：选择外部族库中的建筑→窗，然后选取自己要建立的柱的类型载入（图 1.3-26）。

不同的族库安装方式可能导致窗族所在的位置不同，如 Revit2018 安装正确，族库默认位置见图 1.3-27。

和门类似，由于窗同样形式种类较多，Revit 默认的族经常不能满足实际工程项目的使用要求，这时通常会由建模人员自行建立族，并保存为 .RFA 文件，此时同样可使用上述载入方式来进行使用，使用时应注意外部族的保存位置和版本。

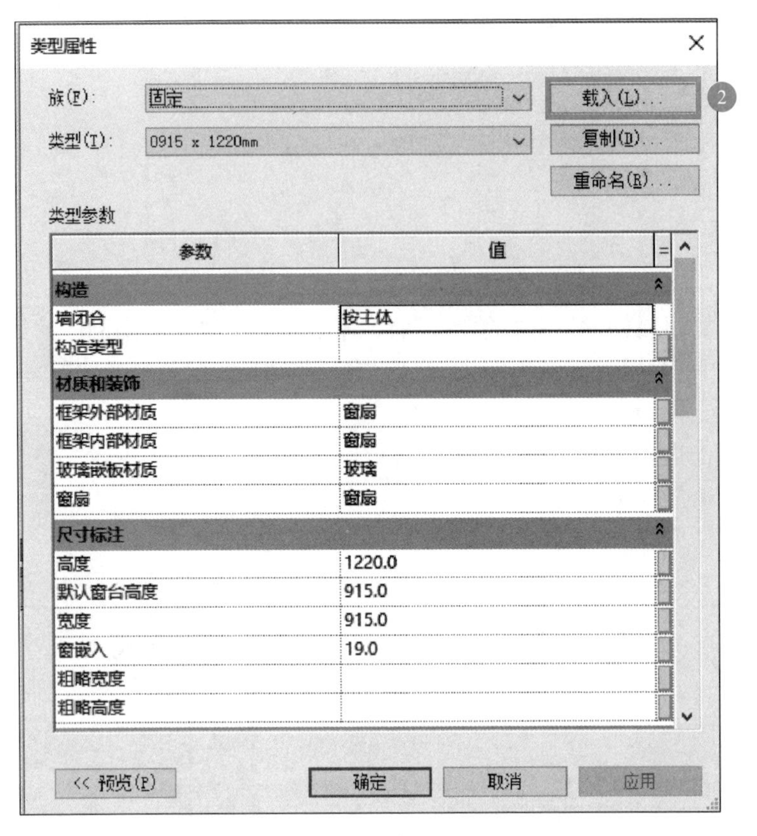

图 1.3-25　类型属性

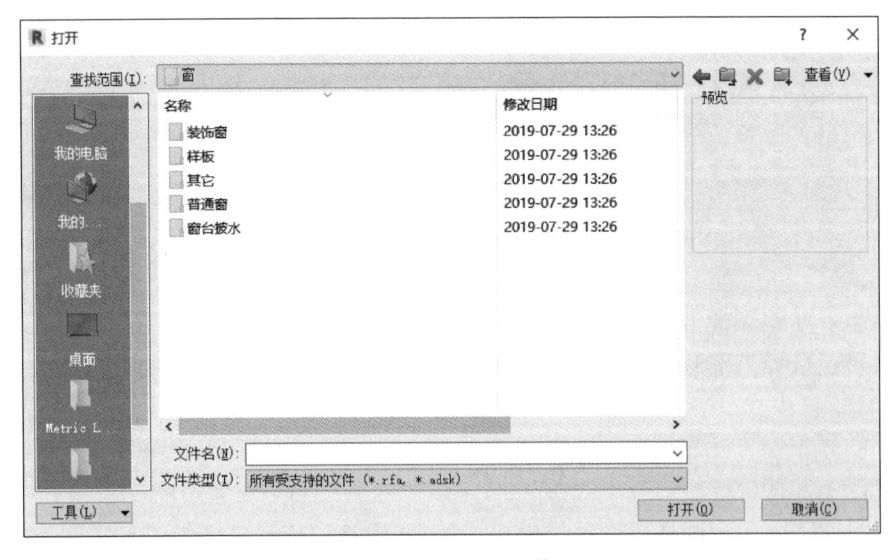

图 1.3-26　载入窗族

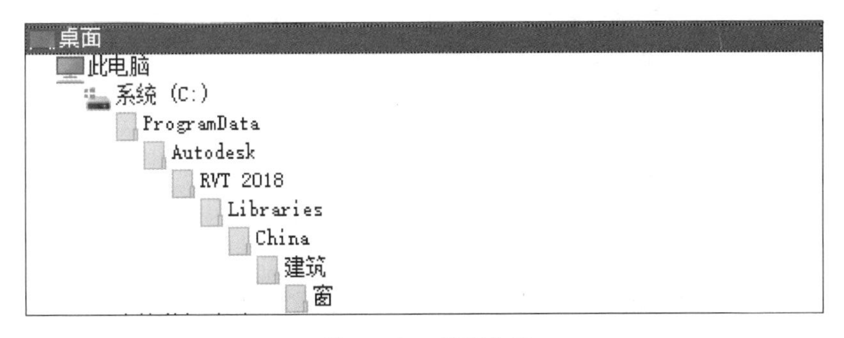

图 1.3-27 族库位置

完成窗族载入后，进行窗构件定义和放置的操作顺序如下：

第 1 步：左键点击窗属性的“编辑类型”，定义窗的几何尺寸、材质等，如图 1.3-28 所示。也可进行预览。工程建模中，建议点击“复制”得到新类型，根据项目命名原则重新命名后再修改具体参数。

类型属性

族(F): 单扇平开窗2 - 带贴面　载入(L)...

类型(T): 900 x 1200mm　复制(D)...

重命名(R)...

类型参数

参数	值
约束	
窗嵌入	20.0
构造	
墙闭合	按主体
构造类型	
材质和装饰	
窗台材质	<按类别>
玻璃	<按类别>
框架材质	<按类别>
贴面材质	<按类别>
尺寸标注	
粗略宽度	900.0
粗略高度	1500.0
高度	1200.0
宽度	900.0

1　2

<< 预览(P)　确定　取消　应用

图 1.3-28 窗属性定义

第 2 步：在属性栏中调整窗属性。如底标高偏移、顶标高偏移等，由于窗为组合构件，材质属性一般已经在类型属性中进行调整。

第 3 步：在平面已绘制的墙体上，左键点击放置窗，见图 1.3-29。工程中经常点选“在放置时进行标记”，对窗的类型进行标注。

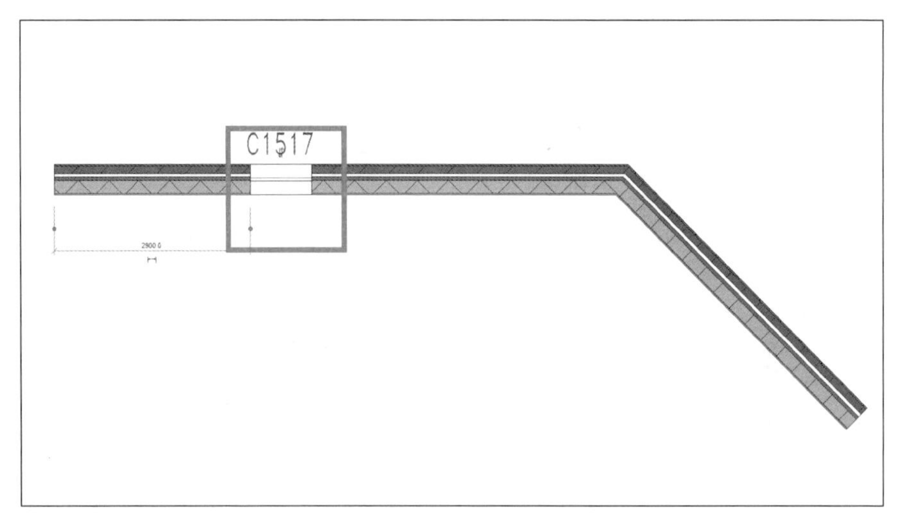

图 1.3-29　窗模型平面显示

第 4 步：点击已放置的窗，可以调整窗的具体定位属性，如左键点击标注并修改数值，修改窗与参照边界的距离等，也可以通过点击操作句柄，或键盘空格键，修改窗的开启或内外方向，见图 1.3-30。其余修改操作可使用通用修改界面的操作，此处不再赘述。

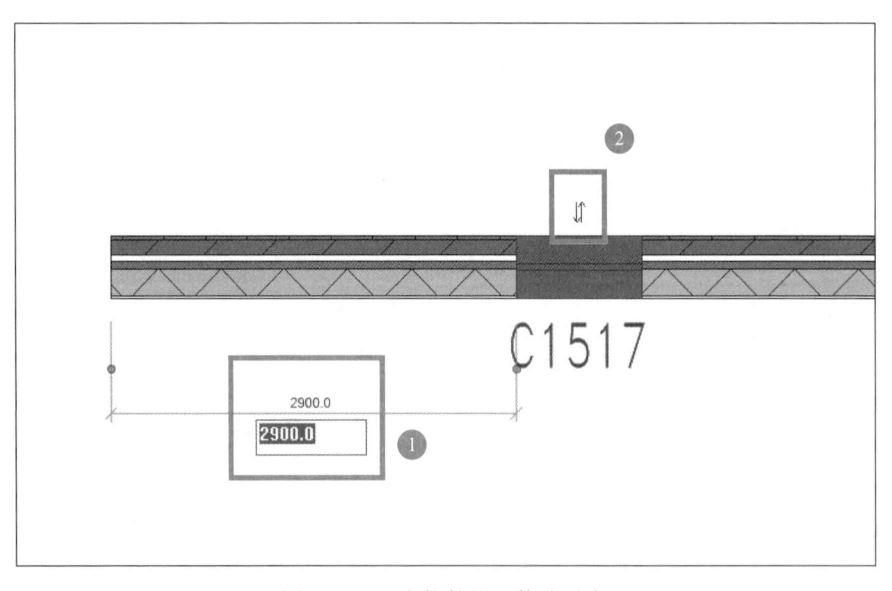

图 1.3-30　窗构件平面修改示意

3.5 楼板边建模

1. 功能

楼板边命令能够在已建立的楼板模型边缘构造相应的边缘形状，其图形菜单在建筑和结构选项卡中均有显示，见图 1.3-31。

2. 操作步骤

楼板边建模

楼板边绘制在楼层平面和结构平面内均可进行。绘制结构柱前，我们应已完成相应的楼板建模。具体操作步骤如下：

第 1 步：点击进入楼板边绘制功能。

第 2 步：点击属性栏中的“编辑类型”，如图 1.3-32 所示。

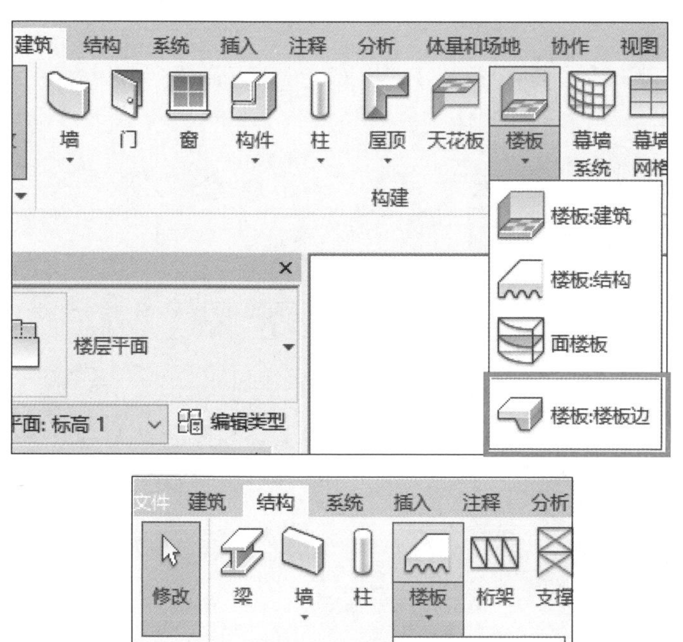

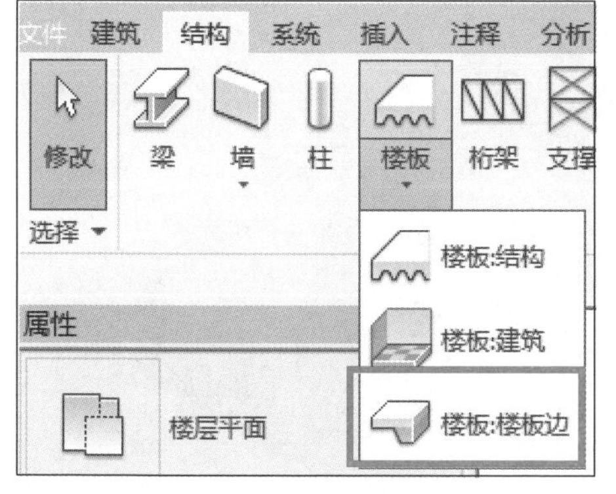

图 1.3-31　楼板边绘制选项卡

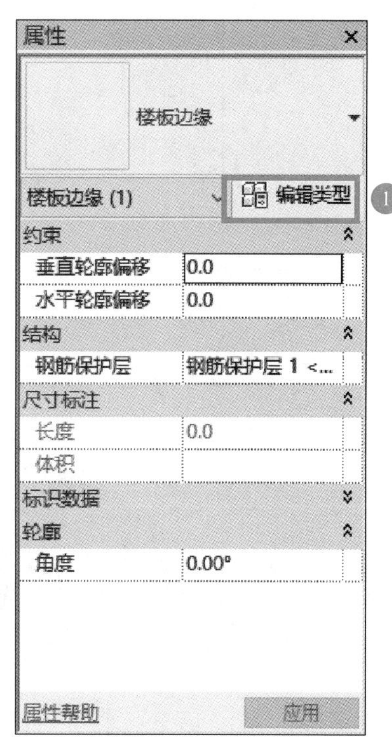

图 1.3-32　楼板边缘属性

第 3 步：在编辑类型中修改轮廓形状和材质，见图 1.3-33。由于软件默认的楼板边轮廓族类型较少，实际工程中经常需要自建轮廓族，并在项目中载入后方可使用自定义的楼板边缘形状。

第 4 步：左键点击需要放置楼板边的楼板模型边缘，生成楼板边。

第 5 步：已生成的楼板边，可以选中后使用句柄，调节翻边方向，如图 1.3-34 所示。

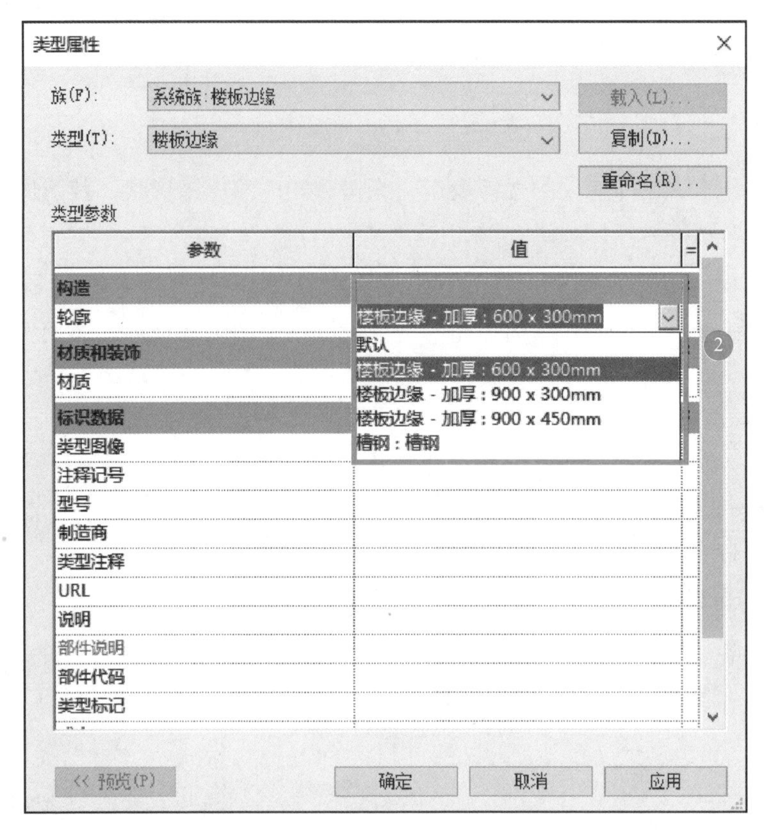

图 1.3-33　类型属性

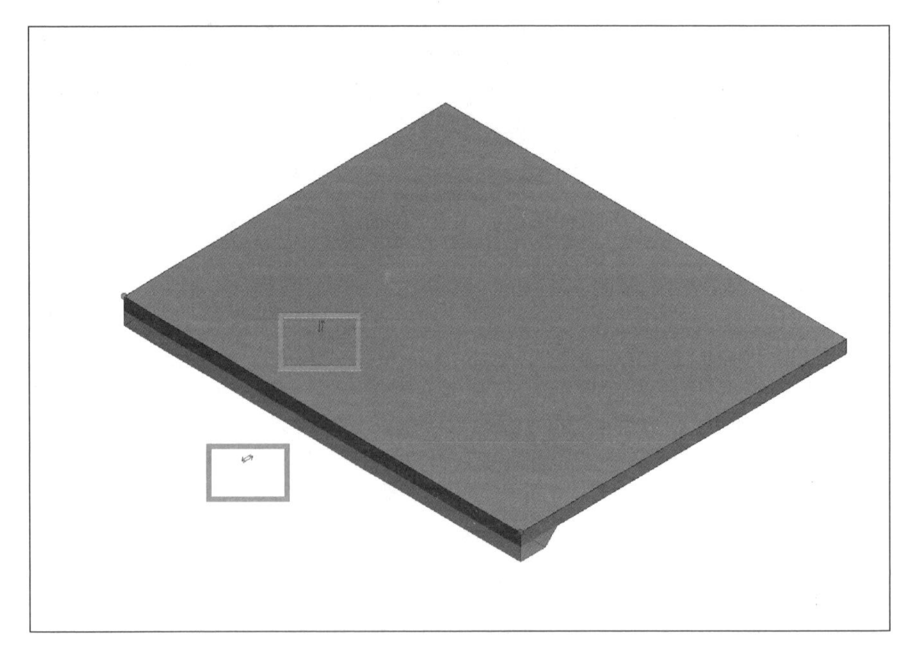

图 1.3-34　楼板边调节图示

任务4　屋顶与天花板建模

能力目标

屋顶与天花板建模能力目标　　表 1.4-1

屋顶与天花板建模能力	1. 拉伸屋顶建模
	2. 迹线屋顶建模
	3. 天花板建模

概念导入

1. Revit 屋顶建模

Revit 提供了迹线屋顶、拉伸屋顶和面屋顶 3 种创建屋顶的方式，其中迹线屋顶使用频率最高，其创建方式与楼板类似，可以绘制平屋顶、坡屋顶等常见的屋顶类型。通过"拉伸屋顶"工具，可以创建具有简单坡度的屋顶。要创建具有复杂坡度的屋顶，可以使用依附于体量的面屋顶。此外，对于一些特殊造型的屋顶，我们还可以通过内建模型的工具来创建。

2. 天花板平面

创建天花板是在其所在标高以上指定距离处进行的。可在模型中放置两种类型的天花板，基础天花板和复合天花板。基础天花板为没有厚度的平面图元。表面材料样式可应用于基础天花板平面。复合天花板由已定义各层材料厚度的图层构成。在 Revit 中创建天花板的过程与楼板、屋顶的绘制过程类似。但 Revit 为天花板工具提供了更为智能的自动查找房间边界的功能。

任务清单

屋顶与天花板建模任务清单　　表 1.4-2

序号	子任务项目	备注
1	拉伸屋顶建模训练	坡屋顶、平屋顶
2	迹线屋顶建模训练	坡屋顶、平屋顶
3	天花板建模训练	楼层天花板

任务分析

本任务中的结构构件主要包括屋顶和天花板，在建模过程中主要应注意构件的标高和相关材质信息是否正确，在完成子任务建模训练时，同步完成相应测试题。

4.1 拉伸屋顶建模

1. 功能

绘制拉伸屋顶命令一般在平面视图和三维视图中布置屋顶，其图形菜单仅在建筑选项卡中显示，如图 1.4-1 所示。

拉伸屋顶建模

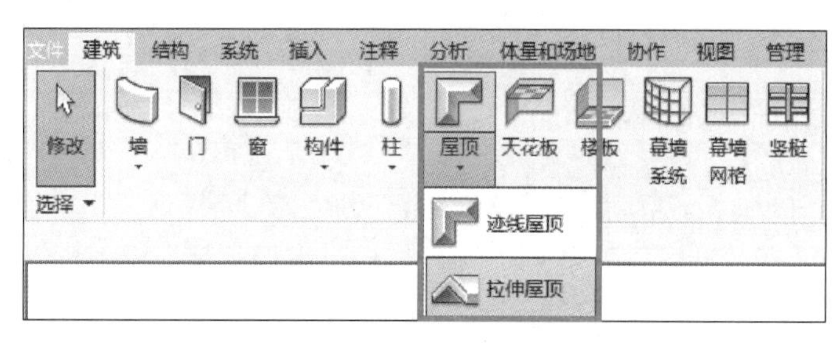

图 1.4-1　拉伸屋顶绘制选项卡

2. 操作步骤

常规情况下拉伸屋顶在指定工作平面内进行绘制。绘制结构柱前，我们应已完成项目基点、标高、轴网、墙体、柱、楼面等绘制步骤。

（1）布置拉伸屋顶

使用“拉伸屋顶”命令需首先绘制屋顶截面形状，然后再纵向拉伸至指定范围，具体操作步骤如下：

第 1 步：显示平面视图、三维视图、立面视图或剖面视图，点击“建筑”选项卡下的“拉伸屋顶”，如图 1.4-1 所示。

第 2 步：在“工作平面”对话框中设置工作平面（选择参照平面或轴网绘制屋顶截面线），选择工作视图（立面、框架立面、剖面或三维视图作为操作视图），如图 1.4-2 所示。

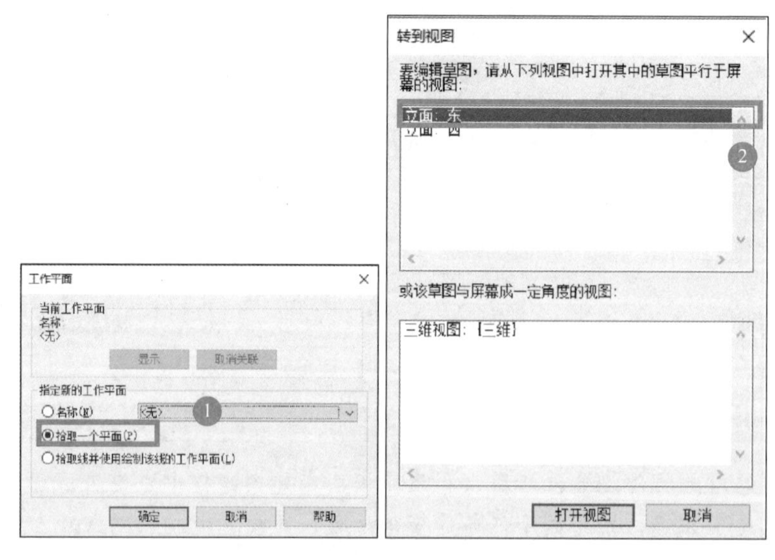

图 1.4-2　选择工作平面及视图

第 3 步：在“屋顶参照标高和偏移”对话框中选择屋顶的基准标高。默认情况下，将选择项目中最高的标高。要相对于参照标高提升或降低屋顶，可在“偏移”指定一个值(单位为毫米)，如图 1.4-3 所示。

第 4 步：绘制屋顶的截面线（单线绘制，无需闭合），单击设置拉伸起点、终点，完成绘制，如图 1.4-4 所示。可以在“属性”选项板编辑屋顶属性。工程建模中，建议点击“复制”得到新类型，根据项目命名原则重新命名后再修改属性。

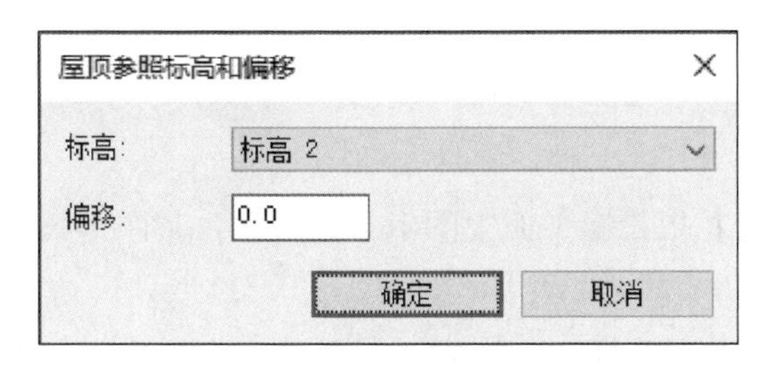

图 1.4-3　设置屋顶参照标高和偏移

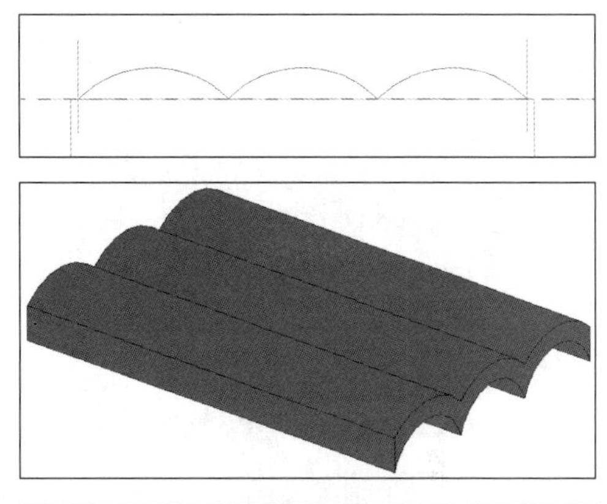

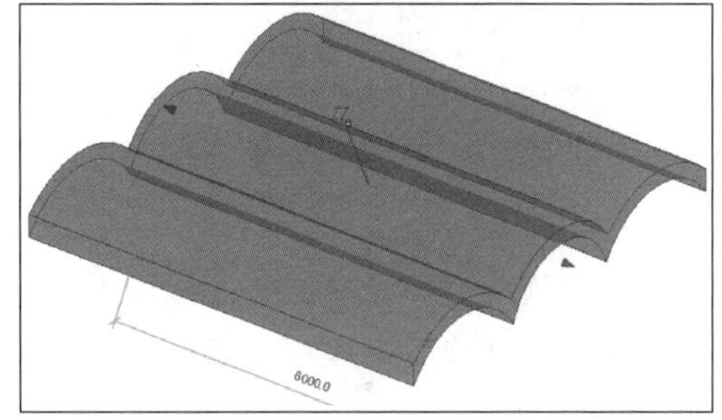

图 1.4.4　完成屋顶绘制

（2）编辑拉伸屋顶

选择拉伸屋顶，点击选项栏中的“编辑轮廓”按钮，如图 1.4-5 所示。转到立面或三维视图，修改屋顶截面草图。

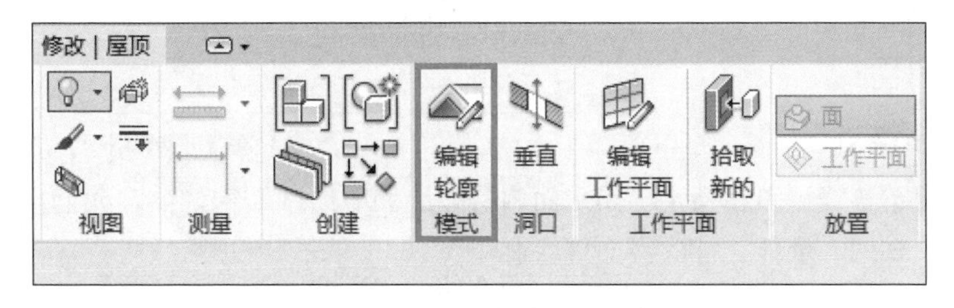

图 1.4-5　编辑拉伸屋顶轮廓

属性修改：修改所选屋顶的标高、拉伸起点、终点、椽截面等实例参数；编辑类型属性可以设置屋顶的结构（构造、材质、厚度）、图形（粗略比例填充样式）等，如图 1.4-6 所示。

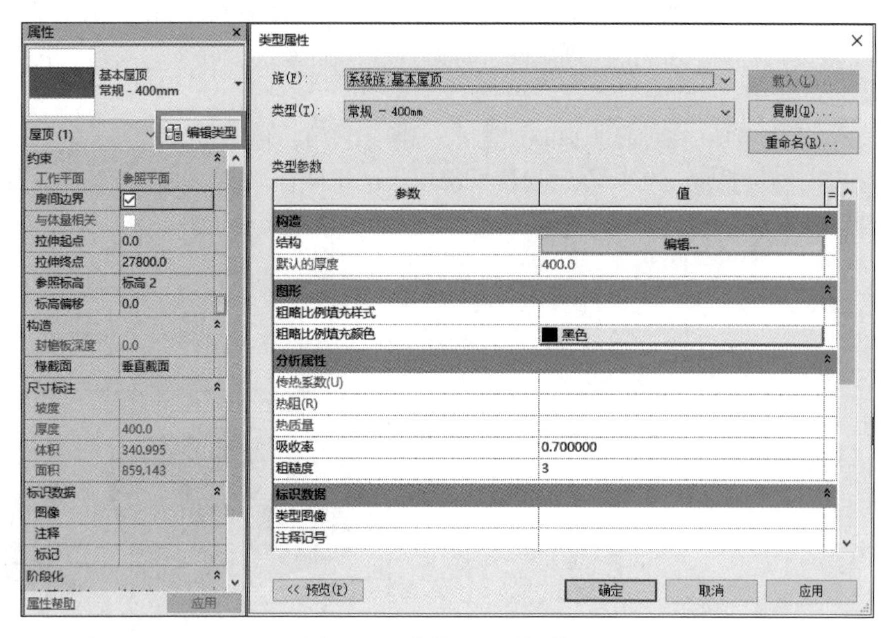

图 1.4-6　拉伸屋顶属性修改

4.2　迹线屋顶建模

1. 功能

绘制迹线屋顶命令能够在楼层平面视图或天花板投影平面视图中布置屋顶，其图形菜单仅在建筑选项卡中显示，如图 1.4-7 所示。

迹线屋顶建模

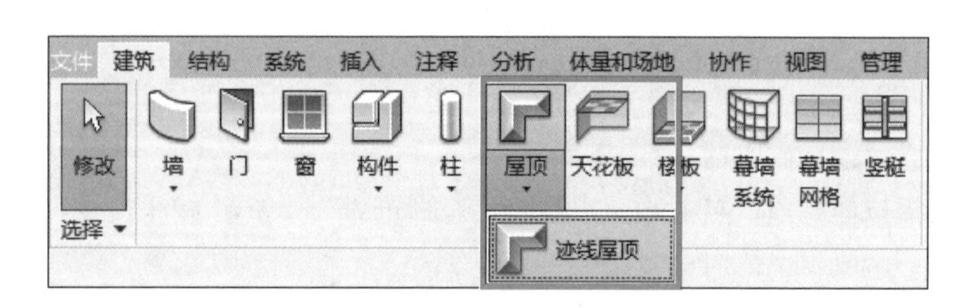

图 1.4-7　迹线屋顶绘制选项卡

2. 操作步骤

常规情况下迹线屋顶在指定工作平面内进行绘制。绘制结构柱前，我们应已完成项目基点、标高、轴网、墙体、柱、楼面等绘制步骤。

（1）布置迹线屋顶

使用“迹线屋顶”命令需首先绘制屋顶轮廓草图，然后完成屋顶设置，具体操作步骤如下：

第 1 步：打开楼层平面视图或天花板投影平面视图，点击“建筑”选项卡下的“迹线屋顶”，如图 1.4-7 所示。

注：如果在最低楼层标高上点击“迹线屋顶”，则会出现一个对话框，提示将屋顶移动到更高的标高上，如图 1.4-8 所示。

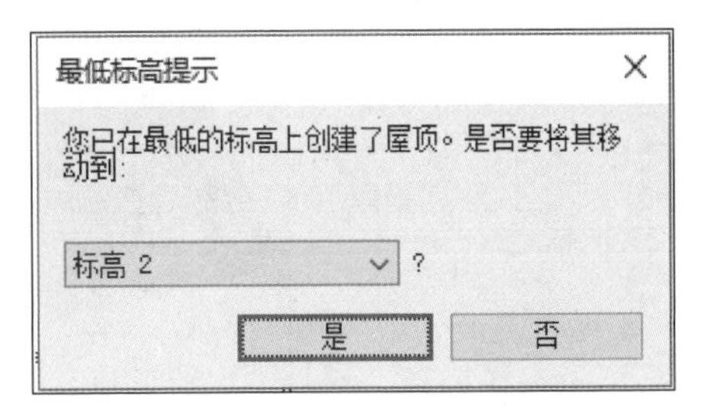

图 1.4-8　最低标高提示

第 2 步：在“绘制”面板上，选择某一绘制或拾取工具，默认选项是绘制面板中的“边界线”→“拾取墙”命令，如图 1.4-9 所示。在状态栏亦可看到“拾取墙以创建线”提示。可以在“属性”选项板编辑屋顶属性。

注：使用“拾取墙”命令可在绘制屋顶之前指定悬挑。在选项栏上，如果希望从墙核心处测量悬挑，请勾选“延伸到墙中（至核心层）”，然后为“悬挑”指定一个值。

图 1.4-9　创建屋顶迹线

第 3 步：在绘图区域为屋顶绘制或拾取一个闭合环。要修改某一线的坡度定义，选择该线，在“属性”选项板上单击“坡度”数值，可以修改坡度值。有坡度的屋顶线旁边便会出现坡度符号，如图 1.4-10 所示。

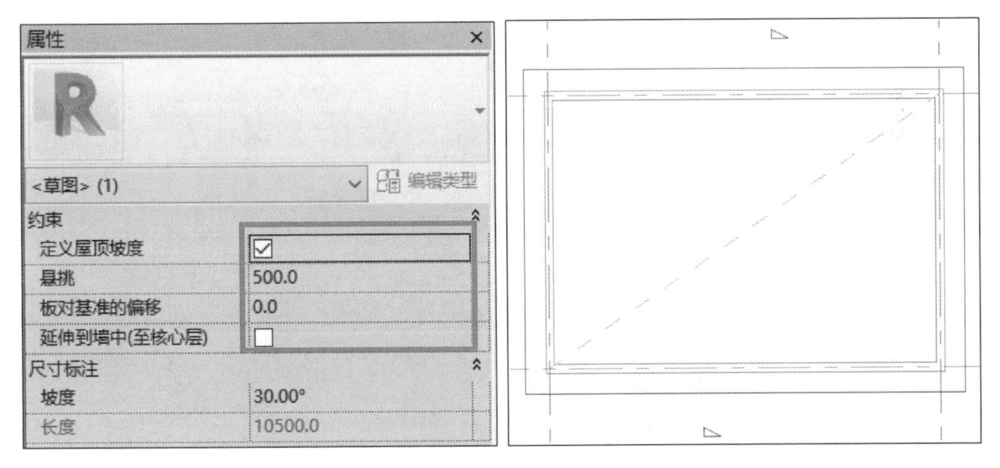

图 1.4-10　设置屋顶坡面

第 4 步：单击“完成编辑模式”，然后打开三维视图，如图 1.4-11 所示。

（2）编辑迹线屋顶

在编辑屋顶的迹线时，可以使用屋顶边界线的属性来修改屋顶悬挑。在草图模式下，选择屋顶的一条边界线。在“属性”选项板上，为“悬挑”输入一个值。单击模式面板的“完成编辑模式”，如图 1.4-12 所示。

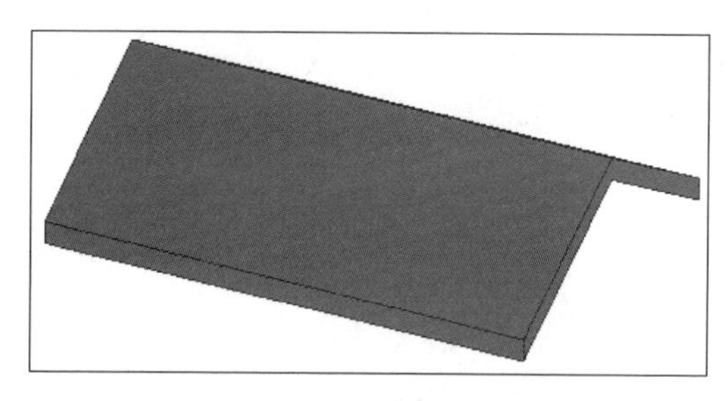

图 1.4-11　双坡屋顶

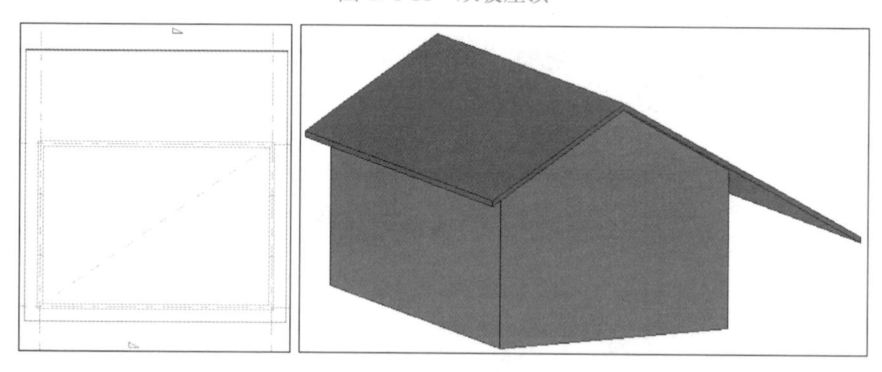

图 1.4-12　有悬挑的双坡屋顶

迹线屋顶脱开时，需选择“修改”选项卡下“几何图形”中的“连接/取消连接屋顶”选项，连接屋顶到另一个屋顶或墙上，如图 1.4-13 所示。

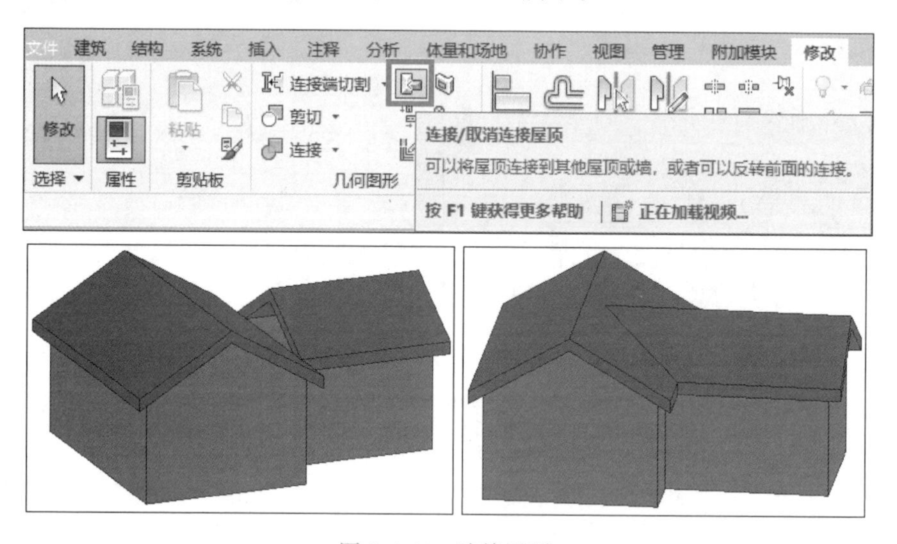

图 1.4-13　连接屋顶

4.3　天花板建模

1. 功能

绘制天花板屋顶命令能够在楼层平面视图或天花板投影平面视图中布置天花板，其图形菜单仅在建筑选项卡中显示，如图 1.4-14 所示。

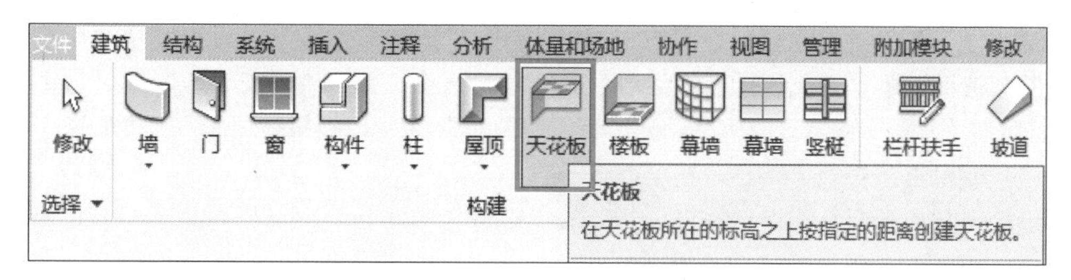

图 1.4-14　天花板绘制选项卡

2. 操作步骤

常规情况下迹线屋顶在指定工作平面内进行绘制。绘制结构柱前，我们应已完成项目基点、标高、轴网、墙体、柱、楼面、屋顶等绘制步骤。

（1）布置天花板

使用天花板工具可以快速创建室内天花板，在 Revit 中创建天花板的过程与楼板、屋顶的绘制过程相似，但 Revit 为“天花板”工具提供了更为智能的自动查找房间边界功能。具体操作步骤如下：

第 1 步：打开楼层平面视图或天花板投影平面视图，点击“建筑”选项卡下的“天花板”，如图 1.4-14 所示。

第 2 步：布置天花板之前，可以在“属性”选项板编辑屋顶属性。工程建模中，建议点击“复制”得到新类型，根据项目命名原则重新命名后再修改属性。

第 3 步：选定天花板类型后，进入天花板轮廓草图绘制模式。单击“自动创建天花板”按钮，可以在以墙为界线闭合环的面积内创建天花板，而忽略房间分隔线，如图 1.4-15 所示。

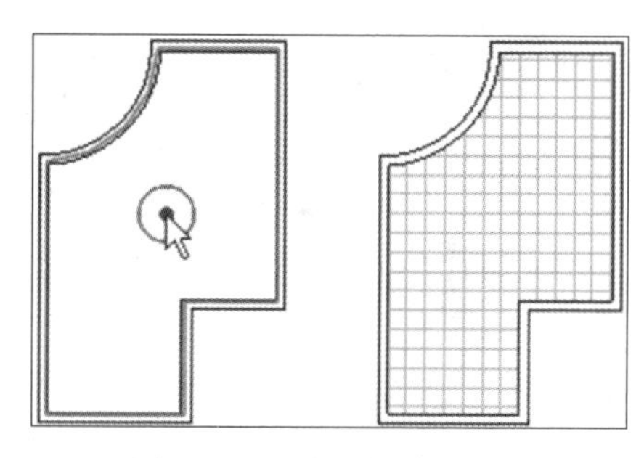

图 1.4-15　自动创建天花板

也可以自行创建天花板单击“绘制天花板”面板中的“边界线”工具。选择边界线类型后就可以在绘图区域绘制天花板轮廓了，要在天花板上创建洞口，需在天花板边界内绘制另一个闭合环，如图 1.4-16 所示。

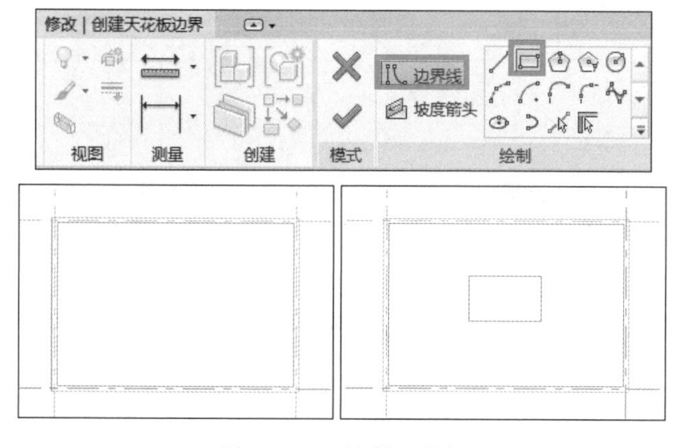

图 1.4-16　绘制天花板

天花板建模

第 4 步：单击“完成编辑模式”，切换至默认三维视图，选中“属性”窗格中的“剖面框”复选框，单击并拖拽剖面框右侧的向左图标箭头，即可查看天花板效果，如图 1.4-17 所示。

（2）编辑天花板

编辑天花板类型：选择天花板，然后从“类型选择器”中选择另一种天花板类型，如图 1.4-18 所示。

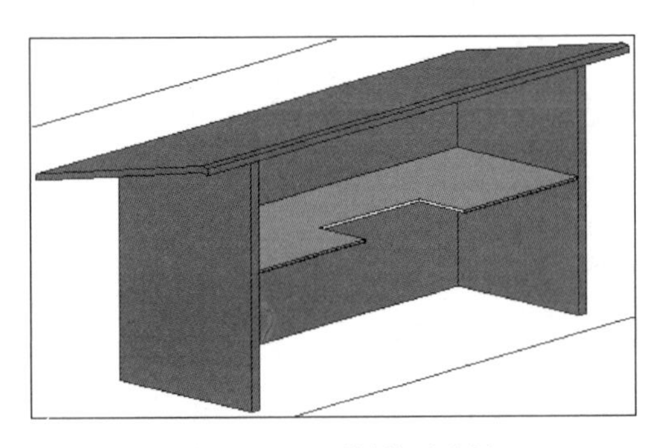

图 1.4-17　开洞的天花板

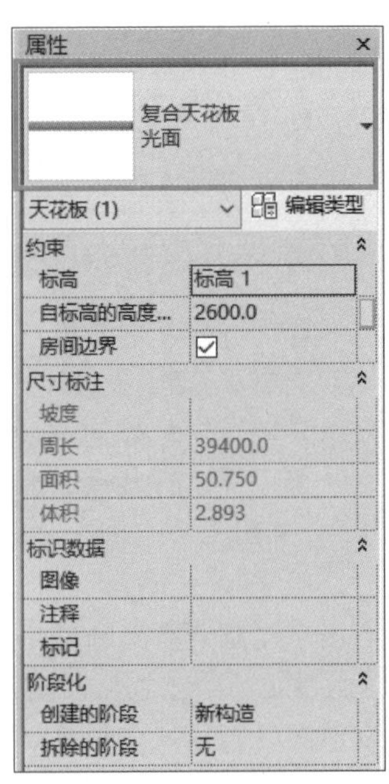

图 1.4-18　类型选择器

编辑天花板材质和填充图案：选择天花板，单击“编辑类型”，在“类型属性”对话框中，对“结构”进行编辑，如图 1.4-19 所示。

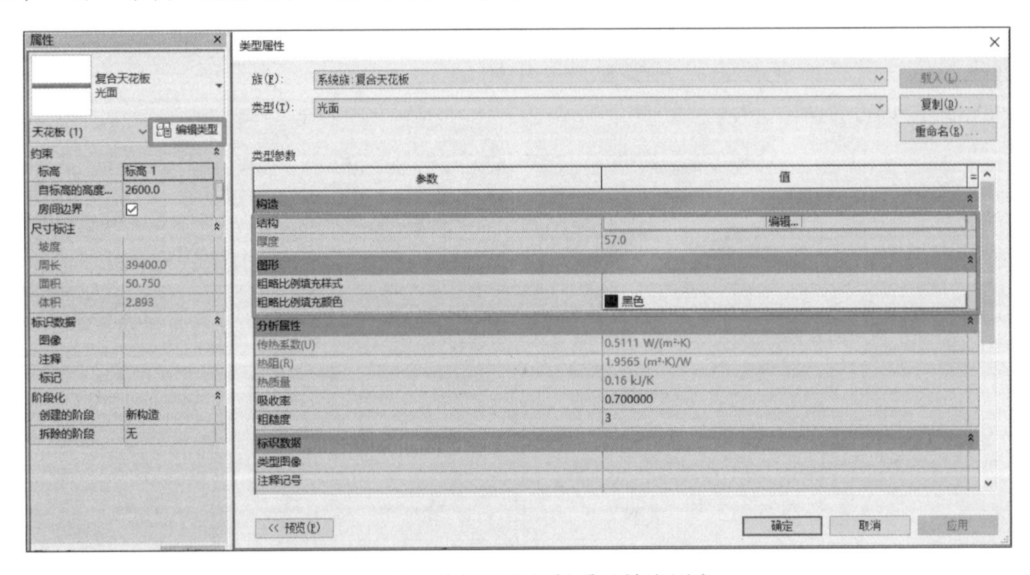

图 1.4-19　编辑天花板材质及填充图案

编辑天花板边界：选择天花板，双击或者点击“编辑边界”，可对天花板边界进行编辑，如图 1.4-20 所示。

编辑天花板坡度：选择天花板，双击或者点击“编辑边界”，点击“坡度箭头”，绘制坡度方向，通过“属性”窗格修改坡度，如图 1.4-21 所示。

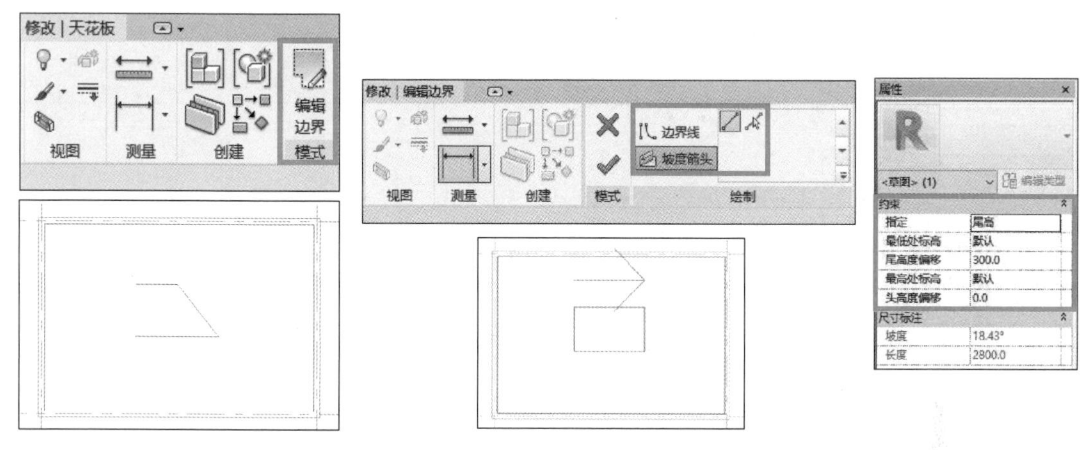

图 1.4-20　编辑天花板边界

图 1.4-21　编辑天花板坡度

任务 5　楼梯、坡道、扶手建模

能力目标

楼梯、坡道、扶手建模能力目标　　表 1.5-1

楼梯、坡道、扶手建模能力	1. 楼梯建模
	2. 扶手栏杆建模
	3. 坡道建模

概念导入

Revit 楼梯与坡道建模

Revit 楼梯坡道建模主要功能包括楼梯、栏杆扶手和坡道。使用“楼梯”工具，可以在项目中添加各种样式的楼梯。在 Revit 中，楼梯由楼梯和扶手两部分构成，在绘制楼梯时，Revit 会沿楼梯自动放置指定类型的扶手。与其他构件类似，需要通过楼梯的类型属性对话框定义楼梯的参数，从而生成指定的楼梯模型。创建楼梯的方法有构件法和草图法两种。

任务清单

楼梯、坡道、扶手建模任务清单　　表 1.5-2

序号	子任务项目	备注
1	楼梯建模训练	构件法、草图法
2	扶手栏杆建模训练	绘制路径、拾取新主体
3	坡道建模训练	直坡道、弧形坡道

任务分析

本任务中的楼梯坡道建模主要包括楼梯、扶手栏杆、坡道等，在建模过程中主要应注意构件的水平定位、标高和相关类型参数是否正确，在完成子任务建模训练时，同步完成相应测试题。

5.1 构件法楼梯建模

1. 功能

构件法楼梯建模是通过创建通用梯段、平台和支座构件，将楼梯添加到建筑模型。其图形菜单在“建筑”选项卡下“楼梯坡道”面板中，见图 1.5-1。这种方式创建楼梯比较灵活，通常用于生成多跑或复杂的楼梯形式。

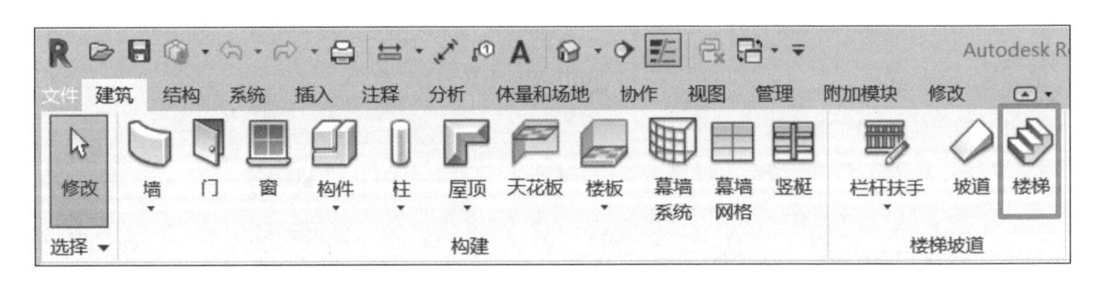

图 1.5-1　楼梯绘制选项卡

2. 操作步骤

楼梯的创建在平面图内进行绘制，一般绘制前可先借助参照平面对楼梯位置尺寸进行定位。

第 1 步：单击“建筑”选项卡下“楼梯坡道”面板中的“楼梯”命令，绘图区域呈灰显状态，即进入“修改 | 创建楼梯”的草图绘制模式。

第 2 步：在“修改 | 创建楼梯”上下文选项卡的“构件”面板上方可选择绘制“直梯”“全踏步螺旋梯”“圆心-端点螺旋梯”“L 形转角梯”“U 形转角梯”或“创建草图”等楼梯类型，见图 1.5-2。同时在“构件”面板上方还有创建“平台”和“支座”工具。

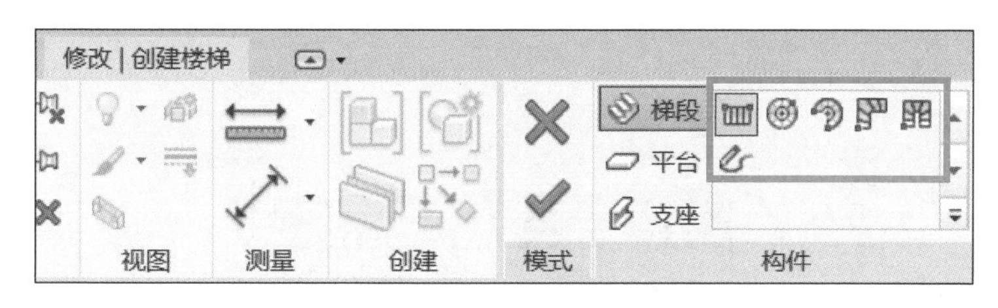

图 1.5-2　楼梯构件

第 3 步：点击“直梯”类型后，设置绘制状态菜单属性，见图 1.5-3，为选项卡底部临时出现的淡绿色状态栏。在选项栏可以选择“定位线”为“梯段：中心”（一般绘制楼梯梯段均以楼梯梯段中心线为参考绘制），然后修改“实际梯段宽度”参数值（默认宽度为 1000），默认勾选“自动平台”。

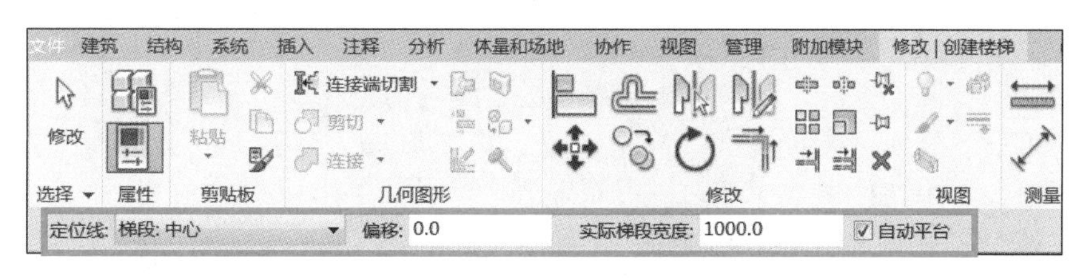

图 1.5-3　创建楼梯选项栏

第 4 步：在图元“属性”栏中选择所需创建楼梯的类型，如“整体浇筑楼梯”。单击“编辑类型”，在“类型属性”对话框中通过复制重命名可以新建其他类型楼梯，并设置“最大踢面高度”“最小踏板深度”和“最小梯段宽度”参数值，见图 1.5-4。

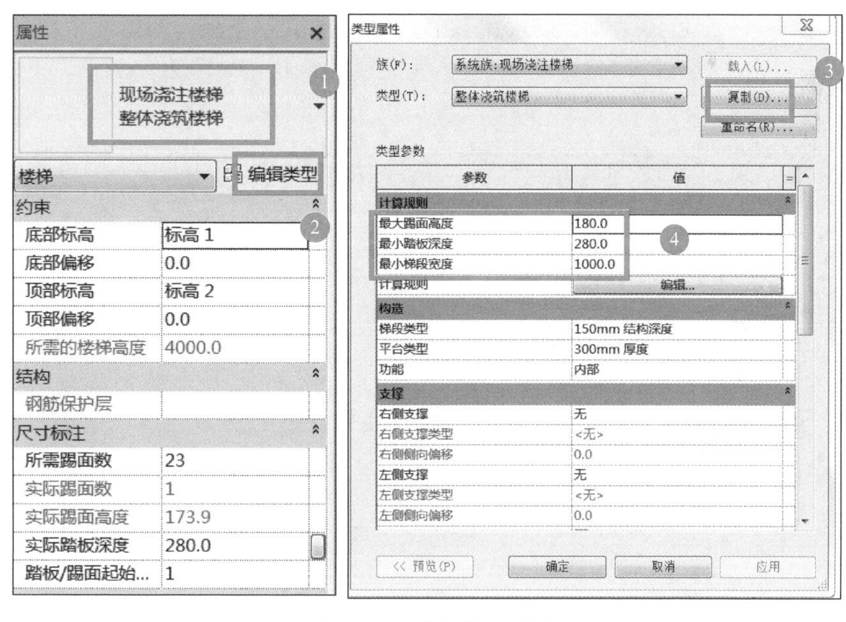

图 1.5-4　编辑类型属性

第 5 步：通过修改实例属性“约束”中的“底部约束”和“顶部约束”以及“偏移”参数值来定位楼梯的高度。在实例属性的“尺寸标注”中修改“所需踢面数”“实际踏板深度（即踏面宽度）”等参数值。设置完踢面数，系统会根据层高自动计算“实际踢面高度”，见图 1.5-5。

构件法
楼梯建模

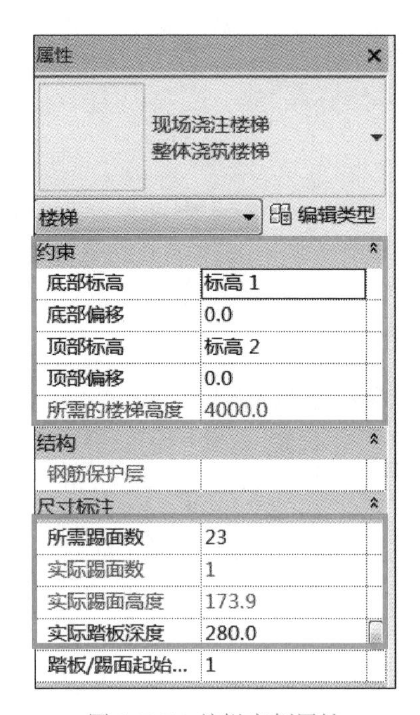

图 1.5-5　编辑实例属性

第 6 步：在绘图区域指定楼梯的起点，拖动鼠标，楼梯轮廓线下方会显示“创建了 n 个踢面，剩余 m 个”。创建了所有的踢面数后，再单击鼠标左键，即指定楼梯的终点，草图绘制完成后点击“模式”面板中的“√”，完成楼梯绘制，见图 1.5-6。

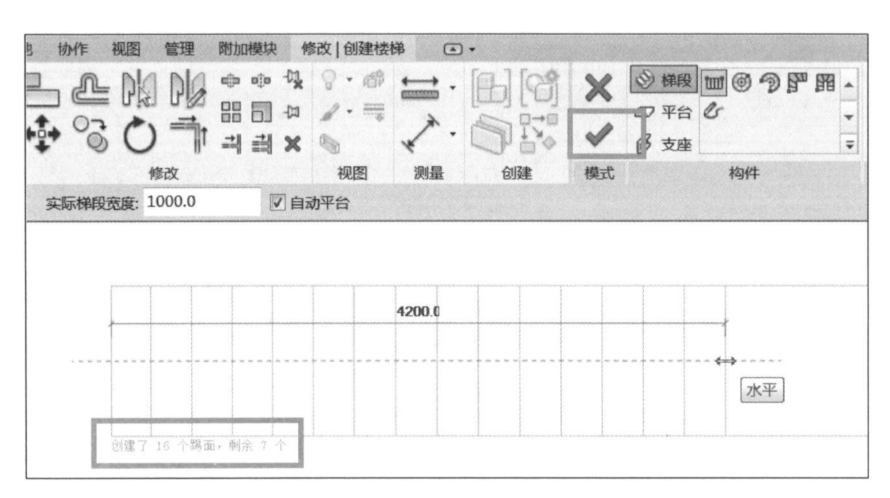

图 1.5-6　绘制直梯

第 7 步：完成后的直梯如图 1.5-7 所示，如果要改变直梯方向，可点击平面图中楼梯终点处的箭头。

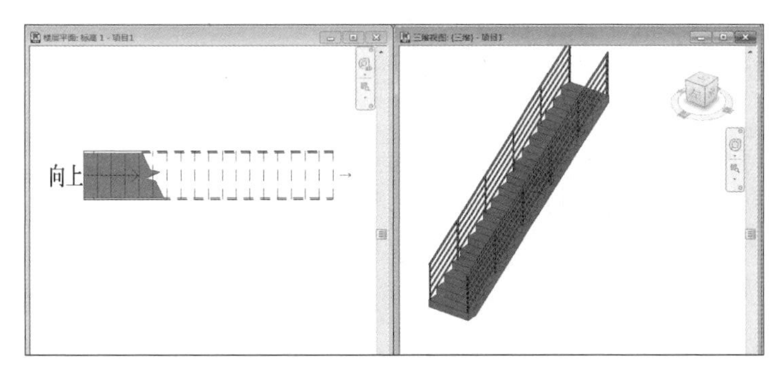

图 1.5-7　直梯绘制完成效果

第 8 步： 如果楼层偏高，“直梯”太长时，可根据实际情况在“直梯”中间部位增加休息平台。先用上述的方法绘制 n 个踏步，将鼠标向前水平拖动一定距离后，再继续绘制剩余踏步数，如图 1.5-8 所示。

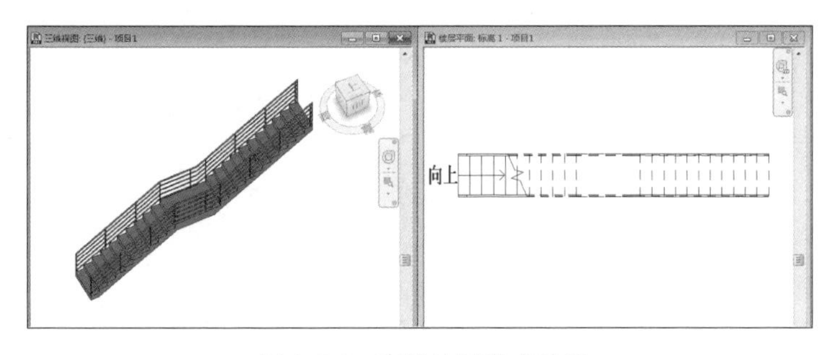

图 1.5-8　直梯绘制完成效果

第 9 步： 也可以用“直梯”绘制多跑楼梯，首先朝一方向绘制第一跑楼梯，达到踏步数量后点击鼠标确定，将鼠标沿与梯段垂直方向移动一定距离后单击鼠标，再按相反方向绘制第二跑楼梯，与之类似绘制三跑楼梯，如图 1.5-9 所示。

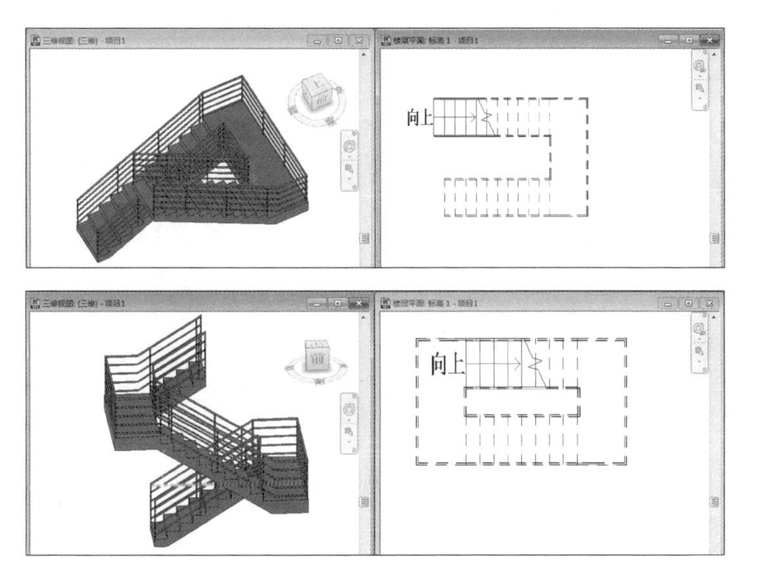

图 1.5-9　多跑楼梯绘制完成效果

5.2 草图法楼梯建模

1. 功能

草图法楼梯建模是通过绘制形状来创建自定义楼梯，见图 1.5-10。在绘制梯段时，要先选择绘制边界、踢面或楼梯走向。

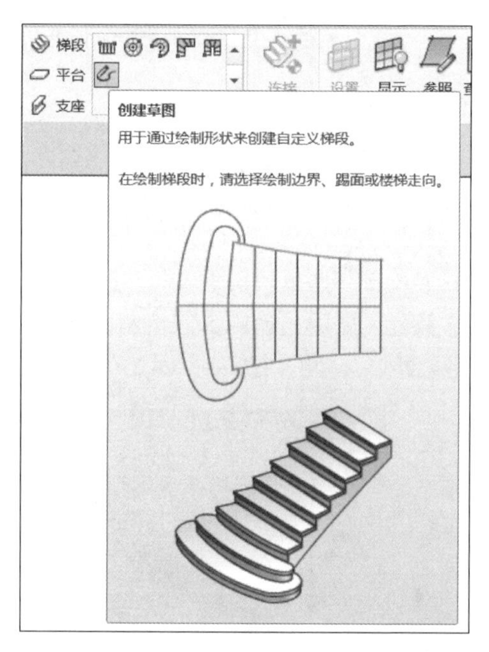

图 1.5-10　创建草图绘制命令

2. 操作步骤

第 1 步：在“修改｜创建楼梯”上下文选项卡的“构件”面板上方单击“创建草图”绘制方式，进入“修改｜创建楼梯＞绘制梯段”草图绘制模式。

第 2 步：点击“边界”，可以通过绘制线来定义楼梯的边界，楼梯边界线可以是单条线，也可以是多段线。选择“线”绘制方式创建两条绿色显示的边界线，如图 1.5-11 所示。

第 3 步：点击“踢面”，可以通过绘制线来定义楼梯的踢面线。选择“线”绘制方式创建两条边界线之间的踢面线，可以借助“修改”面板上的“复制”命令快速创建所有的踢面线，两条踢面线之间的距离就是楼梯“实际踏板深度”，如图 1.5-12 所示。

草图法
楼梯建模

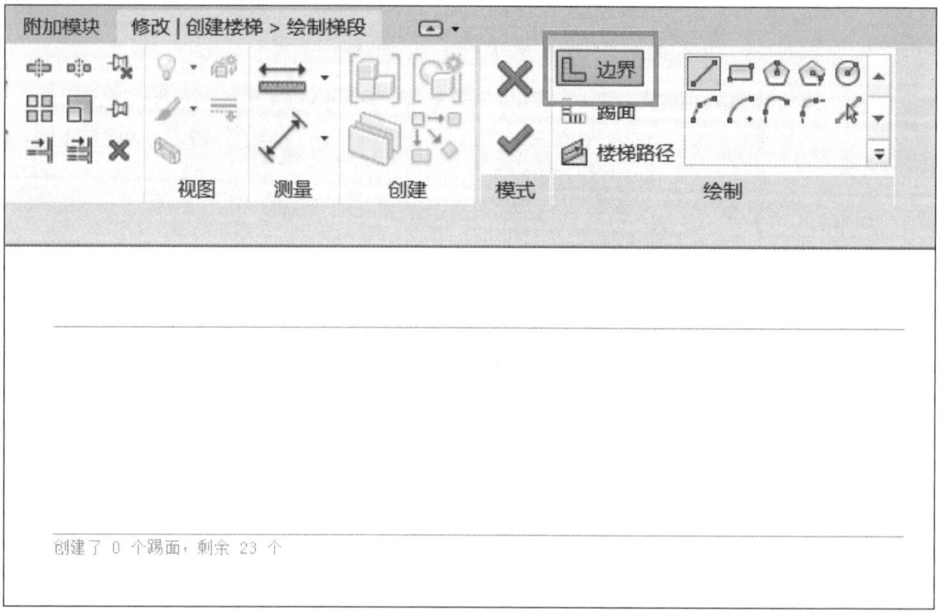

图 1.5-11　绘制梯段边界

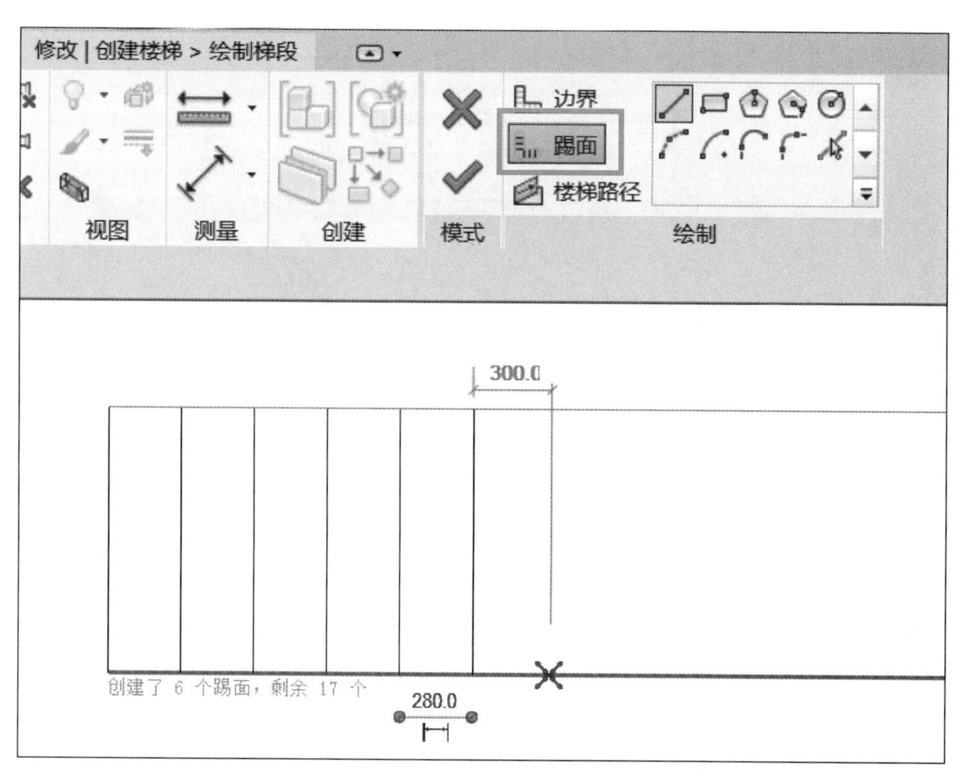

图 1.5-12　绘制梯段踢面

第 4 步：点击“楼梯路径”，通过“线”方式绘制楼梯的走向，如图 1.5-13 所示。

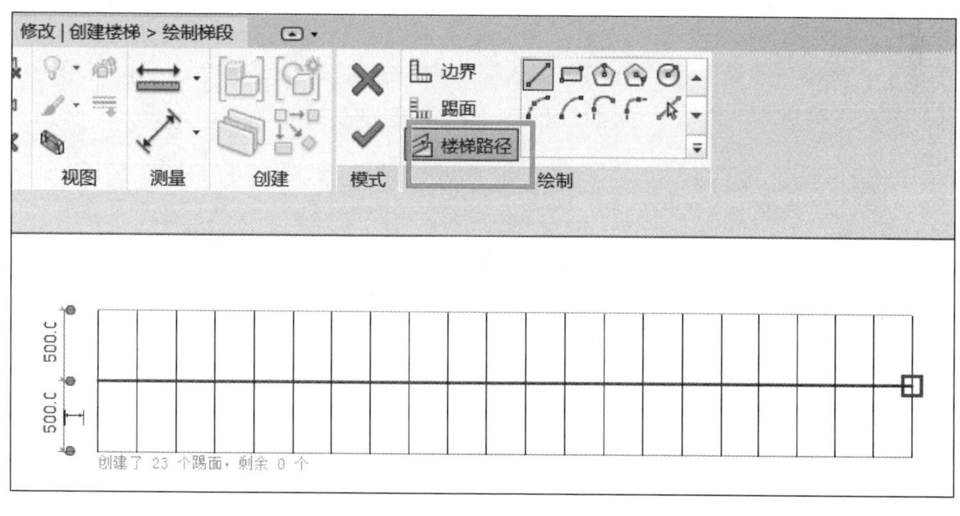

图 1.5-13　绘制楼梯路径

第 5 步：草图绘制完成后连续两次点击“模式”面板中的“√”，完成楼梯的创建。如果想对楼梯重新进行编辑，可选中改楼梯，点击“编辑楼梯”，重新回到“修改｜楼梯”草图绘制模式进行修改，如图 1.5-14 所示。

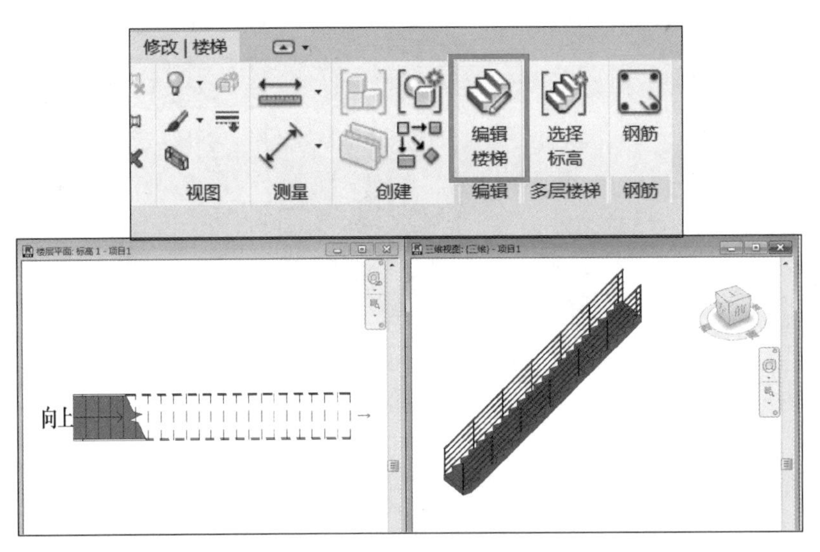

图 1.5-14　草图法绘制楼梯完成效果

5.3　栏杆扶手建模

1. 功能

楼梯建模时会默认自动生成栏杆扶手，如果绘制完楼梯后不需要栏杆扶手，可单独删除楼梯两侧或一侧的扶栏（建议在三维视图中删除，清晰方便）。当没有栏杆扶手的楼梯上需要绘制栏杆时，也可在“项目浏览器”中选择要绘制栏杆扶手的楼层平面，通过绘制栏杆扶手的路径来创建。

2. 操作步骤

第 1 步：单击“建筑”选项卡“楼梯坡道”面板中“栏杆扶手”命令下拉菜单中的“绘制路径”选项，即进入“修改 | 创建栏杆扶手路径”的草图绘制模式，如图 1.5-15 所示。

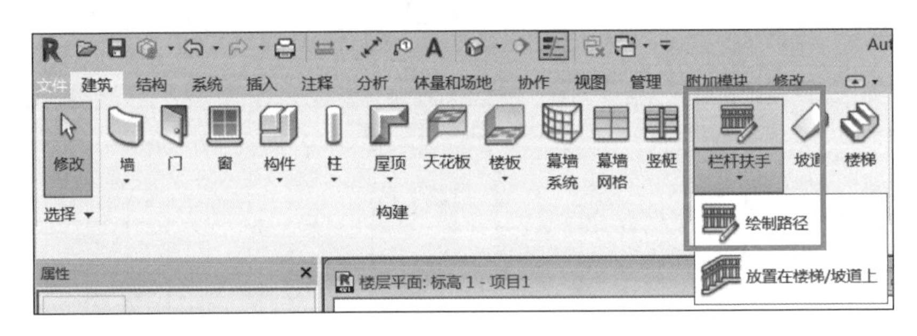

图 1.5-15　栏杆扶手绘制命令

第 2 步：在“修改 | 创建栏杆扶手路径”上下文选项卡的“绘制”面板上选择合适的绘制方式，如图 1.5-16 所示。

第 3 步：在图元“属性”栏中选择所需创建栏杆扶手的类型，如“900mm 圆管”。单击“编辑类型”，在“类型属性”对话框中通过复制重命名可以新建其他类型的栏杆扶手，如图 1.5-17 所示。

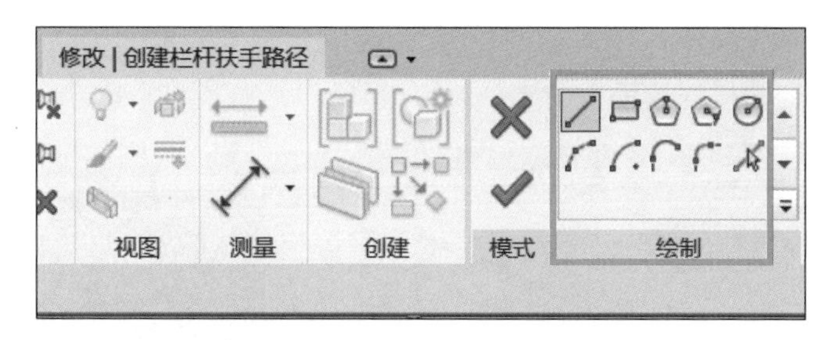

栏杆扶手建模

图 1.5-16　绘制栏杆扶手路径

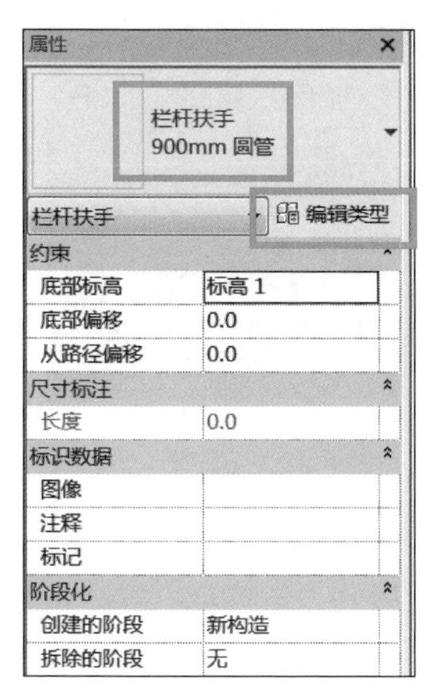

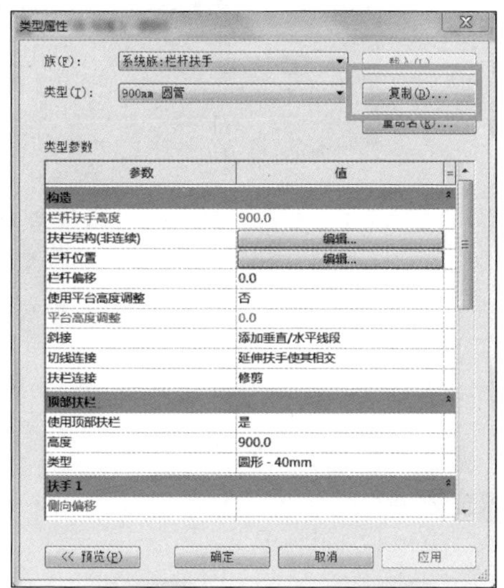

图 1.5-17　栏杆扶手类型属性

第 4 步：在绘图区域指定栏杆扶手路径的起点和终点，草图线必须为连续的线段，如图 1.5-18 所示。草图绘制完成后点击“模式”面板中的“√”完成栏杆扶手的绘制，点击“×”放弃栏杆绘制。

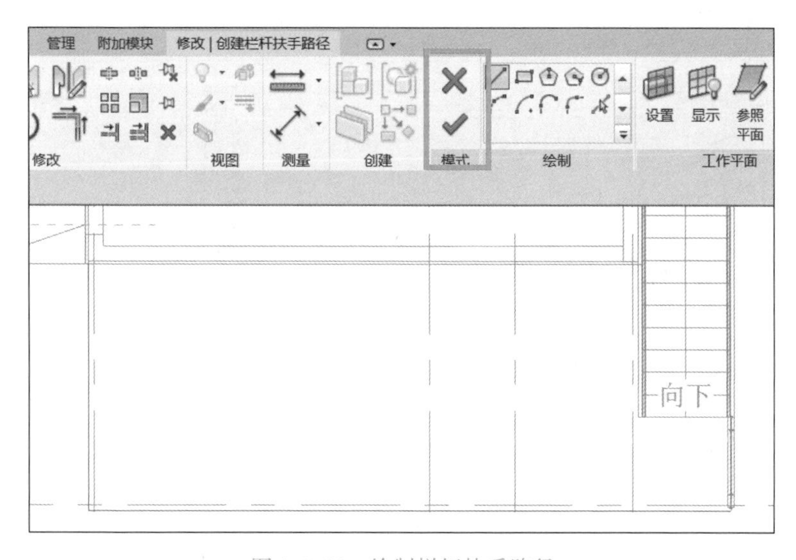

图 1.5-18　绘制栏杆扶手路径

第 5 步：绘制完成的栏杆扶手如图 1.5-19 所示，在三维视图中选中栏杆扶手可进行进一步的修改，如翻转栏杆扶手方向等。

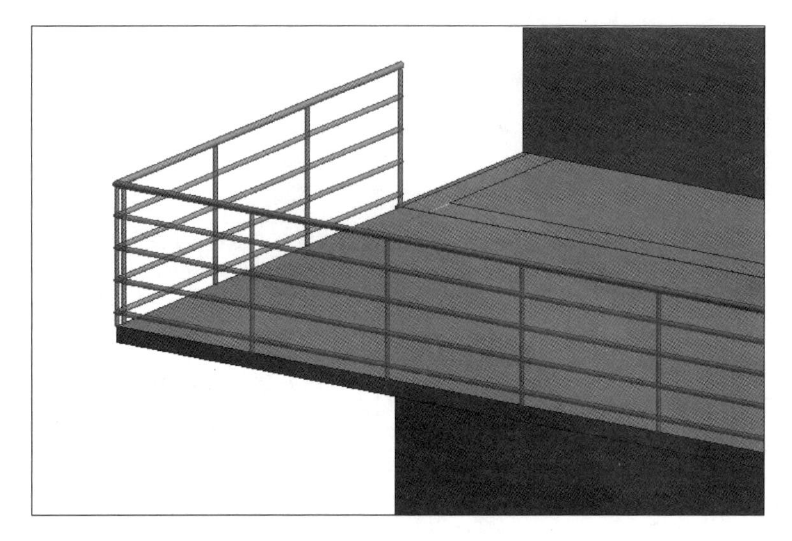

图 1.5-19　栏杆扶手完成效果

第 6 步：通过栏杆扶手图元“属性”面板上类型属性，可进一步对扶栏结构和栏杆位置等类型参数进行编辑，也可以载入栏杆族库，见图 1.5-20。

类型参数

参数	值
构造	
栏杆扶手高度	900.0
扶栏结构(非连续)	编辑...
栏杆位置	编辑...
栏杆偏移	0.0
使用平台高度调整	否

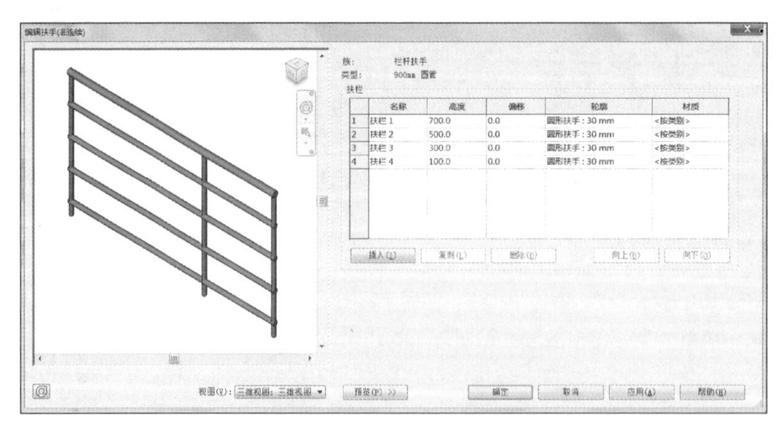

图 1.5-20　编辑栏杆扶手类型参数（一）

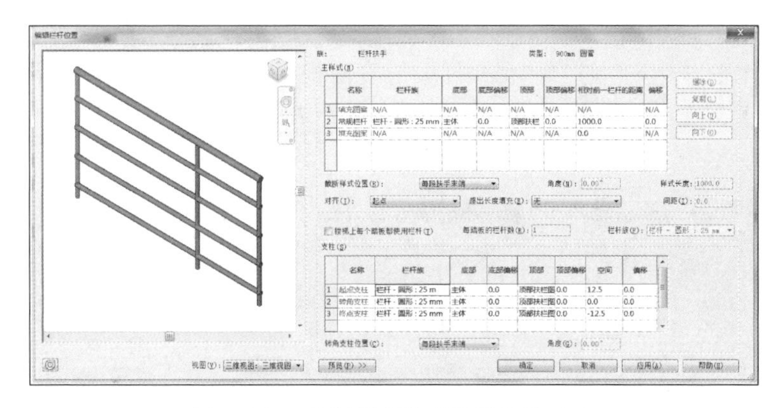

图 1.5-20　编辑栏杆扶手类型参数（二）

第 7 步：若在楼梯上绘制栏杆扶手的过程中出现楼梯与栏杆扶手分离的问题时，可先选中画出的栏杆，点击“修改 | 栏杆扶手”上下文选项卡中“工具”面板中的“拾取新主体”命令，再选择楼梯，则栏杆会附着到楼梯上，见图 1.5-21。

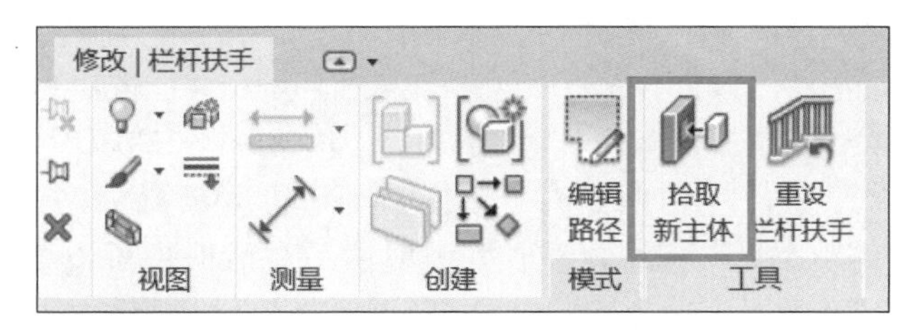

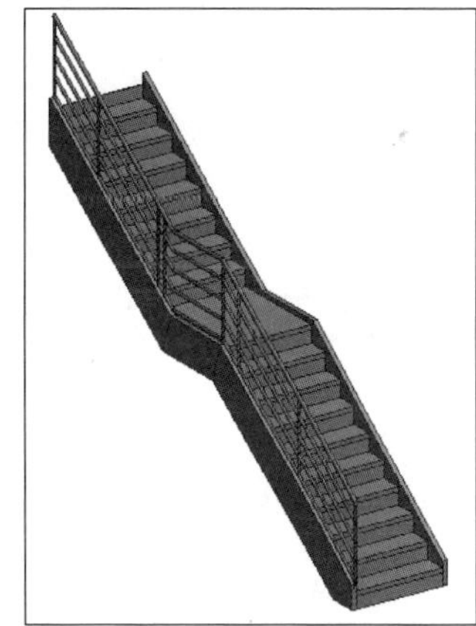

图 1.5-21　拾取栏杆扶手主体

5.4　坡道建模

1. 功能

Revit 软件中坡道建模和楼梯的创建方法非常相似，可以在平面视图或三维视图直接绘制梯段或通过绘制边界线和踢面线来创建坡道。与楼梯类似，可以定义直坡道或弧形坡道，还可以通过修改草图来更改坡道的外边界。

2. 操作步骤

第 1 步：单击“建筑”选项卡“楼梯坡道”面板中“坡道”命令，进入“修改 | 创建坡道草图”上下文选项卡，在“绘制”面板上选择坡道梯段的绘制方式（直线或弧线），如图 1.5-22 所示。

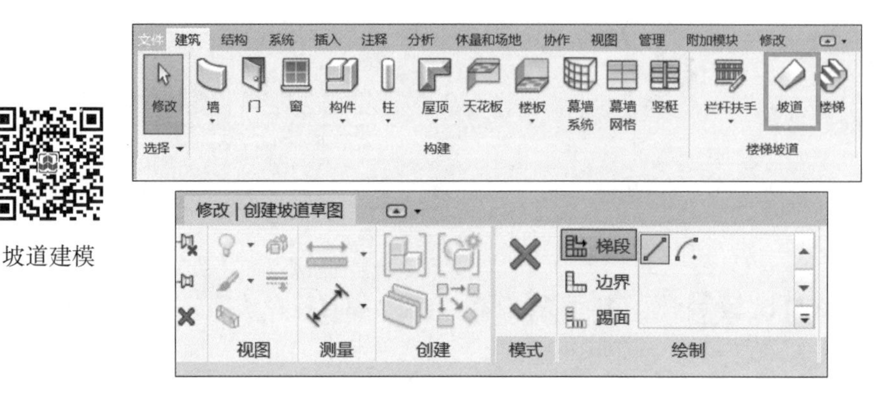

图 1.5-22　创建坡道命令

第 2 步：在图元“属性”栏中选择所需创建坡道的类型，修改坡道的实例属性，“约束”条件中通过设置“底部标高”“底部偏移”“顶部标高”“顶部偏移”参数来设置坡道底部和顶部的具体位置及高度，设置“尺寸标注”中的“宽度”值修改坡道的宽度，如图 1.5-23 所示。

第 3 步：单击“编辑类型”按钮，在“类型属性”对话框中可以修改坡道的“造型”“厚度”“功能”“材质”“最大斜坡长度”“坡道最大坡度（1/x）”等参数或通过复制创建新的坡道类型，如图 1.5-24 所示。

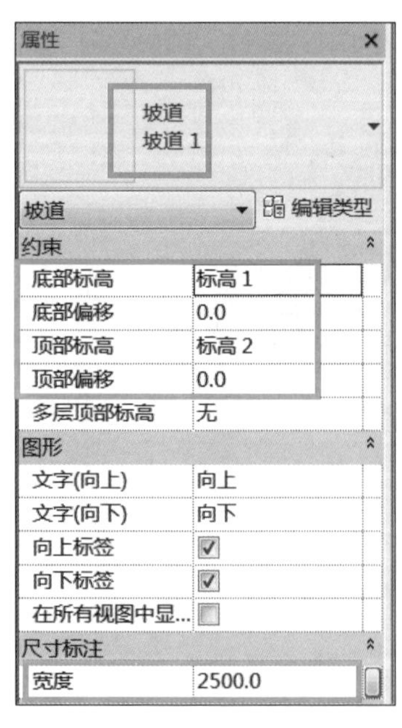

图 1.5-23　坡道实例属性栏

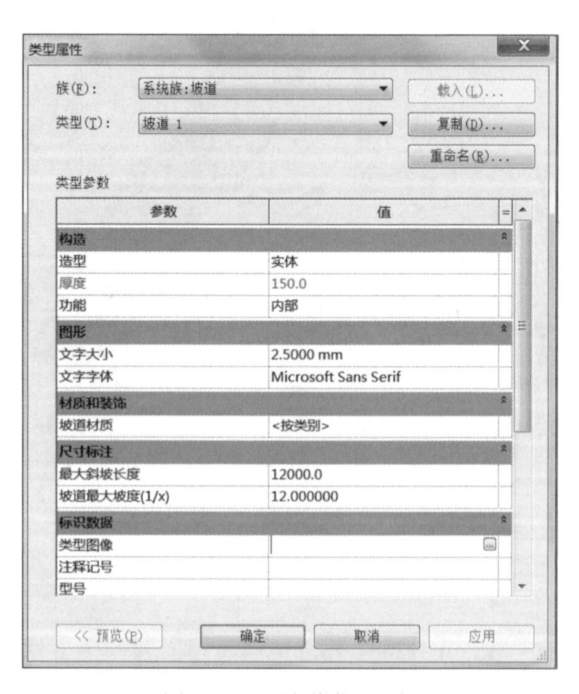

图 1.5-24　坡道类型属性

第 4 步：在绘图区域拖动鼠标指定坡道的起点和终点。点击“工具”面板中的“栏杆扶手”命令，在弹出的“栏杆扶手”对话框中可选择项目中现有栏杆扶手类型之一，或者选择“默认”来添加默认的栏杆扶手类型，或者选择“无”来指定不添加任何栏杆扶手，如图 1.5-25 所示。

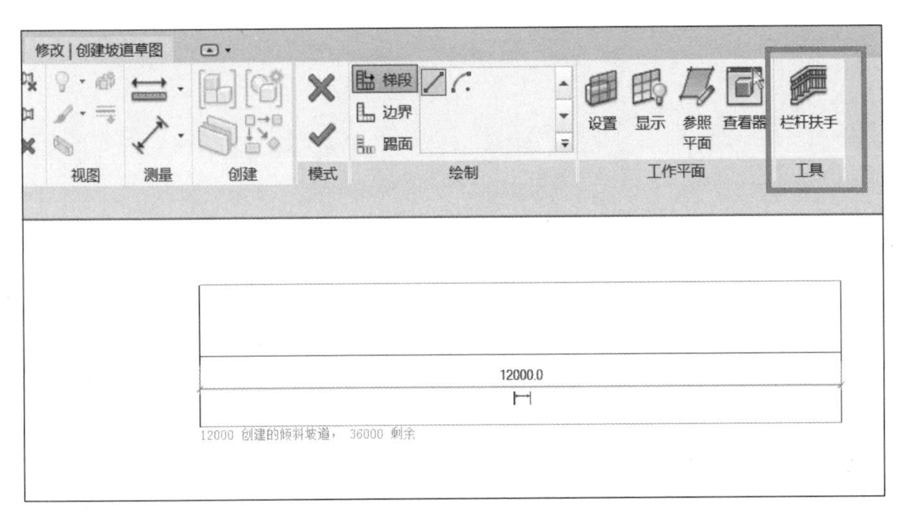

图 1.5-25　绘制直坡道草图

第 5 步：绘制完成后点击“模式”面板中的“√”完成直坡道的绘制，点击“×”放弃坡道绘制。平面视图中点击坡道箭头可向上翻转坡道的方向，如不需要栏杆扶手，可直接选中栏杆扶手后将其删除，如图 1.5-26 所示。

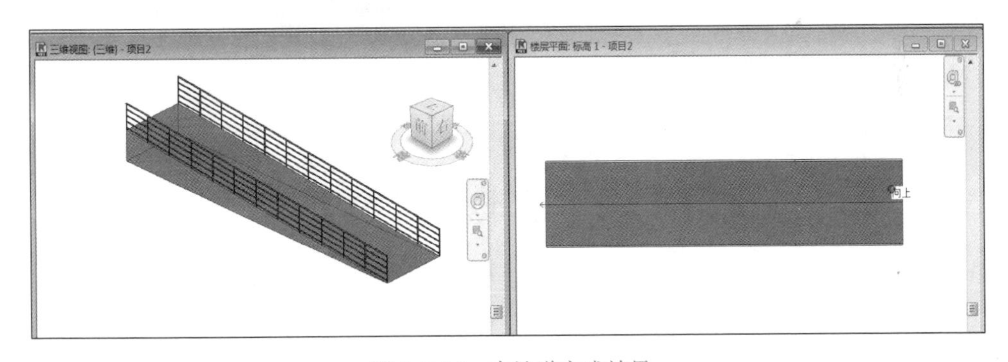

图 1.5-26　直坡道完成效果

第 6 步：如果要创建弧形坡道，在“修改 | 创建坡道草图”上下文选项卡的“绘制”面板上选择“圆心-端点弧”绘制坡道梯段的草图即可，类型参数设置方法与直坡道一样，如图 1.5-27 所示。

第 7 步：绘制完成后点击“模式”面板中的“√”完成弧形坡道的绘制，完成效果如图 1.5-28 所示。

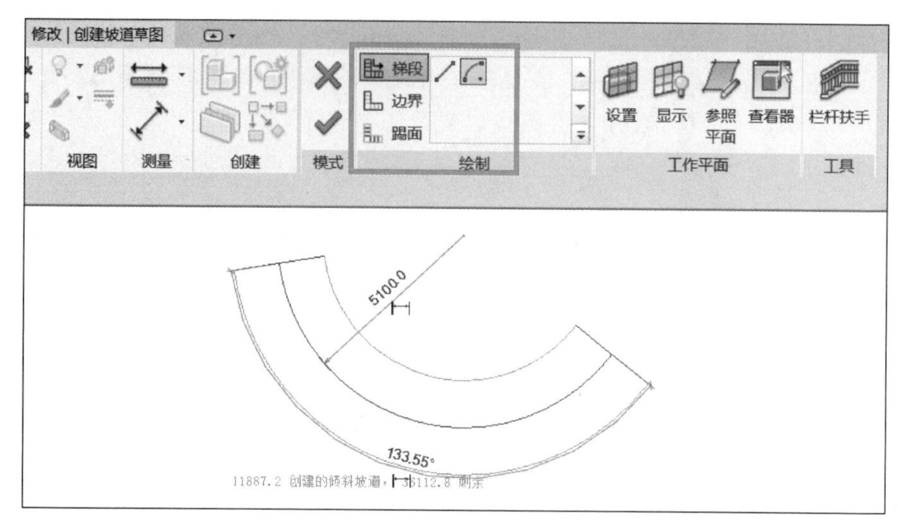

图 1.5-27　绘制弧形坡道草图

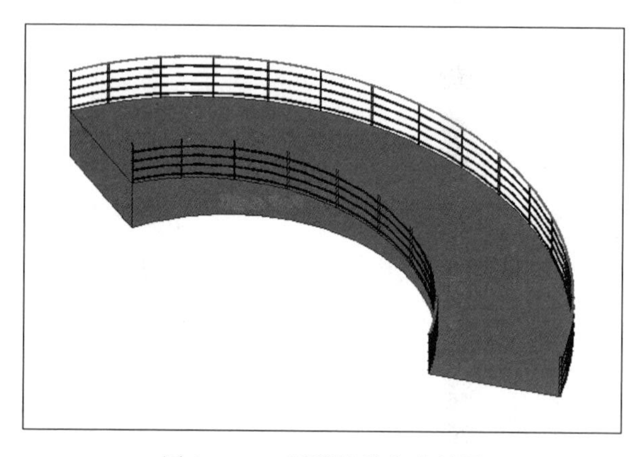

图 1.5-28　弧形坡道完成效果

任务 6　基本洞口建模

能力目标

基本洞口建模能力目标　　表 1.6-1

基本洞口建模能力	1. 面洞口建模
	2. 垂直洞口建模
	3. 墙洞口建模
	4. 竖井建模
	5. 老虎窗洞口定义

概念导入

使用“洞口”工具在墙、楼板、天花板、屋顶、结构梁、支撑和结构柱上剪切洞口。“建筑”选项卡和“结构”选项卡中均有“洞口”面板，以下依次介绍“面洞口”“垂直洞口”“墙洞口”“竖井洞口”和“老虎窗洞口”的建模。

任务清单

基本洞口建模任务清单　　表 1.6-2

序号	子任务项目	备注
1	面洞口建模训练	屋顶、楼板或天花板选定面的洞口
2	垂直洞口建模训练	屋顶、楼板或天花板贯穿的垂直洞口
3	墙洞口建模训练	墙上的矩形洞口
4	竖井洞口建模训练	跨越整个建筑高度(或者跨越选定标高)的洞口
5	老虎窗洞口建模训练	为老虎窗剪切穿过屋顶的洞口

任务分析

本任务中的基本洞口建模包括面洞口、垂直洞口、墙洞口、竖井洞口、老虎窗洞口，在了解每种洞口工具特点的基础上，根据使用从场景选取适合的洞口工具，在完成子任务建模训练时，同步完成相应测试题。

6.1 面洞口建模

1. 功能

使用“面洞口”工具可以创建一个垂直于屋顶、楼板或天花板选定面的洞口。

2. 操作步骤

第 1 步：点击“洞口”面板中的“按面”按钮，如图 1.6-1 所示。

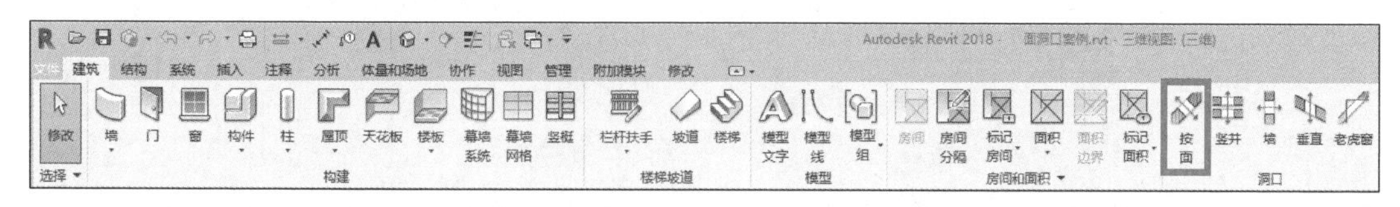

图 1.6-1　洞口面板的“按面”按钮

第 2 步：选择屋顶、楼板、天花板、梁或柱的平面。将垂直于选定的面剪切洞口。本案例中选择楼板进行开洞，如图 1.6-2 所示。

第 3 步：选择要开洞的面之后会自动打开“修改 | 创建洞口边界”选项卡。此时可以在已选择的面上利用绘制工具绘制所需的洞口形状。本例中点击“绘制”面板中的“矩形”按钮，在楼板上绘制矩形，如图 1.6-3 所示。

面洞口

图 1.6-2　选取楼板平面

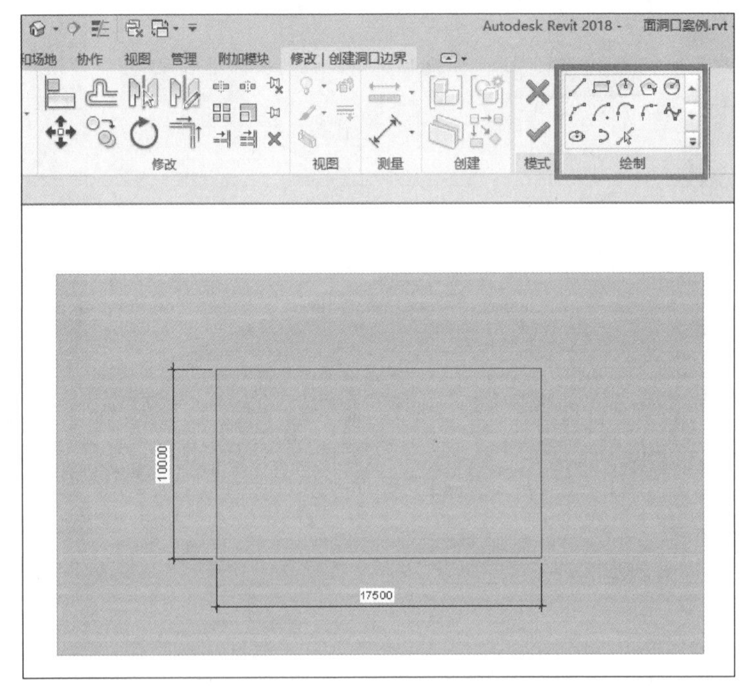

图 1.6-3　绘制面洞口形状

第 4 步：单击“模式”面板中的“完成编辑模式”按钮，即完成了洞口形状的绘制并退出草图模式，如图 1.6-4 所示。此时即完成了在屋面创建一个矩形洞口的操作，如图 1.6-5 和图 1.6-6 所示。

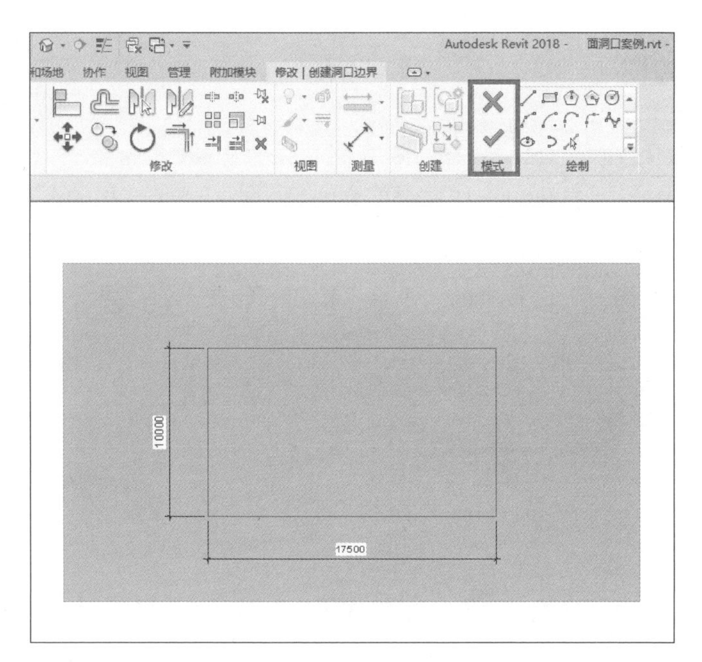

图 1.6-4　完成面洞口形状绘制

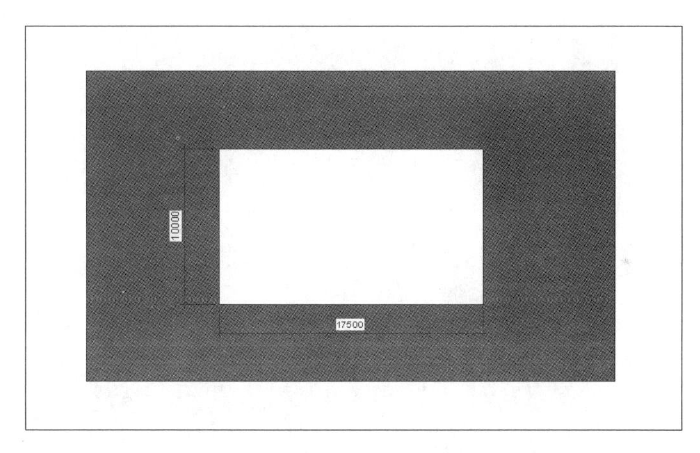

图 1.6-5　面洞口平面图

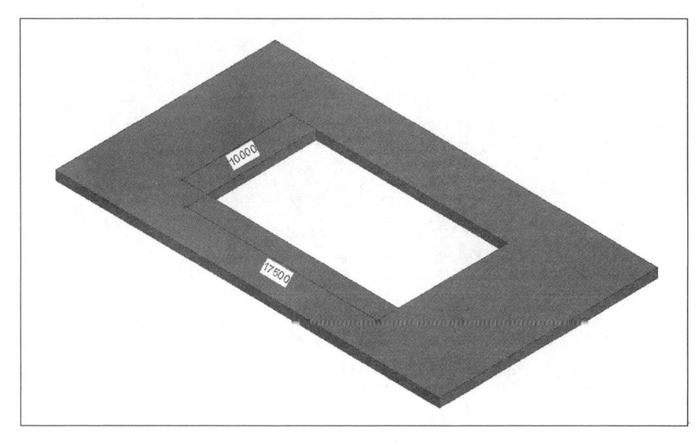

图 1.6-6　面洞口三维图

6.2 垂直洞口建模

1. 功能

使用“垂直洞口”工具可以剪切一个贯穿屋顶、楼板或天花板的垂直洞口。

2. 操作步骤

第 1 步：点击“洞口”面板中的“垂直”按钮，如图 1.6-7 所示。

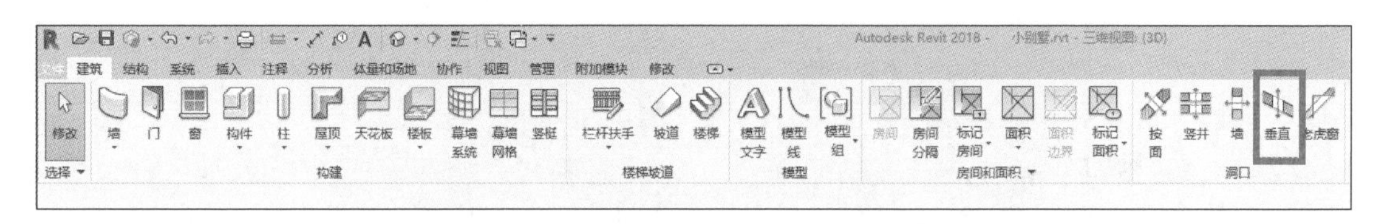

图 1.6-7 “洞口”面板的“垂直”按钮

第 2 步：选择屋顶、楼板、天花板或檐底板以创建垂直洞口。本案例中选择屋顶进行开洞，如图 1.6-8 所示。

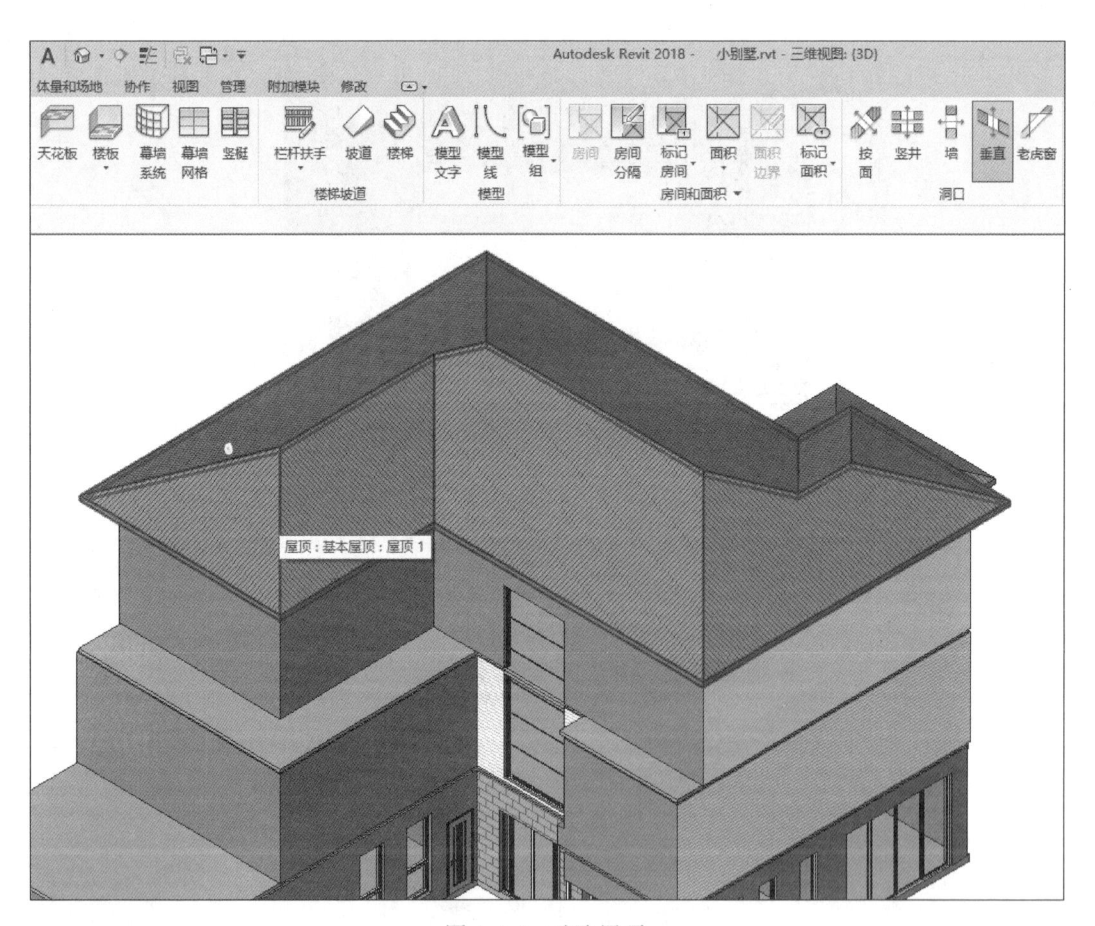

图 1.6-8 选取屋顶

第 3 步：选择要开洞的图元之后会自动打开“修改｜创建洞口边界”选项卡。此时可以利用绘制工具绘制所需的洞口形状。本例中点击“绘制”面板中的“圆形”按钮进行绘制，如图 1.6-9 所示。

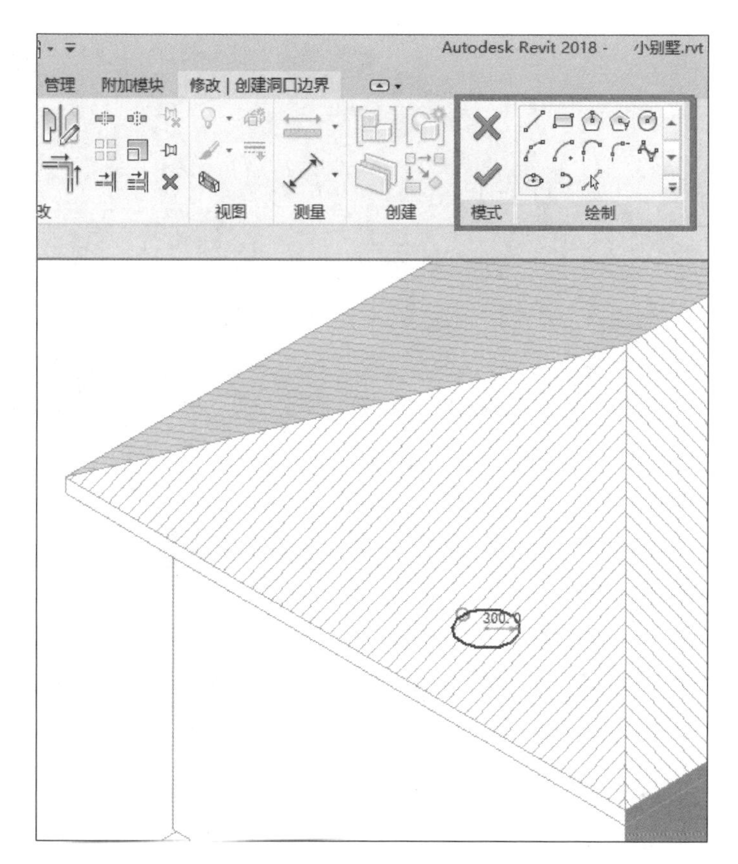

图 1.6-9　绘制垂直洞口形状

垂直洞口

第 4 步：单击“模式”面板中的“完成编辑模式”按钮，即完成了洞口形状的绘制并退出草图模式。此时即完成了在屋顶创建一个垂直洞口的操作，如图 1.6-10 所示。

在本例中值得注意的是，虽然在“修改｜创建洞口边界”选项卡下绘制的是圆形，但是屋顶的洞口呈现椭圆形。因为斜屋顶具有一定的坡度，实际上斜屋顶的椭圆形洞口在水平面的投影就是之前在“修改｜创建洞口边界”选项卡下所绘制的圆形，投影关系如图 1.6-11 所示。这就是“垂直洞口”的特点，也是“面洞口”和“垂直洞口”的区别所在。

“面洞口”剪切的洞口垂直于所选的面，而“垂直洞口”剪切的洞口垂直于某个标高（本例中洞口垂直于水平标高）。“面洞口”建模过程中绘制的洞口形状在所选的面上，而“垂直洞口”绘制的洞口形状在标高平面上（本例中是在水平面绘制）。并且在选择剪切洞口的对象时，“面洞口”是选择图元的面进行剪切，而“垂直洞口”是选择整个图元进行剪切。

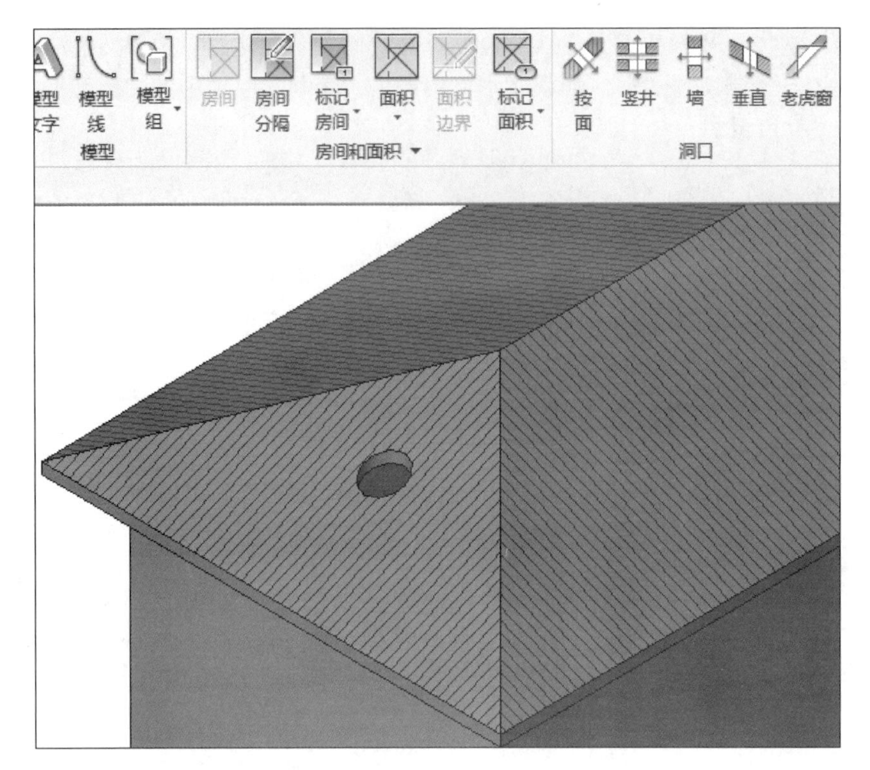

图 1.6-10　垂直洞口

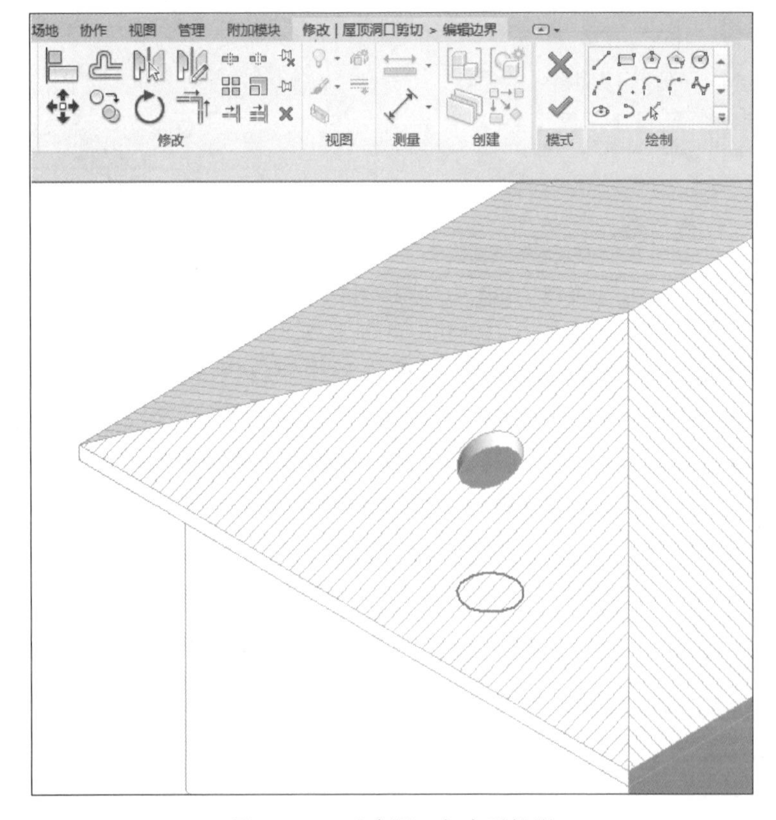

图 1.6-11　垂直洞口与水平投影

6.3 墙洞口建模

1. 功能

使用“墙洞口”工具可以在直线墙或曲线墙上剪切矩形洞口。如果需要剪切非矩形洞口，可以采用编辑墙轮廓的方法。

2. 操作步骤

第 1 步：点击“洞口”面板中的“墙”按钮，如图 1.6-12 所示。

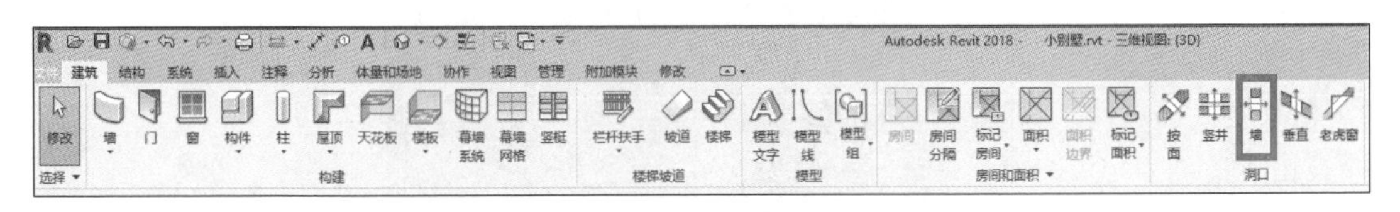

图 1.6-12　“洞口”面板的“墙”按钮

第 2 步：选择要开洞的墙，如图 1.6-13 所示。

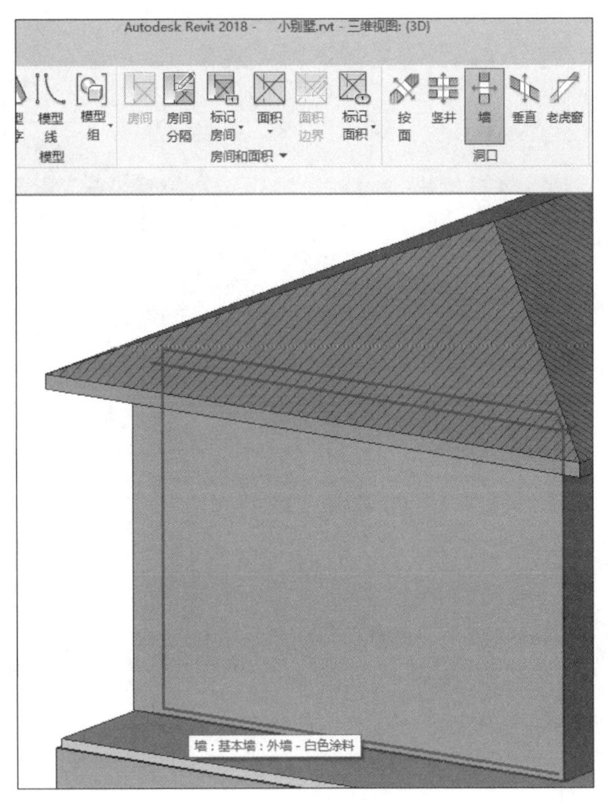

图 1.6-13　选取墙

墙洞口

第 3 步：在墙上单击以确定矩形的起点和对角点，绘制一个矩形洞口，如图 1.6-14 所示。如果要修改洞口，单击“修改”，然后选择洞口，可以修改洞口的尺寸和位置，如图 1.6-15 所示。

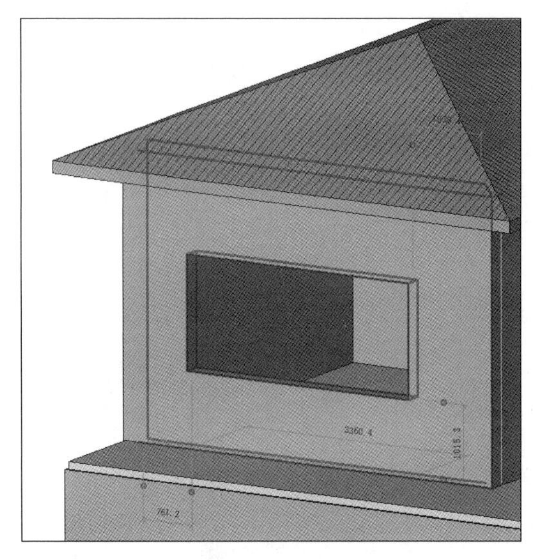

图 1.6-14　绘制墙洞口

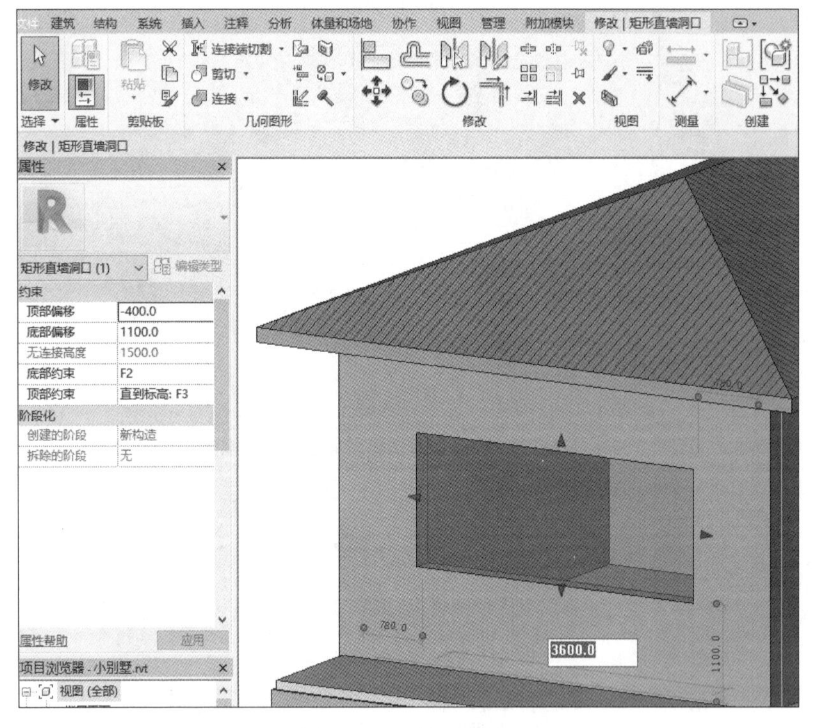

图 1.6-15　修改洞口

6.4　竖井建模

1. 功能

使用“竖井”工具可以放置跨越整个建筑高度（或者跨越选定标高）的洞口，洞口同时贯穿屋顶、楼板或天花板的表面。

2. 操作步骤

第1步：点击“洞口”面板中的“竖井”按钮，如图1.6-16所示。

图1.6-16 “洞口”面板的“竖井”按钮

第2步：通过绘制线或拾取墙来绘制竖井洞口。如果当前激活的是平面视图，可直接在平面绘制竖井洞口形状。如果在剖面视图或立面视图中启动“竖井”工具，则需要先转换视图，如图1.6-17所示。

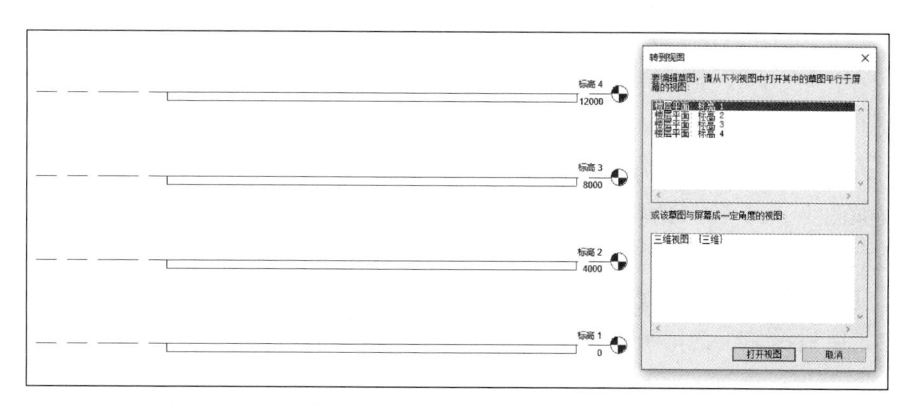

图1.6-17 转换视图

在自动打开的“修改｜创建竖井洞口草图”选项卡中，利用绘制工具绘制所需的洞口形状。本例中点击“绘制”面板中的“矩形”按钮进行绘制，如图1.6-18所示。

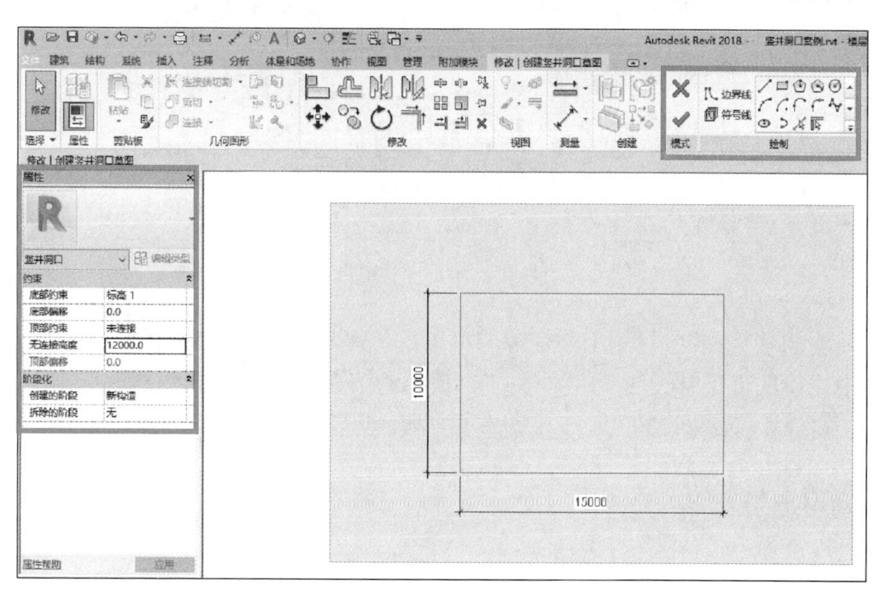

图1.6-18 绘制竖井洞口草图，属性设置

第 3 步：设置竖井洞口属性。属性设置的目的在于确定竖井起点标高和终点标高，竖井洞口将贯穿所有中间标高，并且在这些标高上都可见。如果在任意标高上移动竖井，则它将在所有标高上移动。表 1.6-3 介绍了竖井洞口属性设置中参数的含义。

竖井洞口属性　　表 1.6-3

参数	含义
底部约束	洞口的底部标高
底部偏移	洞口距洞底定位标高的高度
顶部约束	用于约束洞口顶部的标高。如果未定义“顶部约束”(即“未连接”)，则洞口高度会延伸至“无连接高度”中指定的值
无连接高度	如果未定义“顶部约束”，则会启用此参数，表示洞口的高度(从洞底向上测量)
顶部偏移	洞口距顶部标高的偏移。将“顶部约束”设置为标高时，才启用此参数

本例中，在属性选项板中，设置底部约束为“标高 1”，底部偏移为 0，顶部约束为“未连接”，无连接高度设置为“12000”，单击“模式”面板中的“完成编辑模式”按钮，即可生成如图 1.6-19 所示的竖井洞口。值得注意的是，标高 1 中的楼板并未形成洞口。当底部约束是“标高 1”，底部偏移为 0 时，竖井洞口的洞底标高即为标高 1，而楼板具有一定的厚度（本例中楼板厚度 400），且楼板的厚度是从标高 1 向下偏移，立面图也可以印证这一点，所以标高 1 的楼板并没有被剪切出洞口。

竖井洞口

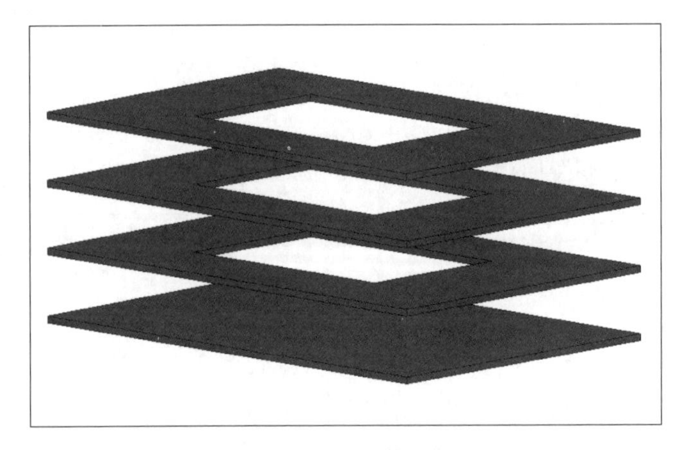

图 1.6-19　竖井洞口

如果需要调整竖井洞口剪切的标高，可以选择洞口，在属性选项板上进行参数的调整。本例中，将底部偏移设置为“−400”，顶部约束设置为“直到标高：标高 4”，顶部偏移为“0”，可以生成如图 1.6-20 所示的洞口。此时标高 1 的楼板也会剪切出洞口。

6.5　老虎窗洞口定义

1. 功能

在添加老虎窗后，为其剪切一个穿过屋顶的洞口。

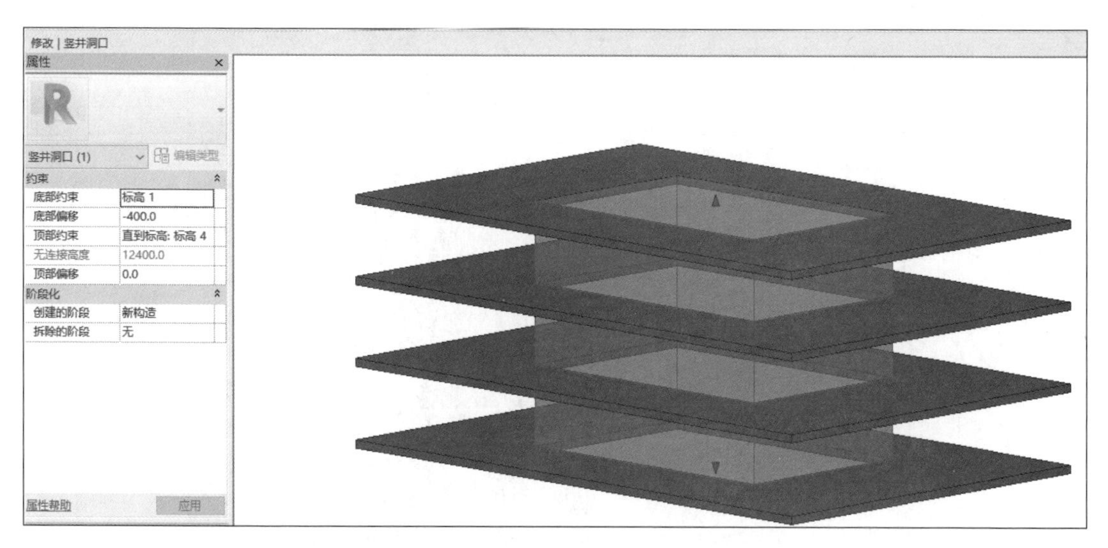

图 1.6-20　竖井洞口

2. 操作步骤

第 1 步：创建构成老虎窗的墙。本例中，在屋面以下的楼层平面 F3 视图中，绘制三片墙体，墙体属性设置如图 1.6-21 所示。然后单击选中墙体，在“修改墙”选项卡中选择“附着顶部/底部”，再选择“底部”，然后选择墙体底部要附着的屋顶，如图 1.6-22 所示。

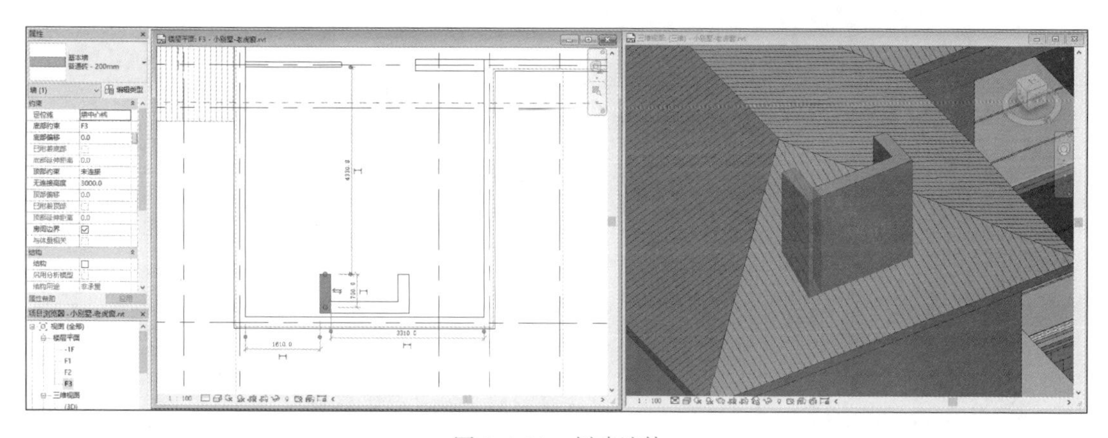

图 1.6-21　创建墙体

第 2 步：创建老虎窗的屋顶。创建迹线屋顶，设置如图 1.6-23 所示，选用之前创建的墙体边缘作为屋顶迹线，两边坡度设置为 30°，悬挑值设置为 100。完成迹线绘制后，按照对话框提示使老虎窗的墙体附着到小屋顶上，如图 1.6-24 所示。然后在“修改”选项卡上，选择“连接屋顶”工具将老虎窗屋顶连接到主屋顶，如图 1.6-25 和图 1.6-26 所示。利用“墙洞口”工具在墙体上开窗，如图 1.6-27 所示。

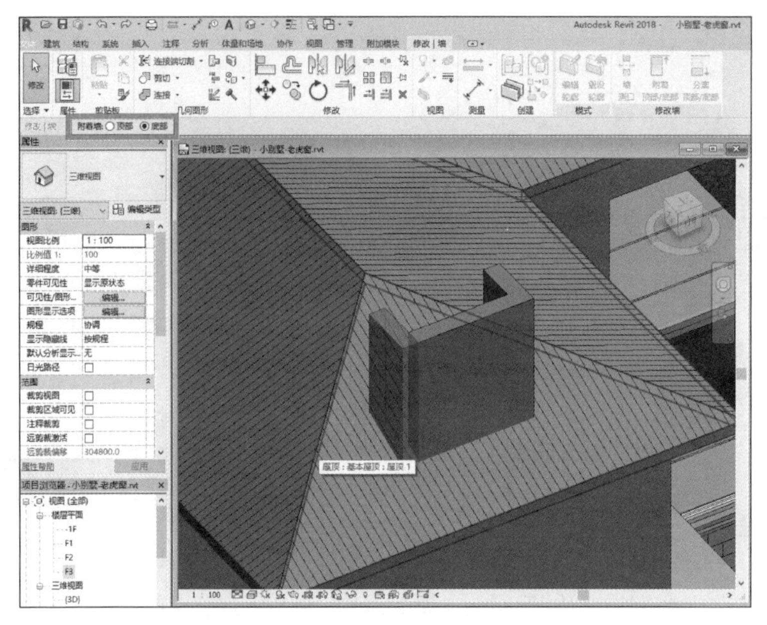

图 1.6-22　墙体底部附着至屋顶

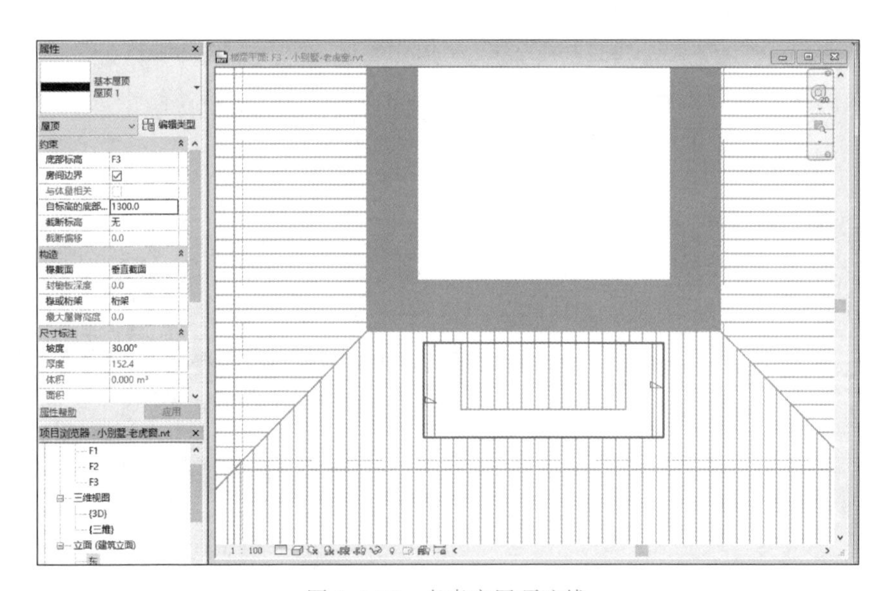

图 1.6-23　老虎窗屋顶迹线

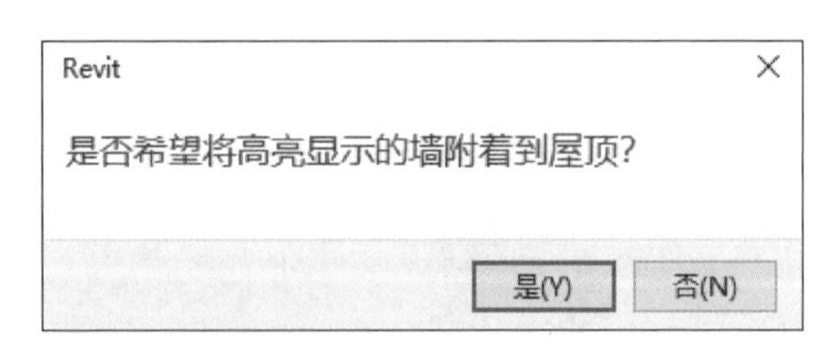

图 1.6-24　老虎窗屋顶对话框

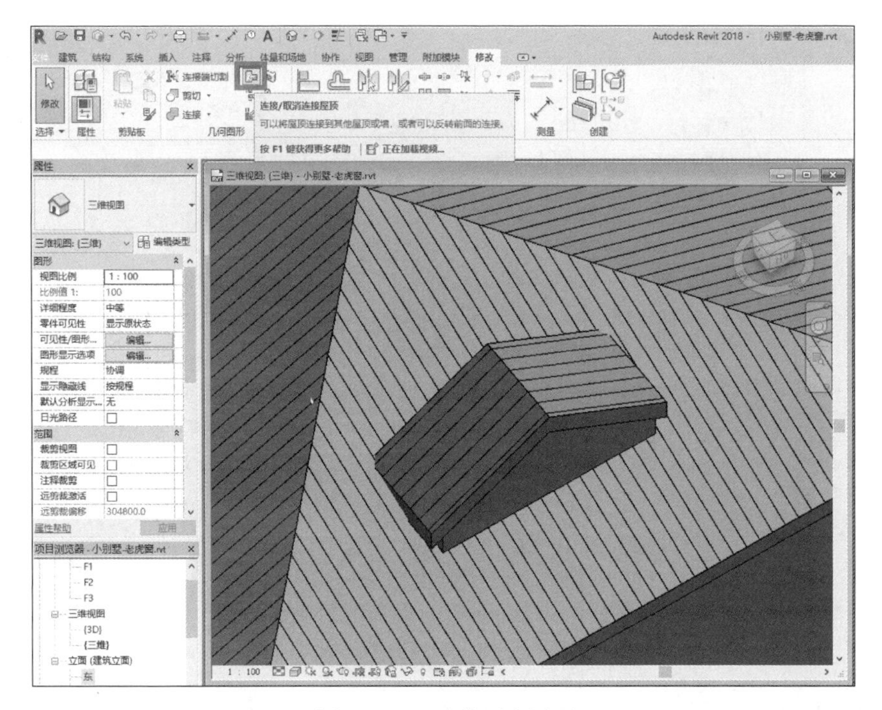

图 1.6-25　连接到主屋顶

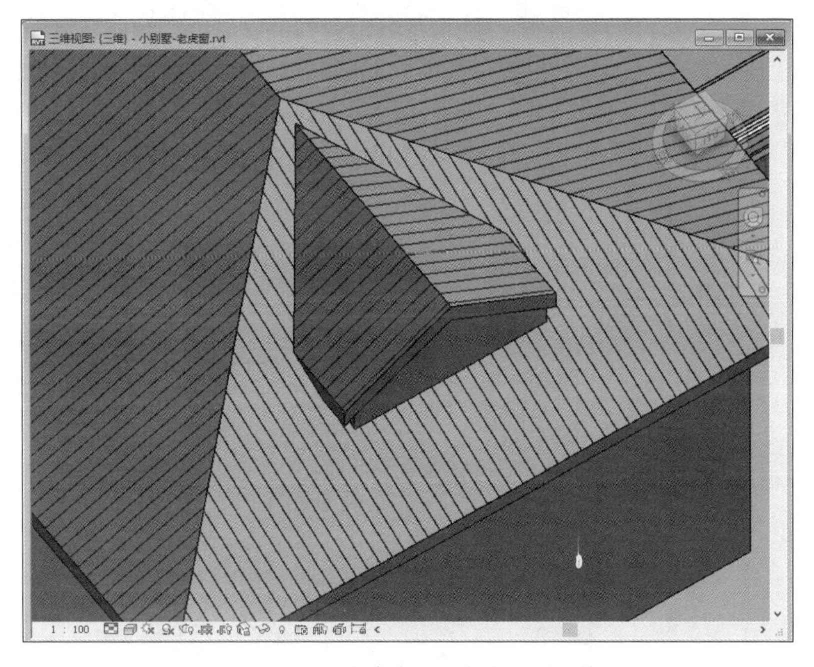

图 1.6-26　老虎窗屋顶与主屋顶连接

第 3 步： 点击“洞口”面板中的“老虎窗”按钮，如图 1.6-28 所示。选择要被老虎窗洞口剪切的主屋顶，之后自动打开“修改｜编辑草图”选项卡，拾取和编辑老虎窗洞口的边界，单击“模式”面板中的“完成编辑模式”按钮，即完成了老虎窗洞口形状的绘制并退出草图模式，如图 1.6-29 所示。将主屋顶隔离，即可看到老虎窗洞口，如图 1.6-30 所示。

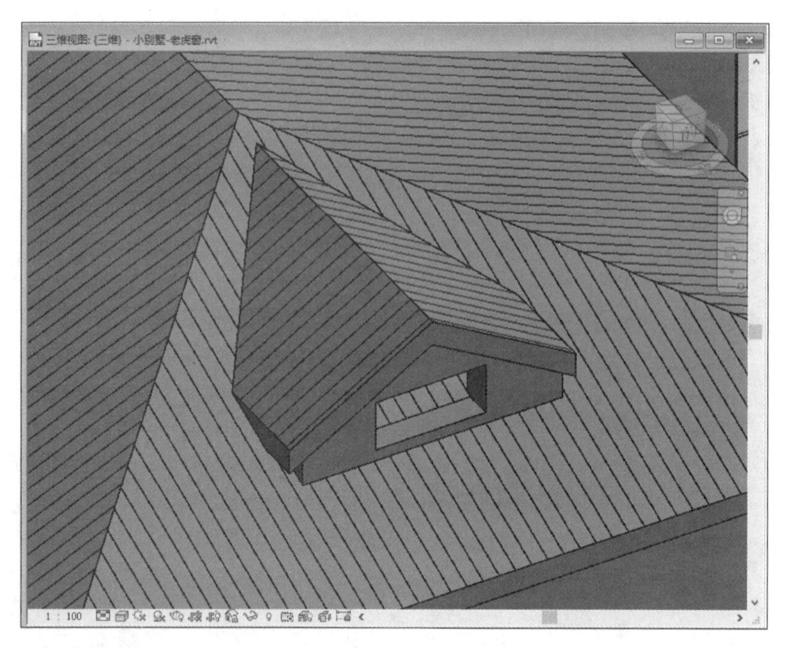

图 1.6-27　墙洞口

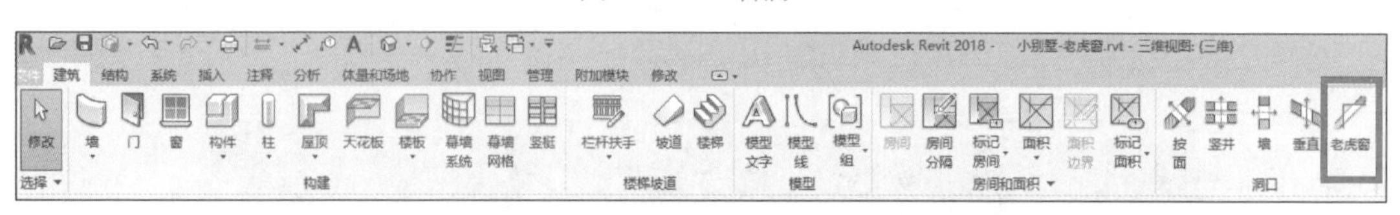

图 1.6-28　“洞口”面板的“老虎窗”按钮

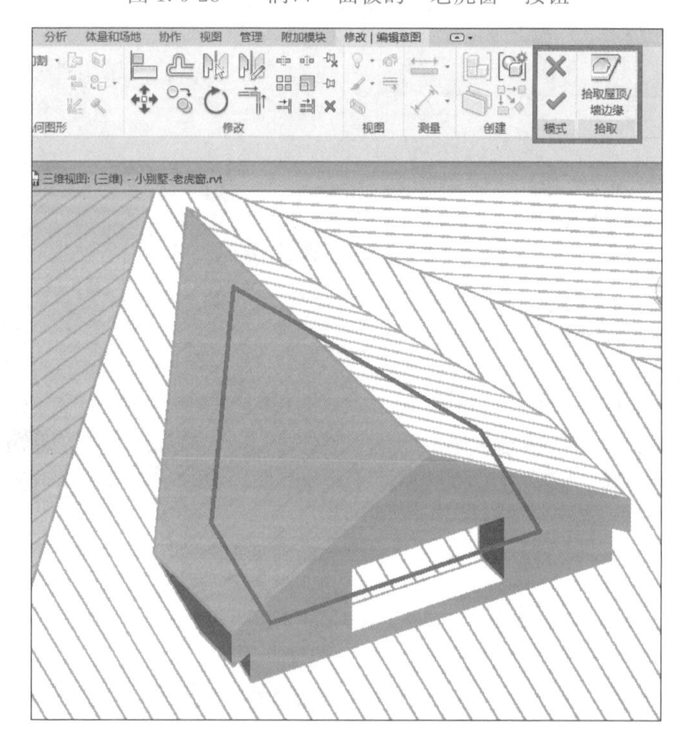

图 1.6-29　拾取屋顶边缘

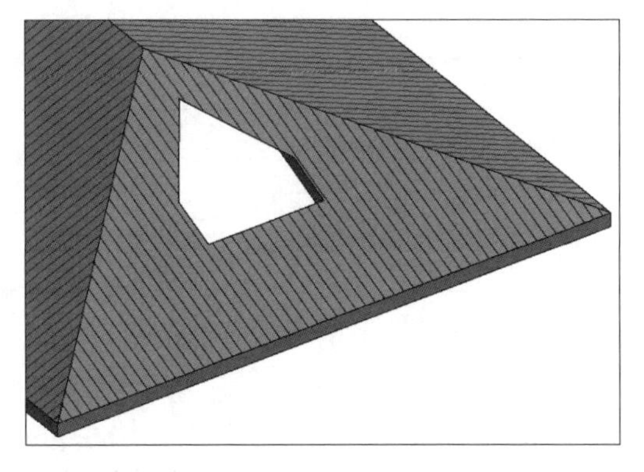

老虎窗洞口

图 1.6-30　老虎窗洞口

任务 7　常用修改与标注功能

能力目标

常用修改与标注功能能力目标　　表 1.7-1

基本模型修改与标注能力	图元基本修改能力
	图面基本标注能力

概念导入

1. Revit 基本修改功能使用方法

Revit 提供了模型的修改编辑功能，主要集中在修改选项卡中。模型基本修改功能包括对齐、移动、旋转、偏移、镜像、阵列、缩放、修剪、延伸、拆分等。当选择需要修改的图元后，会打开“修改-XX”选项卡进行修改操作。选择的图元不同，打开的选项卡也会有所不同，但是“修改”面板中的操作工具是相同的。

2. Revit 标注特点及类型设置

Revit 不仅是一款三维建模工具软件，更为主要的是可以成为出图的工具软件。出图就需要进行各种的标注。Revit 标注包括了“线形尺寸标注类型”“角度尺寸标注类型”“半径尺寸标注类型”“直径尺寸标注类型”等七种尺寸属性类型。我们可以通过单击相对应的尺寸标注类型对其属性参数进行修改，根据需求修改后，单击“确定”完成此操作。

任务清单

常用修改与标注功能任务清单　　表 1.7-2

序号	子任务项目	备注
1	对齐命令训练	
2	偏移命令训练	数值方式、图形方式

续表

序号	子任务项目	备注
3	移动命令训练	
4	复制命令训练	
5	旋转命令训练	
6	镜像命令训练	镜像-拾取轴、镜像-绘制轴
7	修剪/延伸为角训练	
8	修剪延伸训练	修剪延伸单个图元、修剪延伸多个图元
9	阵列命令训练	线性阵列、径向阵列
10	拆分图元/间隙拆分训练	
11	锁定/解锁训练	
12	复制与粘贴训练	从剪贴板粘贴、与选定的标高对齐、与选定的视图对齐、与当前视图对齐、与同一位置对齐、与拾取的标高对齐

任务分析

本任务建模过程中，须根据需要灵活选用修改选项卡中的各命令，对于标准层，可在完成某一层建模后，复制粘贴生成其余标准层，正确选用修改选项卡中各命令，可有效提高项目建模效率。

7.1 对齐命令（AL）

对齐命令

1. 功能

对齐命令（AL）可以将一个或多个图元与选定的图元对齐。

2. 操作步骤

第 1 步：在“修改”选项卡“修改”面板下点击“对齐”按钮，如图 1.7-1 所示，或键盘输入“AL”，并确认。选项栏显示对齐选项，如图 1.7-2 所示，勾选“多重对齐”复选框，可将多个图元对齐到同一个选定图元。

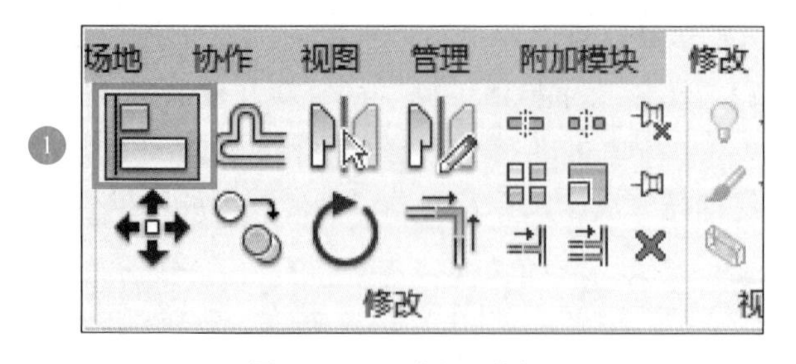

图 1.7-1 “对齐”按钮

图 1.7-2 对齐选项栏

第 2 步：用户选择对象作为对齐边界，并确认。选中对齐参照线后，显示蓝色的垂直虚线，如图 1.7-3 所示。

第3步：用户可以直接选取要对齐的对象，如图1.7-4所示。对齐后在参照位置处会给出锁定标记，单击该标记，会在图元间建立对齐参数关系，同时锁定标记变为🔒。当修改具有对齐关系的图元时，自动修改与之对齐的其他图元。

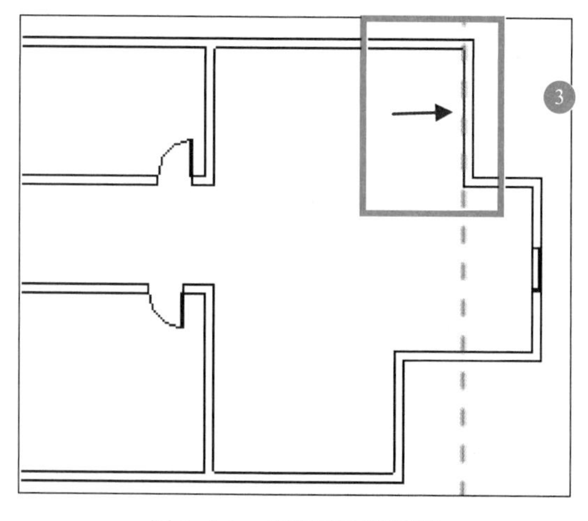

图1.7-3 指定对齐参照线

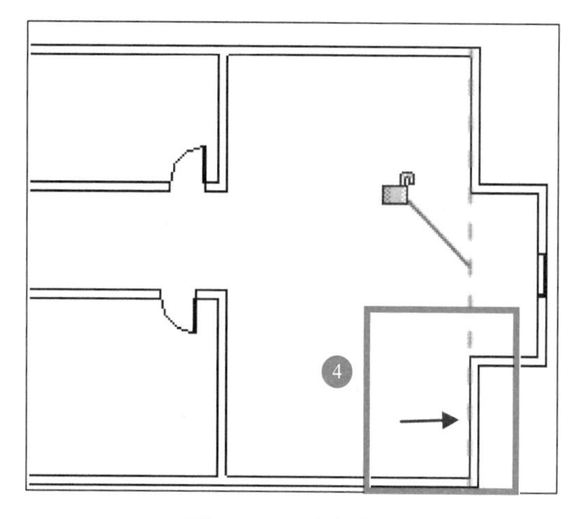

图1.7-4 对齐效果

3. 相关链接

选项栏中可以选择对齐参照，如图1.7-5所示，可根据需要选择。

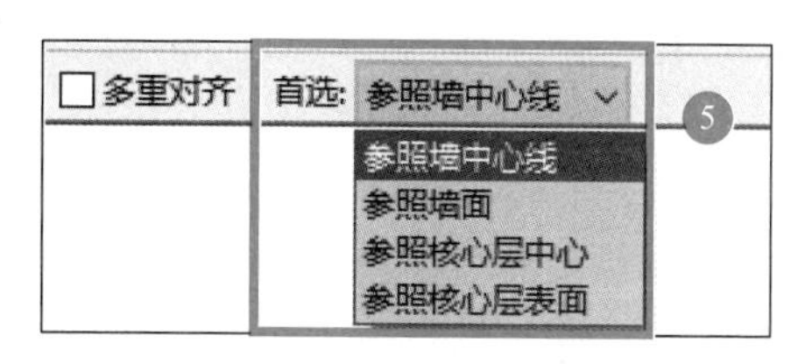

图1.7-5 对齐参照

参照墙中心线：以两墙体的中心线对齐。

参照墙面：以对齐边界墙体的某一边或中心线为基准线对齐。

参照核心层中心：以核心层的中心线对齐。

参照核心层表面：以核心层的某一面对齐。

7.2 偏移命令（OF）

1. 功能

偏移命令（OF）可以将选定的图元（例如线、墙或梁）复制或移动到其长度的垂直方向上的指定距离处。可偏移一个图元或属一个族的一连串图元。

2. 操作步骤

第1步：在“修改”选项卡下点击“偏移”按钮，如图1.7-6所示，或键盘输入“OF”，并确认。显示偏移选项栏，如图1.7-7所示，有数值方式和图形方式两种，默认选择为“数值方式”。

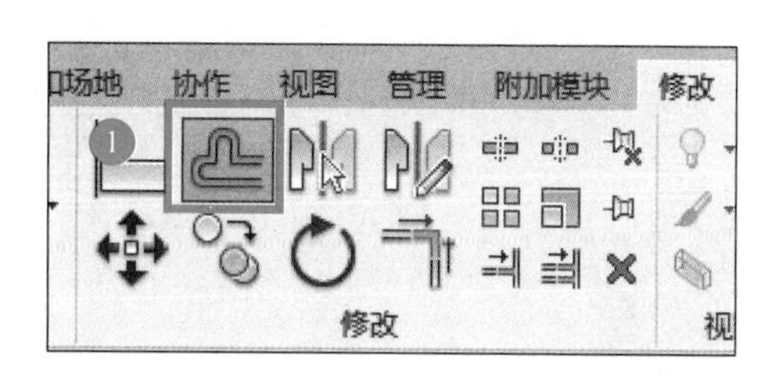

图1.7-6 “偏移”按钮

图 1.7-7 “偏移”选项栏

复制：默认不勾选，将对象偏移到指定位置后，原对象消失；若勾选此复选框，可将对象复制到指定距离处。

（1）数值方式

第 2 步：在偏移文本框中输入偏移值，勾选“复制”。

将鼠标置于待偏移墙体之上，在一侧显示垂直虚线，如图 1.7-8 所示，表示墙体将被偏移到该位置，点击鼠标确认，效果如图 1.7-9 所示。

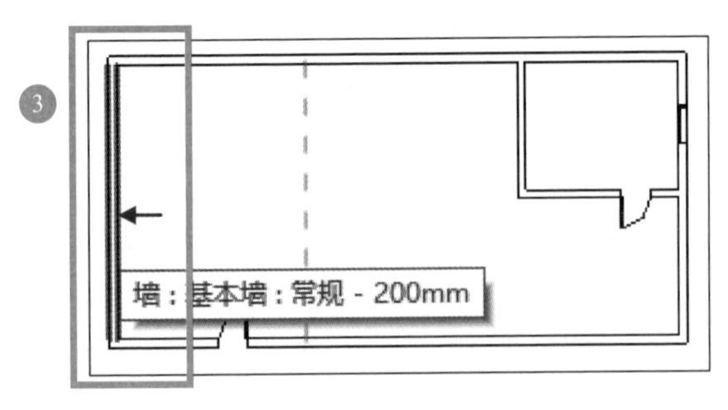

图 1.7-8 拾取对象

图 1.7-9 偏移复制对象

（2）图形方式

第 3 步：鼠标左键点击需要偏移的对象。

第 4 步：鼠标任意位置点击一下，拖动鼠标出现可变虚线墙体，待确认，如图 1.7-10 所示。

偏移命令

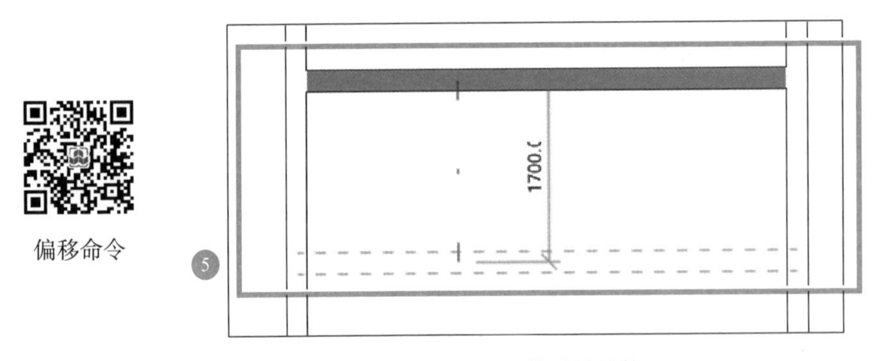

图 1.7-10 待确认墙体

第 5 步：鼠标拖动到合适位置鼠标点击确认。或鼠标指定方向，键盘输入偏移值，确认。

移动命令

7.3 移动命令（MV）

1. 功能

移动命令（MV）用于将指定图元移动到视图中指定位置。

2. 操作步骤

第 1 步：在“修改”面板中点击“移动”按钮，如图 1.7-11 所示，或键盘输入“MV”，并确认。

第 2 步：鼠标点击需要移动的对象，并确认。选项栏显示移动选项，如图 1.7-12 所示，选项栏复选框说明如下，根据需要勾选。

图 1.7-11 “移动”按钮

图 1.7-12 移动选项

（1）约束：勾选此复选框，可限制图元沿着与其垂直或水平方向移动。

（2）分开：勾选此复选框，可在移动前取消所选图元和其他图元之间的关联。

第 3 步：鼠标点击确定移动起点，如图 1.7-13 所示。

第 4 步：鼠标点击确定移动终点，如图 1.7-14 所示，或输入要移动的距离值，按 Enter 键确认，移动效果如图 1.7-15 所示。

注：也可通过鼠标拖拽来移动图元，但移动命令可更精确放置。

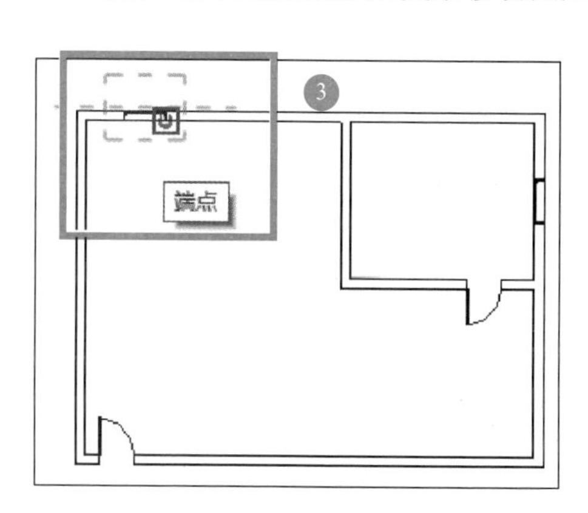

图 1.7-13 指定起点

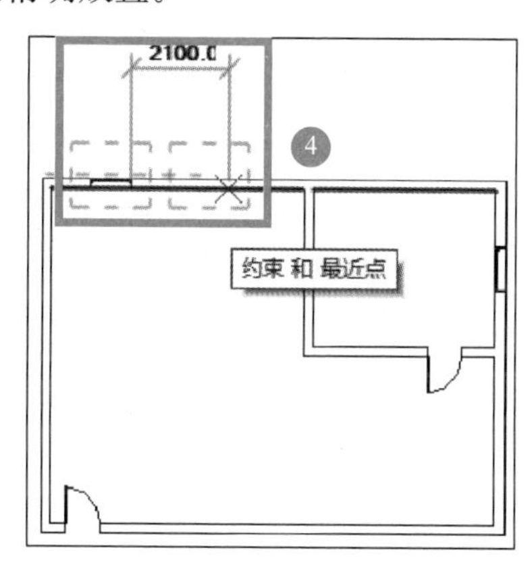

图 1.7-14 指定终点

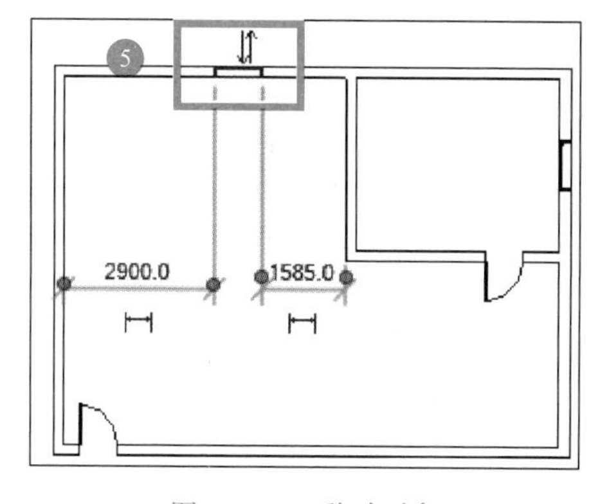

图 1.7-15 移动对象

7.4 复制命令（CO）

1. 功能

复制命令（CO）用于在相同视图中将指定图元复制到视图中指定位置。

复制命令

2. 操作步骤

第 1 步：在“修改”选项卡下点击“复制”按钮，如图 1.7-16 所示，或键盘输入“CO”，并确认。

第 2 步：鼠标点击需要移动复制的对象，并确认。出现复制选项栏，如图 1.7-17 所示，选项栏内说明如下，根据需要勾选。

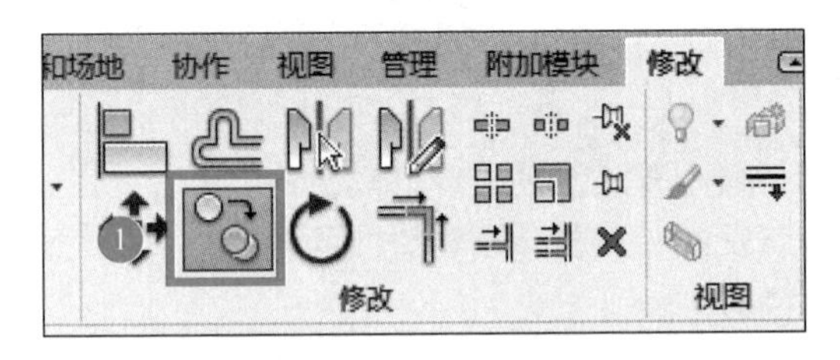

图 1.7-16 “复制”按钮

图 1.7-17 “复制”选项栏

（1）约束：勾选此复选框，只能水平复制图元。

（2）多个：勾选此复选框，可连续复制多个图元。

第 3 步：鼠标点击确定起点，如图 1.7-18 所示。

第 4 步：鼠标点击确定终点如图 1.7-19 所示，复制完成效果如图 1.7-20 所示。

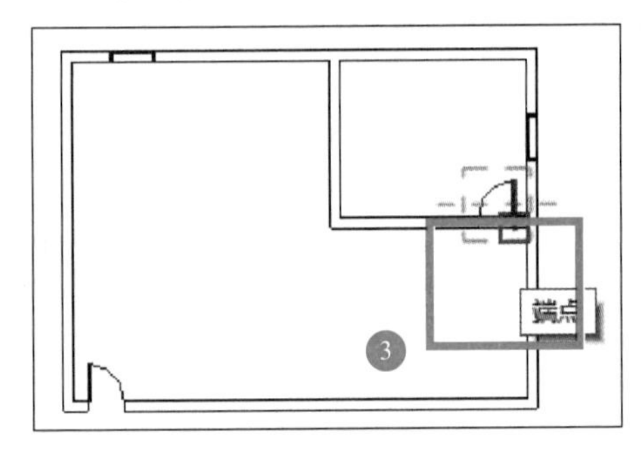

图 1.7-18 指定起点

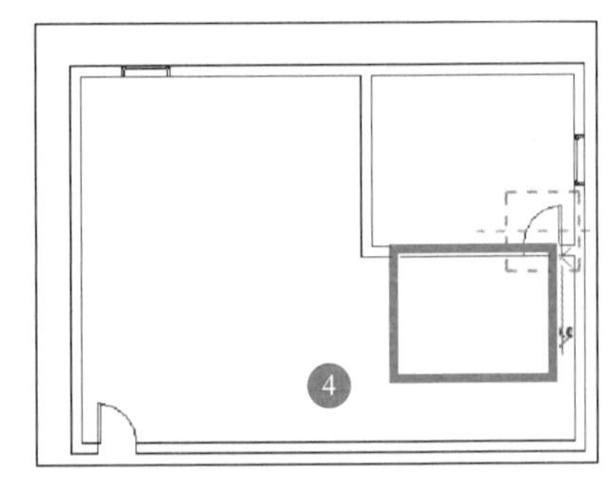

图 1.7-19 指定终点（取消勾选“约束”）

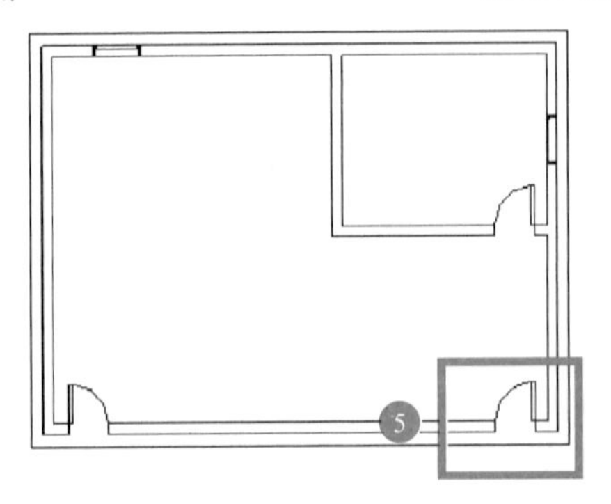

图 1.7-20 复制对象

7.5 旋转命令（RO）

1. 功能

旋转命令（RO）用绕轴旋转选定图元。

旋转命令

2. 操作步骤

第 1 步：在“修改”选项卡下点击“旋转”按钮，如图 1.7-21 所示，或键盘输入“RO”，并确认。

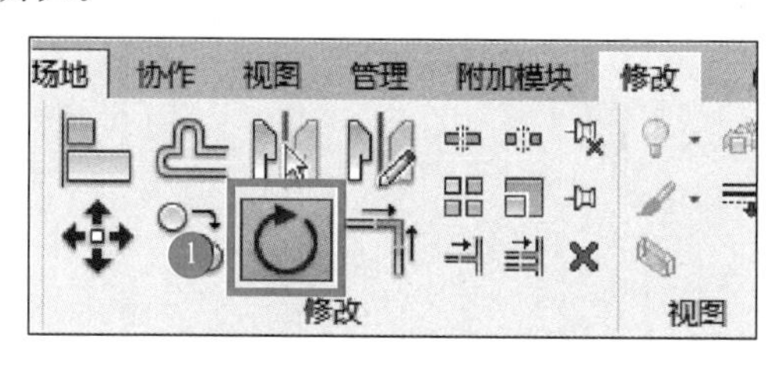

图 1.7-21 “旋转”按钮

第 2 步：鼠标点击需要旋转的对象，并确认。选项栏显示旋转选项，如图 1.7-22 所示，选项栏复选框说明如下，可根据需要选择。

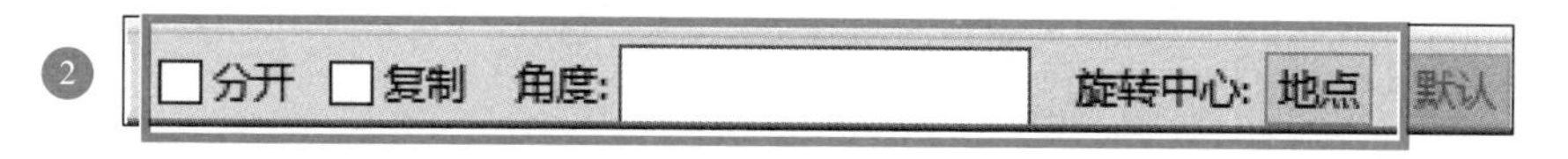

图 1.7-22 “旋转”选项

（1）分开：勾选此复选框，可在旋转前取消选择图元与其他图元之间的关联。

（2）复制：勾选此复选框，可旋转所选图元复制后的图元，但在原位置上保留原始对象。

（3）角度：输入旋转角度，并按 Enter 键确认，跳过其余步骤，以指定角度实现旋转。

（4）旋转中心：默认旋转中心为图元中心，如需更改，则点击“地点”，重新确认新的旋转中心。

第 3 步：此时显示旋转中心，即蓝色圆点，如图 1.7-23 所示。选择圆点，按住鼠标不放拖动鼠标，移动圆点至新的旋转中心，如图 1.7-24 所示。在与旋转中心相连的实线上单击鼠标左键，指定旋转起始线位置。

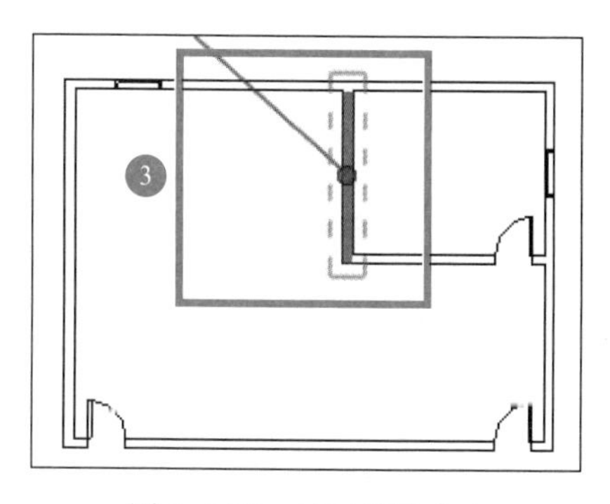

图 1.7-23 显示旋转中心

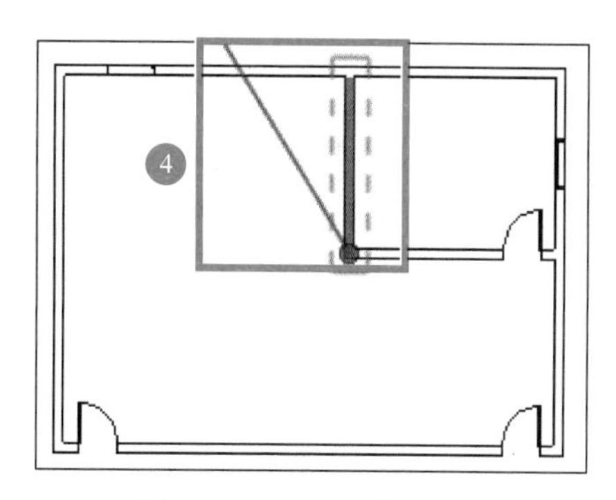

图 1.7-24 调整旋转中心

第 4 步：移动鼠标至合适位置，单击确定旋转结束线，如图 1.7-25 所示，旋转效果如图 1.7-26 所示。

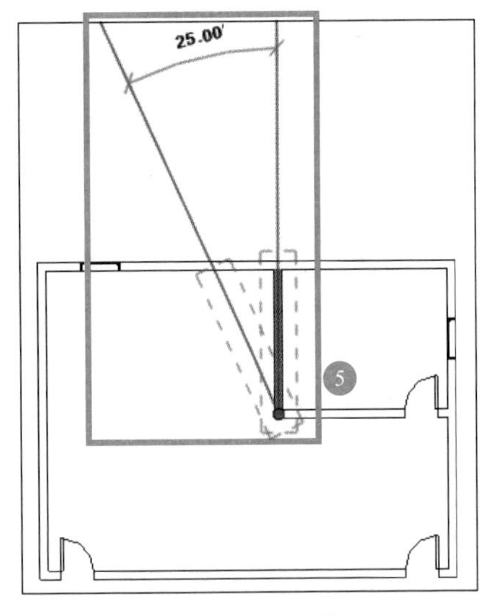

图 1.7-25　指定位置

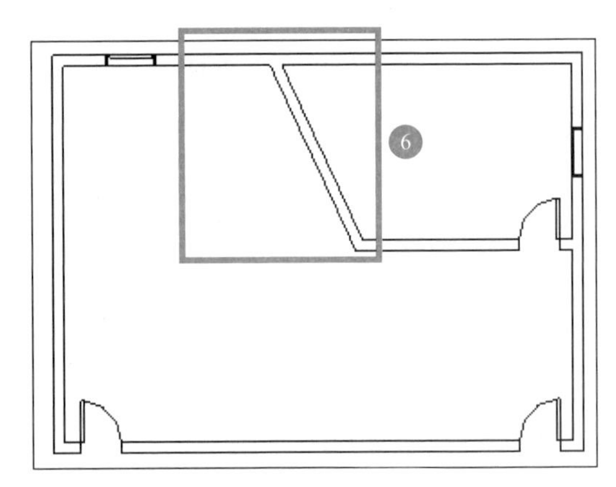

图 1.7-26　旋转效果

7.6　镜像命令（MM、DM）

1. 功能

镜像命令（MM、DM）用来实现图元的对称复制。

镜像命令

2. 操作步骤

镜像有两种方式，分别是镜像—拾取轴（MM）、镜像—绘制轴（DM），下面依次介绍。

（1）镜像—拾取轴（MM）

第 1 步：在“修改”选项卡下点击“镜像—拾取轴”按钮，如图 1.7-27 所示，或键盘输入“MM”，并确认。

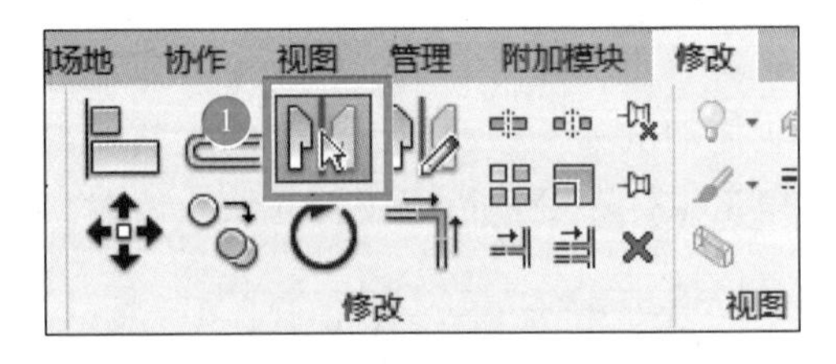

图 1.7-27　“镜像—拾取轴”按钮

第 2 步：鼠标点击需要镜像的对象，并确认。选项栏显示“镜像”选项，如图 1.7-28 所示，若需保留原对象则勾选“复制”。

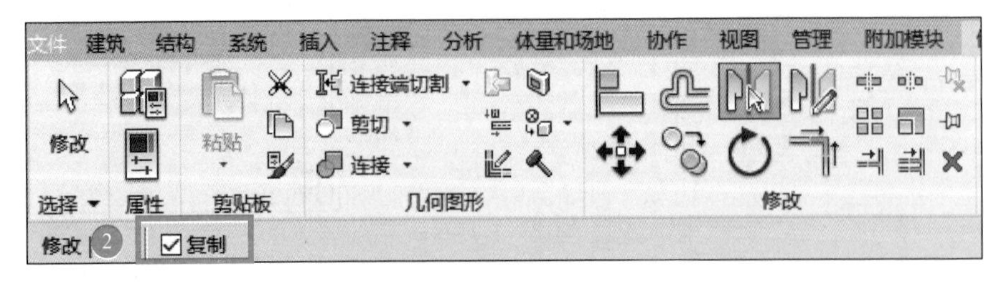

图 1.7-28　“镜像”提示框

第 3 步：鼠标点击确定镜像线，如图 1.7-29 所示，勾选“复制”复选框的镜像效果如图 1.7-30 所示。

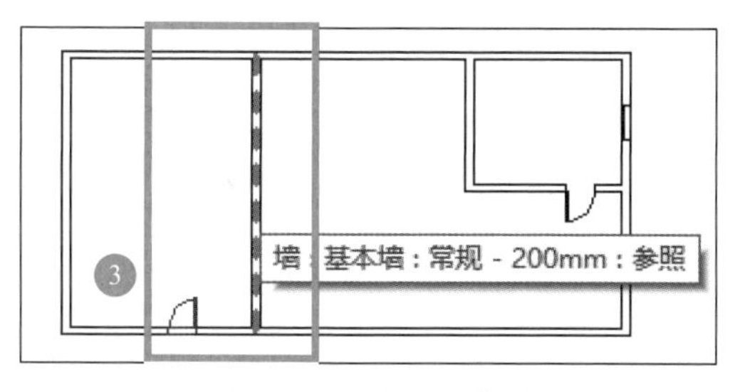

图 1.7-29　拾取镜像轴

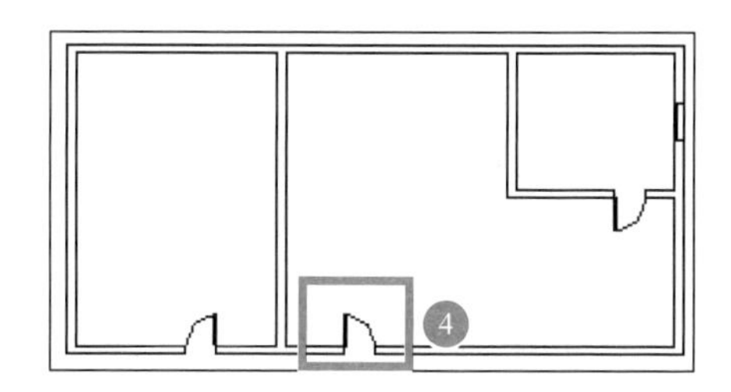

图 1.7-30　镜像效果（勾选“复制”）

（2）镜像—绘制轴（DM）

第 1 步：在“修改”选项卡下点击“镜像—绘制轴”按钮，如图 1.7-31 所示，或键盘输入“DM”，并确认。

第 2 步：鼠标点击需要镜像的对象，并确认。选项栏显示镜像选项，如图 1.7-32 所示，若需保留原对象则勾选“复制”。

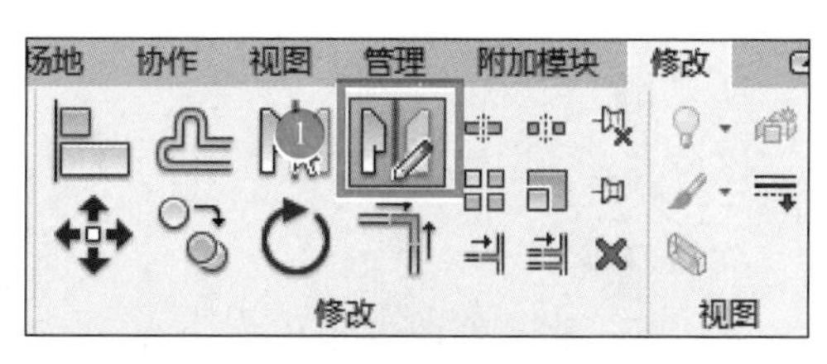

图 1.7-31　“镜像—绘制轴”按钮

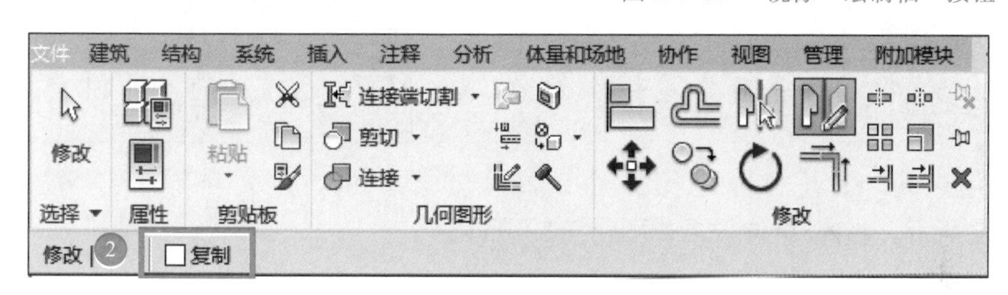

图 1.7-32　“镜像”提示框

第 3 步：鼠标点击确定镜像线的第一点，如图 1.7-33 所示。

第 4 步：鼠标点击确定镜像线的第二点，如图 1.7-34 所示，镜像效果如图 1.7-35 所示。

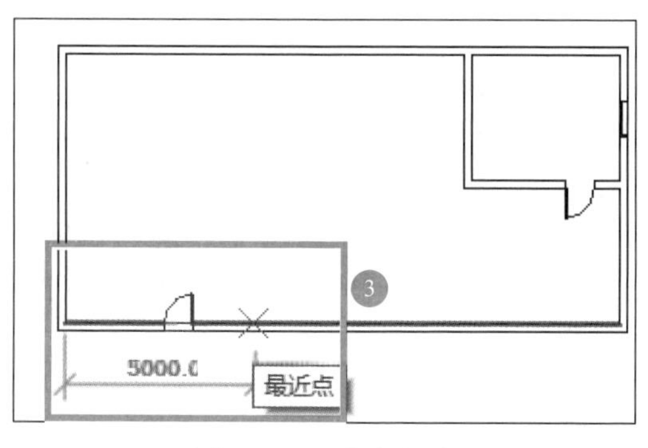

图 1.7-33　指定起点

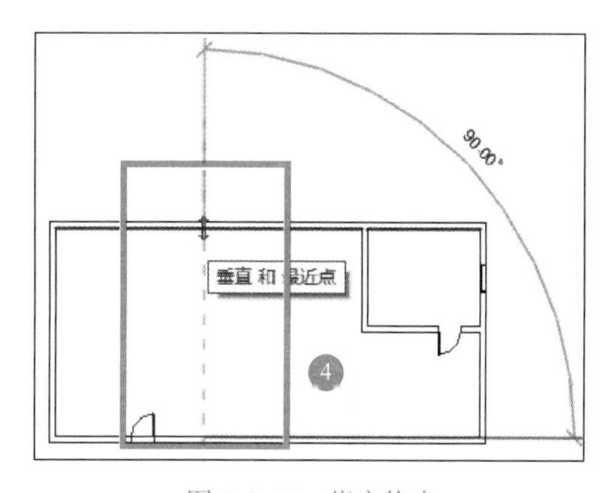

图 1.7-34　指定终点

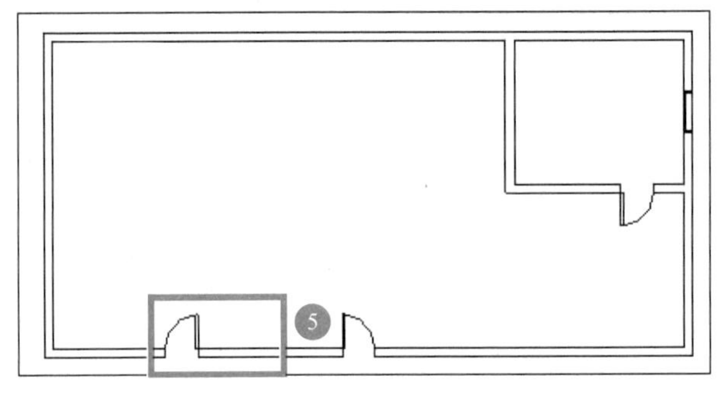

图 1.7-35　镜像效果

7.7　修剪/延伸为角

修剪/延伸为角

1. 功能

修剪或延伸图元（TR），例如梁或墙，以形成一个角。

2. 操作步骤

第 1 步：在“修改”选项卡下点击“修剪/延伸为角”按钮，如图 1.7-36 所示，或键盘输入“TR”，并确认。

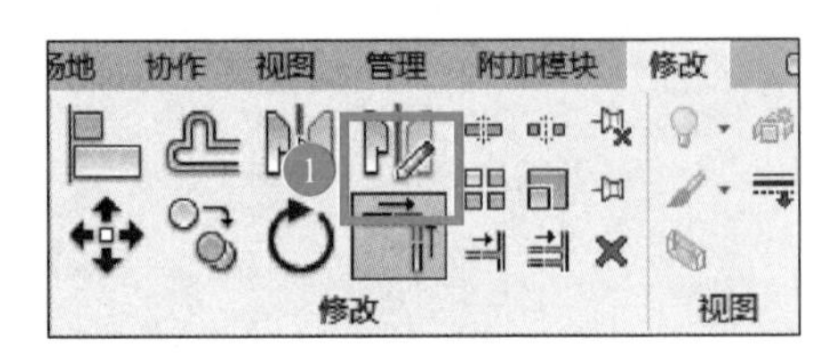

图 1.7-36　“修剪/延伸为角”按钮

第 2 步：鼠标点击确定第一个对象，如图 1.7-37 所示。

第 3 步：鼠标点击确定第二个对象，如图 1.7-38 所示，修剪/延伸效果如图 1.7-39 所示。

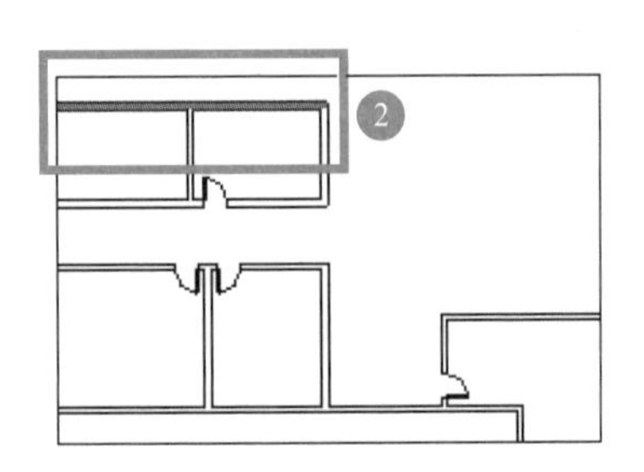

图 1.7-37　选择第一个对象

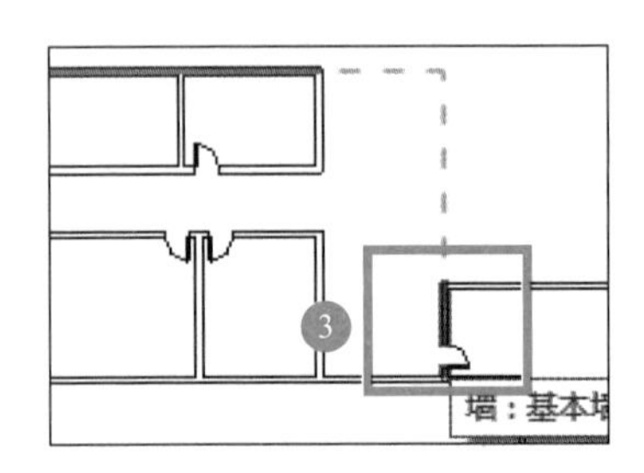

图 1.7-38　选择第二个对象

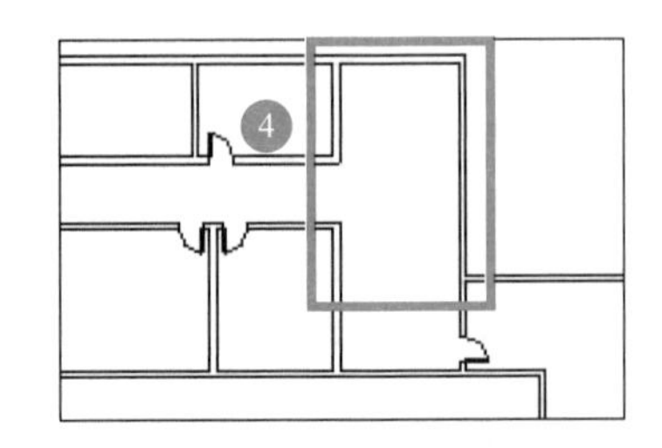

图 1.7-39　修剪/延伸效果

7.8　修剪延伸

修剪延伸

1. 功能

可以修剪或延伸图元（如墙、线或梁）到其他图元定义的边界。

2. 操作步骤

（1）修剪延伸单个图元

第 1 步：在“修改”选项卡下点击“修剪延伸单个图元”按钮，如图 1.7-40 所示。

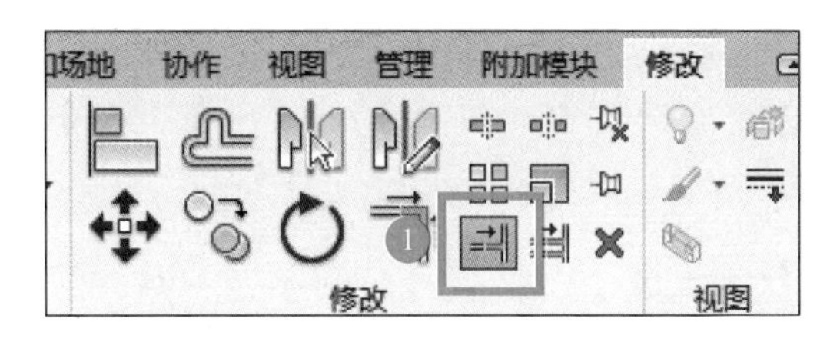

图 1.7-40 “修剪延伸单个图元”按钮

第 2 步：鼠标点击一个对象作为修剪或延伸的边界，如图 1.7-41 所示。

第 3 步：鼠标点击要修剪或延伸的对象，点选部分保留，如图 1.7-42 所示。修剪效果如图 1.7-43 所示。

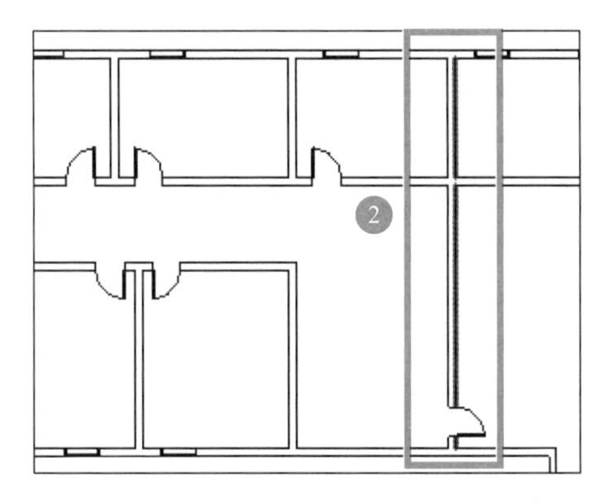

图 1.7-41 选择边界

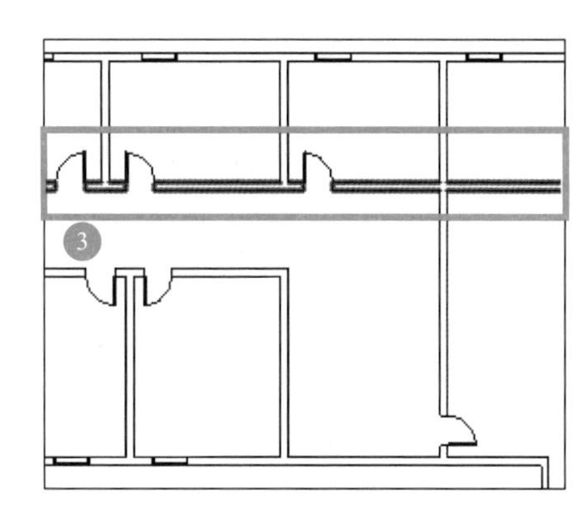

图 1.7-42 选择对象（单击要保留的部分）

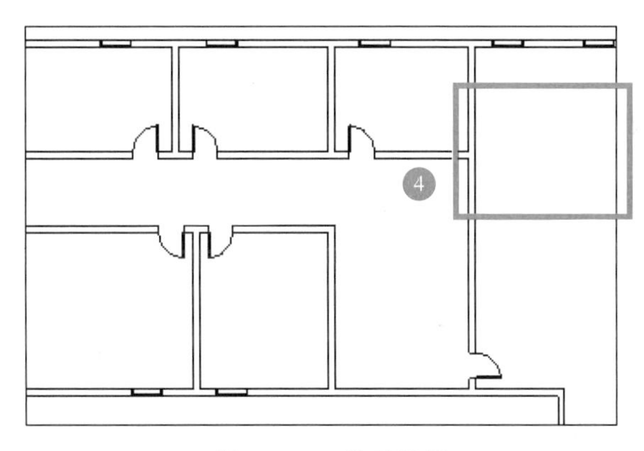

图 1.7-43 修剪效果

(2) 修剪延伸多个图元

第 1 步：在“修改”选项卡下点击“修剪延伸多个图元”按钮，如图 1.7-44 所示。

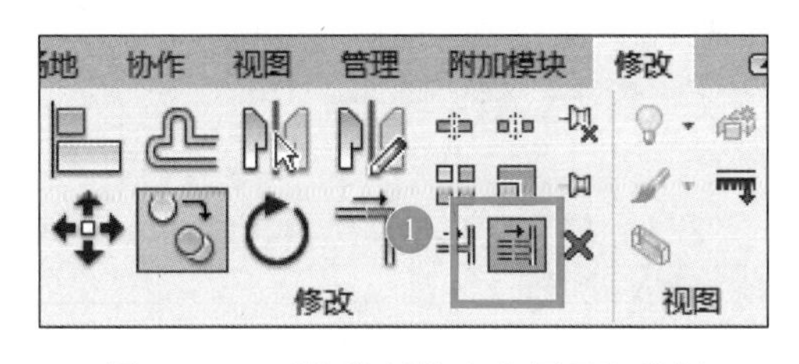

图 1.7-44 “修剪延伸多个图元”按钮

第 2 步：鼠标点击一个对象作为修剪或延伸的边界，如图 1.7-45 所示。

第 3 步：用鼠标点选或框选对象，如图 1.7-46 所示，选中部分保留。修剪效果如图 1.7-47 所示。

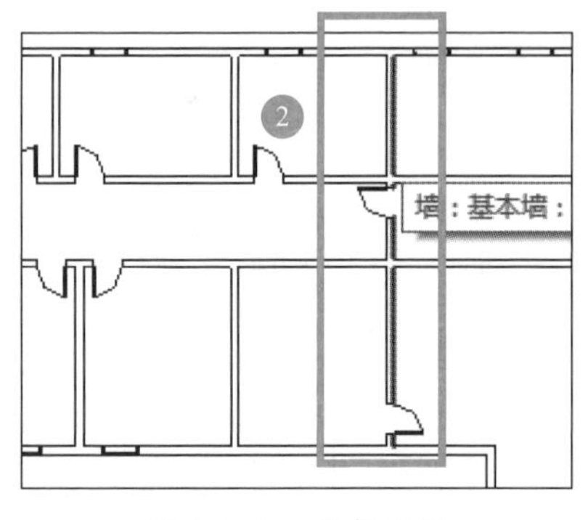

图 1.7-45　选择边界

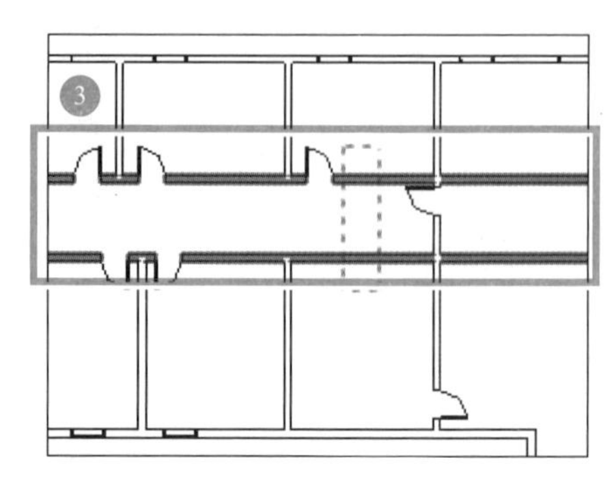

图 1.7-46　选择对象

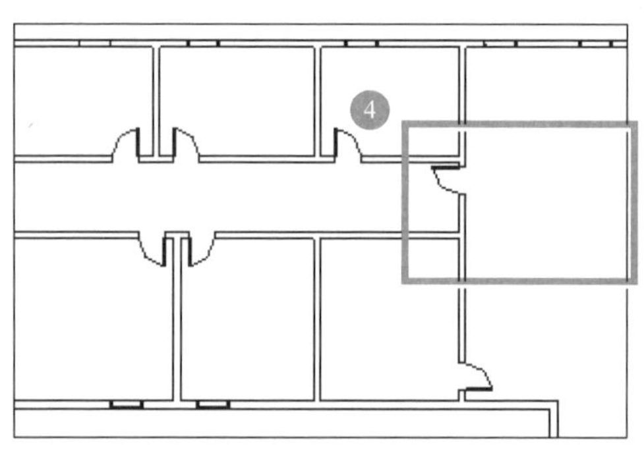

图 1.7-47　修剪效果

7.9　阵列命令（AR）

阵列命令

1. 功能

阵列命令（AR）可以创建选定图元的线性阵列或径向阵列。

2. 操作步骤

第 1 步：在“修改”选项卡下点击“阵列”按钮，如图 1.7-48 所示，或键盘输入“AR”，并确认。

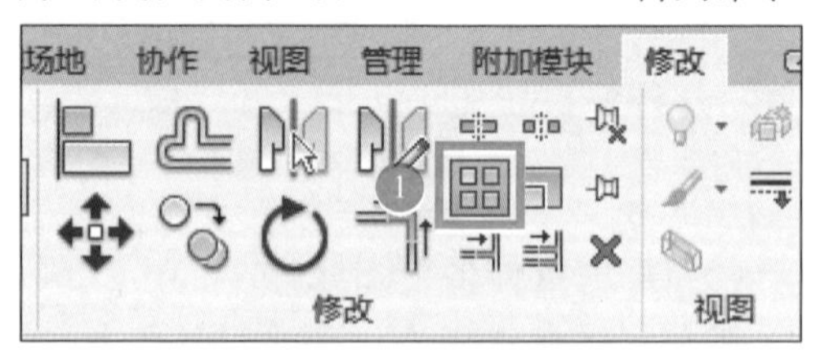

图 1.7-48　“阵列”按钮

第 2 步：鼠标点击需要阵列的对象，并确认。选项栏显示阵列选项，如图 1.7-49 所示，默认显示线性阵列；若单击径向按钮，选项栏则将显示径向阵列的选项设置，如图 1.7-50 所示。复选框说明如下，根据需要勾选。

激活尺寸标注　☑成组并关联　项目数: 2　移动到: ◉第二个　○最后一个　☐约束

图 1.7-49　“线性阵列”选项栏

修改 | 墙 ③ ☑成组并关联 项目数: 3 移动到: ◉第二个 ○最后一个 角度: 旋转中心: 地点 默认

图 1.7-50 “径向阵列”选项栏

(1) 线性按钮：点击此按钮，创建线性阵列。

(2) 径向按钮：点击此按钮，创建环形阵列。

(3) 激活尺寸标注：线性阵列时才显示此选项，单击此选项，可显示并激活要阵列图元的定位尺寸。

(4) 成组并关联：勾选此复选框，各阵列图元间产生关联。

(5) 项目数：指定阵列图元的数量，包含原对象。

(6) 移动到：图元间间距的控制方法。

(7) 第二个：勾选此复选框，则指定第一个和第二个图元之间的间距为阵列间距，其余图元之间也采用此间距。

(8) 最后一个：勾选此复选框，则指定第一个和最后一个图元之间的间距，其余阵列图元将在它们之间等间距分布。

(9) 约束：勾选此复选框，限制图元水平或垂直阵列。

(10) 角度：输入环形阵列的角度，该角度小于等于 360°。

(11) 旋转中心：设置环形阵列的旋转中心点、默认图元的中心，可点击“地点”指定新的旋转中心。

(1) 线性阵列

第 3 步：鼠标单击确定起点。

第 4 步：鼠标单击确定终点。起点终点的连线即阵列方向及距离。

若阵列时，勾选“成组并关联”，阵列完成后会出现控制柄，可调整阵列数量。

(2) 径向阵列

第 3 步：鼠标单击选项栏“地点”按钮，并用鼠标单击图元某点确定阵列旋转中心。捕捉到阵列旋转中心后，在选项栏输入“项目数”和“角度”，单击 Enter 键确认，即自动创建径向阵列。

若阵列时，勾选“成组并关联”，阵列完成后会出现控制柄。使用两个端点控制柄可调整弧形角度，使用中间的控制柄可将阵列拖拽到新位置。使用顶部的控制柄可调整阵列半径的长短，单击顶部控制柄旁边的数字，可调整阵列项目数。

7.10 拆分图元/间隙拆分

1. 功能

拆分图元（SL）：在选定点剪切图元，例如墙或线，或删除两点之间的线段。

间隙拆分：将墙拆分成之间已定义间隙的两面墙。

2. 操作步骤

(1) 拆分图元（SL）

第 1 步：在“修改”选项卡下点击“拆分图元”按钮（图 1.7-51），出现拆分图元选项栏，如图 1.7-52 所示，勾选此复选框，则拆分点之间的图元被删除。

拆分图元/间隙拆分

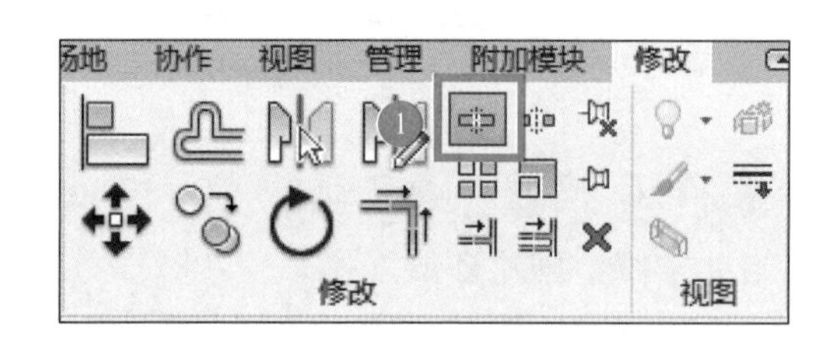

图 1.7-51 “拆分图元”按钮

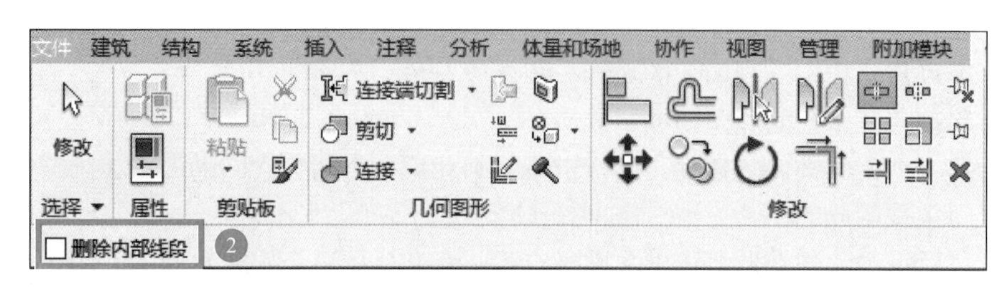

图 1.7-52 “拆分图元”选项栏

第 2 步： 鼠标点击需拆分的位置，可点多次，如图 1.7-53 所示，先后点选 A、B，可见 AB 段墙体独立，如图 1.7-54 所示。可对 AB 段墙体单独处理，比如删除，如图 1.7-55 所示。

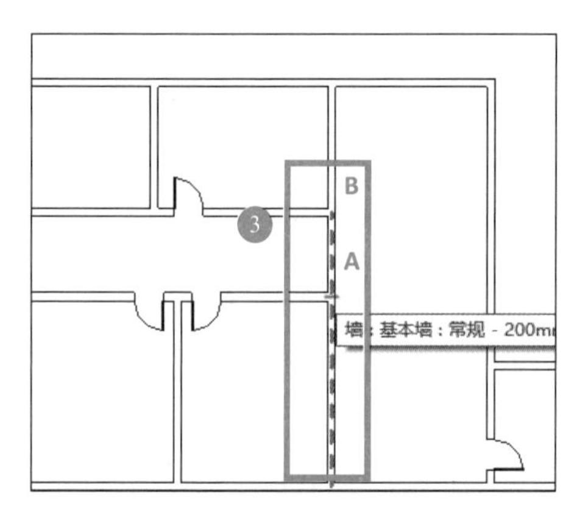

图 1.7-53 拆分位置

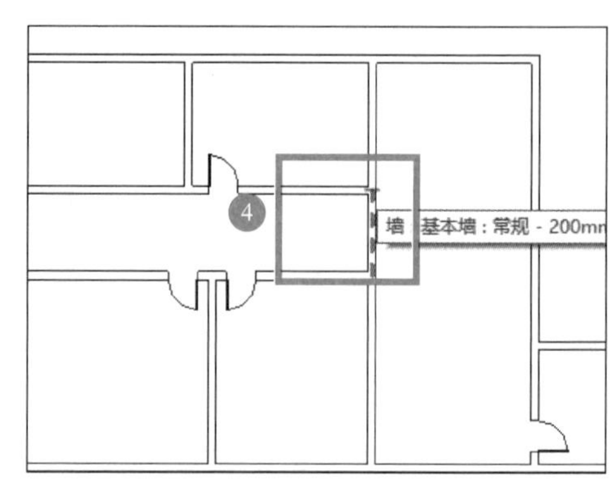

图 1.7-54 拆分效果

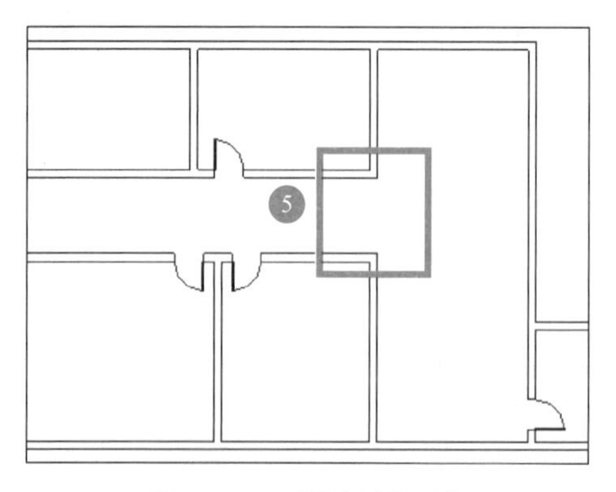

图 1.7-55 删除拆分对象

（2）间隙拆分

第 1 步：在“修改”选项卡下点击“间隙拆分”按钮（图 1.7-56），出现间隙拆分图元选项栏，可设置间隙大小，如图 1.7-57 所示。

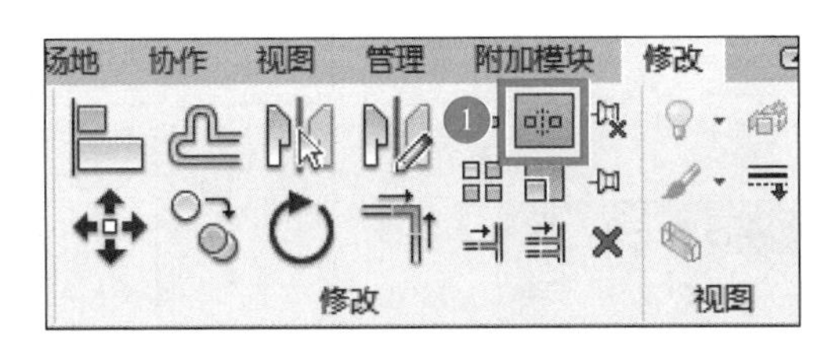

图 1.7-56 “间隙拆分”按钮

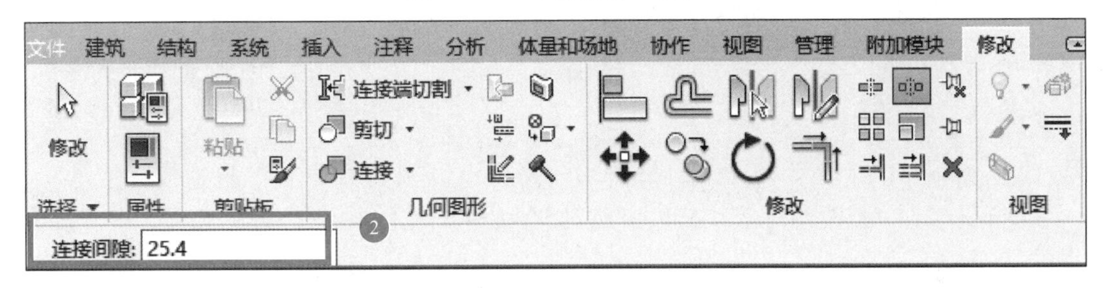

图 1.7-57 “间隙拆分”选项栏

第 2 步：鼠标点击需要拆分的位置，如图 1.7-58 所示，拆分后可见墙体间有间隙，如图 1.7-59 所示。

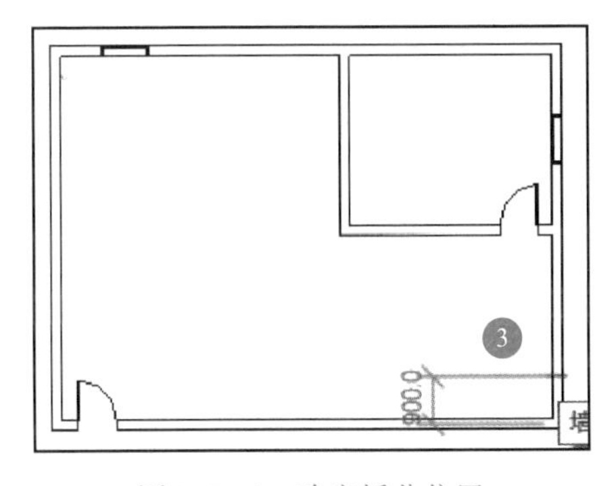

图 1.7-58 确定拆分位置

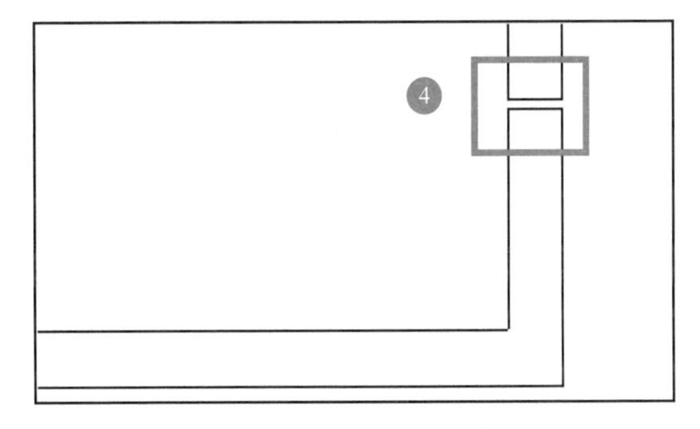

图 1.7-59 “拆分”效果

7.11 锁定/解锁

1. 功能

锁定（PN）：用于将模型图元锁定到位。

解锁（UP）：用于解锁模型图元，使其可以移动。

锁定/解锁

2. 操作步骤

（1）锁定（PN）

第 1 步：在“修改”选项卡下点击“锁定”按钮（图 1.7-60）。

第 2 步：鼠标点击需锁定的对象，并确认。

锁定后会在图元附近出现一个锁的图形，如图 1.7-61 所示。

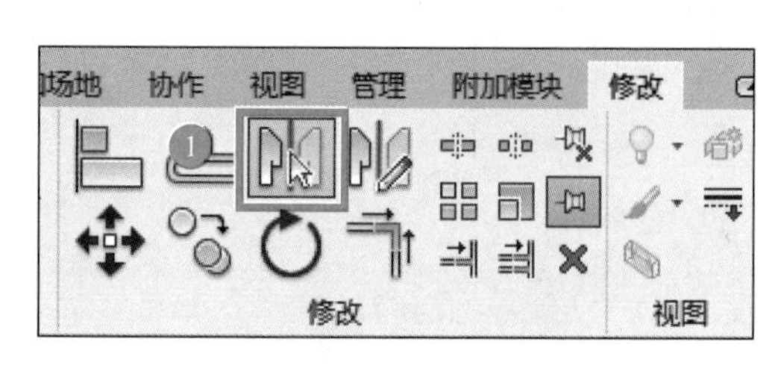

图 1.7-60 “锁定”按钮

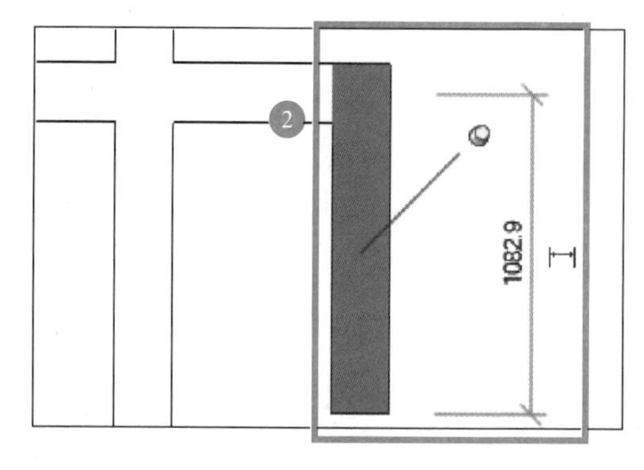

图 1.7-61 “锁定”效果

（2）解锁（UP）

第 1 步：在“修改”选项卡下点击“解锁”按钮（图 1.7-62）。

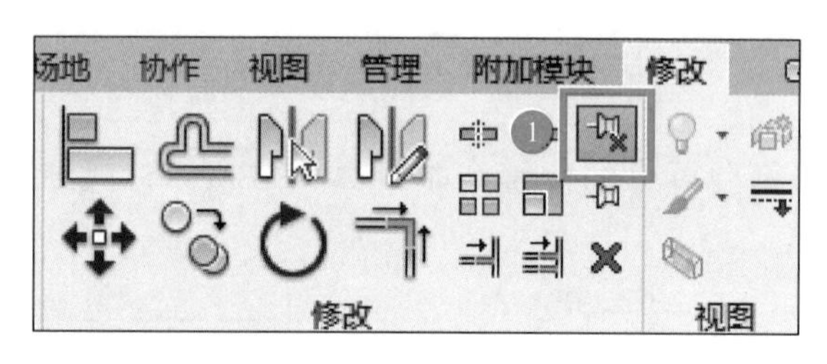

图 1.7-62 “解锁”按钮

第 2 步：鼠标点击需解锁的对象，并确认。

7.12 剪贴板复制与粘贴

剪贴板复制与粘贴

1. 功能

复制和粘贴可在相同或不同视图下实现图元的复制。

2. 操作步骤

第 1 步：选中图元，在“剪贴板”选项卡下点击“复制到剪贴板”按钮（图 1.7-63），或按住 Ctrl+C 键，将图元复制到剪贴板。

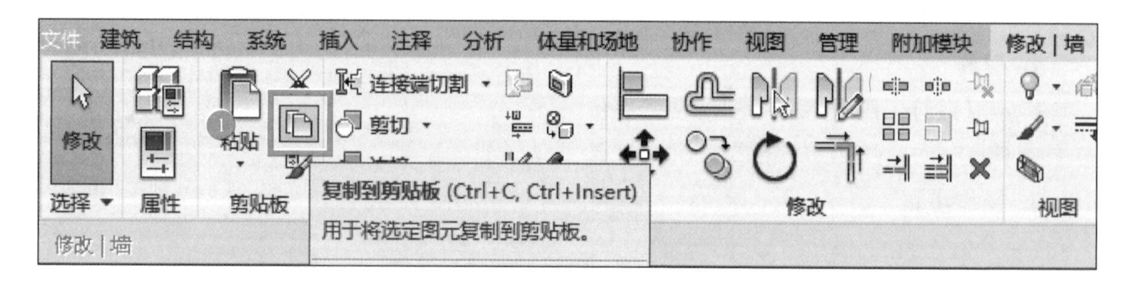

图 1.7-63 “复制到剪贴板”按钮

第 2 步：单击“粘贴”下拉列表，如图 1.7-64 所示，根据情况选用。

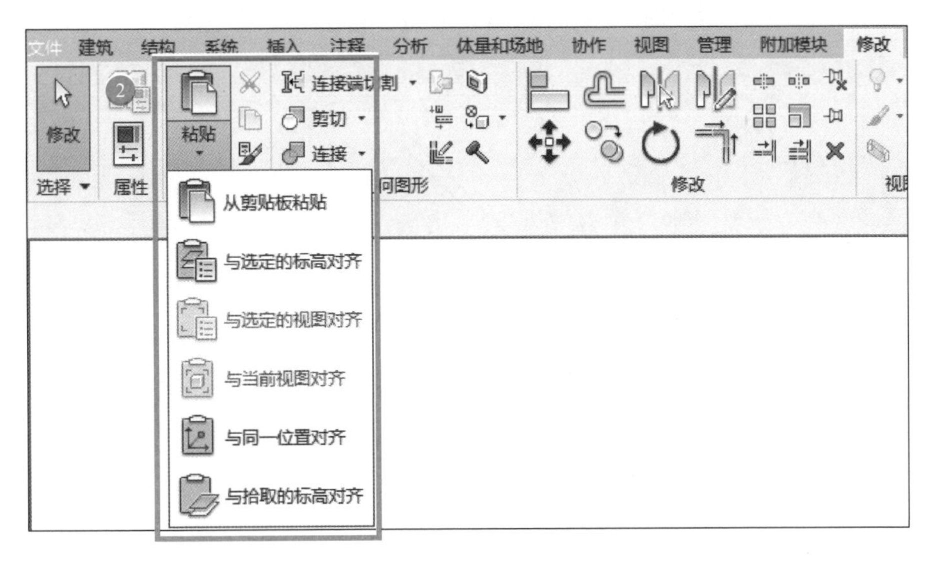

图 1.7-64　“粘贴”按钮

(1) 从剪贴板粘贴

此项是最简单的粘贴命令，需自行选择基点。

(2) 与选定的标高对齐

如果复制所有模型图元，可将其粘贴到一个或多个标高。显示对话框如图 1.7-65 所示，按名称选择标高。要选择多个标高，可在选择名称时按 Ctrl 键。

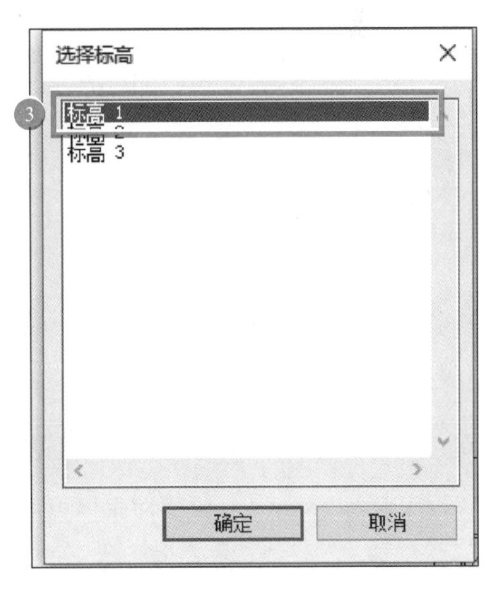

图 1.7-65　“选择标高”对话框

(3) 与选定的视图对齐

复制视图专有图元（例如尺寸标注），可将其粘贴到相似类型的视图中。

(4) 与当前视图对齐

将图元粘贴到当前视图，该视图必须与剪切或复制图元的视图不同。

(5) 与同一位置对齐

将图元粘贴到剪切或复制这些图元时的相同位置。

(6) 与拾取的标高对齐

必须处于立面视图中才能使用此工具，因为此工具需要选择用于粘贴图元的标高线。

7.13　对齐标注

1. 功能

对齐标注为 Revit 视图专有图元，仅在其放置的视图中显示（平面或剖面视图），对齐标注用于注释两个或两个以上的平行参照或两个以上的点参照之间的距离（例如，墙端点）。如图 1.7-66 所示。按 Tab 键可以在图元不同参照之间进行切换。

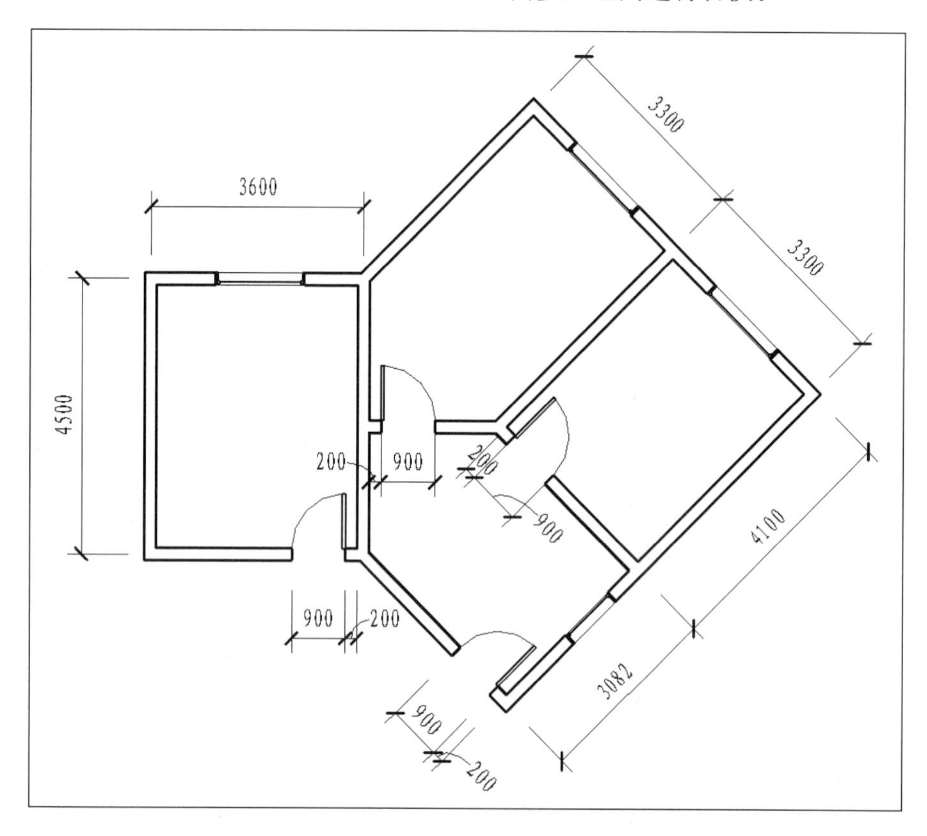

图 1.7-66　对齐标注平面

2. 线性尺寸标注类型

对齐标注属于线性尺寸标注，下面首先介绍线性尺寸标注类型的设置。

点击工具栏中的“注释”，单击下方的“尺寸标注▾”，如图 1.7-67 所示；并选择“线性尺寸标注类型”，如图 1.7-68 所示。出现该标注的类型属性对话框，如图 1.7-69 所示。

对齐标注

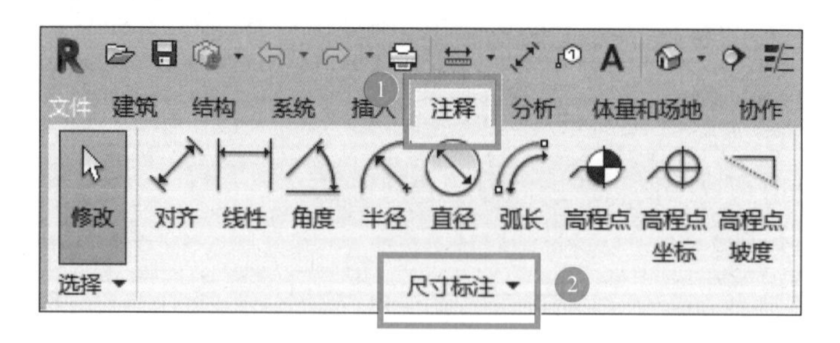

图 1.7-67　尺寸标注设置选项

（1）图形参数说明

1）标注字符串类型

指定尺寸标注字符串的格式化方法。该参数可用于线性尺寸标注样式。注：弧长度尺

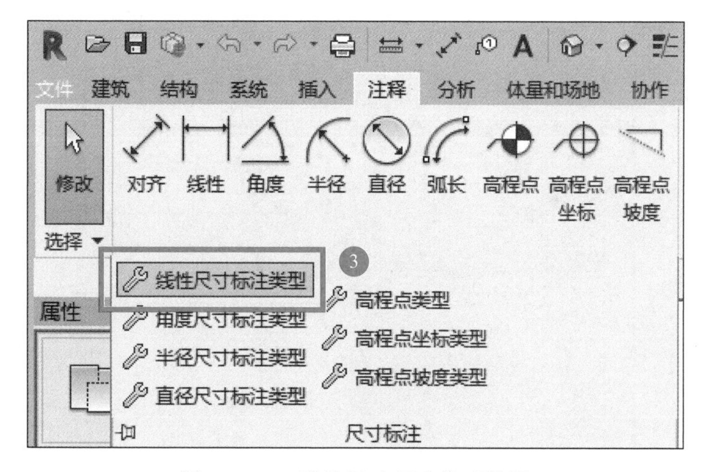

图 1.7-68 线性尺寸标准类型设置

寸标注是线性尺寸标注，具有可用于创建基线和同基准尺寸的参数“尺寸标注字符串类型”和“同基准尺寸设置”，但这些参数对弧长度尺寸标注没有任何影响。选项包括：

- 连续。放置多个彼此端点相连的尺寸标注。
- 基线。放置从相同的基线开始测量的叠层尺寸标注。
- 同基准。放置尺寸标注字符串，其值从尺寸标注原点开始测量。

2）引线类型

指定要绘制的引线的线类型。选项包括：

- 直线。绘制从尺寸标注文字到尺寸标注线的由两个部分组成的直线引线。

引线的第一部分开始于文字框或文字下方（由“文字位置”属性确定），并延伸至线中的连接点（称为水平段）。引线第一部分的长度由“水平段长度”属性决定。

引线的第二部分从水平段处开始，延伸至尺寸标注线。

- 弧。绘制从尺寸标注文字到尺寸标注线的圆弧线引线。

3）引线记号：指定应用到尺寸标注线处的引线顶端的标记。

4）文本移动时显示引线：指定当文字离开其原始位置时引线的显示方式。选项包括：

- 远离原点。当尺寸标注文字离开其原始位置时引线显示。当文字移回原始位置时，它将捕捉到位并且引线将会隐藏。
- 超出尺寸界线。当尺寸标注文字移动超出尺寸界线时引线显示。

5）记号：用于标注尺寸界线的记号标记样式的名称。

提示：默认记号对角线 3mm，标注效果略显长。在 Revit 中该“记号标记”属于记号标记族，可以通过自定义族的方式添加需要的“记号标记族”，或者进行修改。具体修改方法：在任意视图中，切换到“管理”选项卡，项目设置中有一项“其他设置”（图 1.7-70），在其下拉列表中选择“箭头”，打开“系统族：箭头”对话框，可以根据需要对现有的“箭头族”进行修改，或者通过复制命令新建自定义的“箭头族”。

6）线宽：设置指定尺寸标注线和尺寸引线宽度的线宽值。可以从 Revit 定义的值列表中进行选择，或定义您自己的值。可以单击“管理”选项卡→“设置”面板→“其他设置”下拉列表=（线宽）来修改线宽的定义。

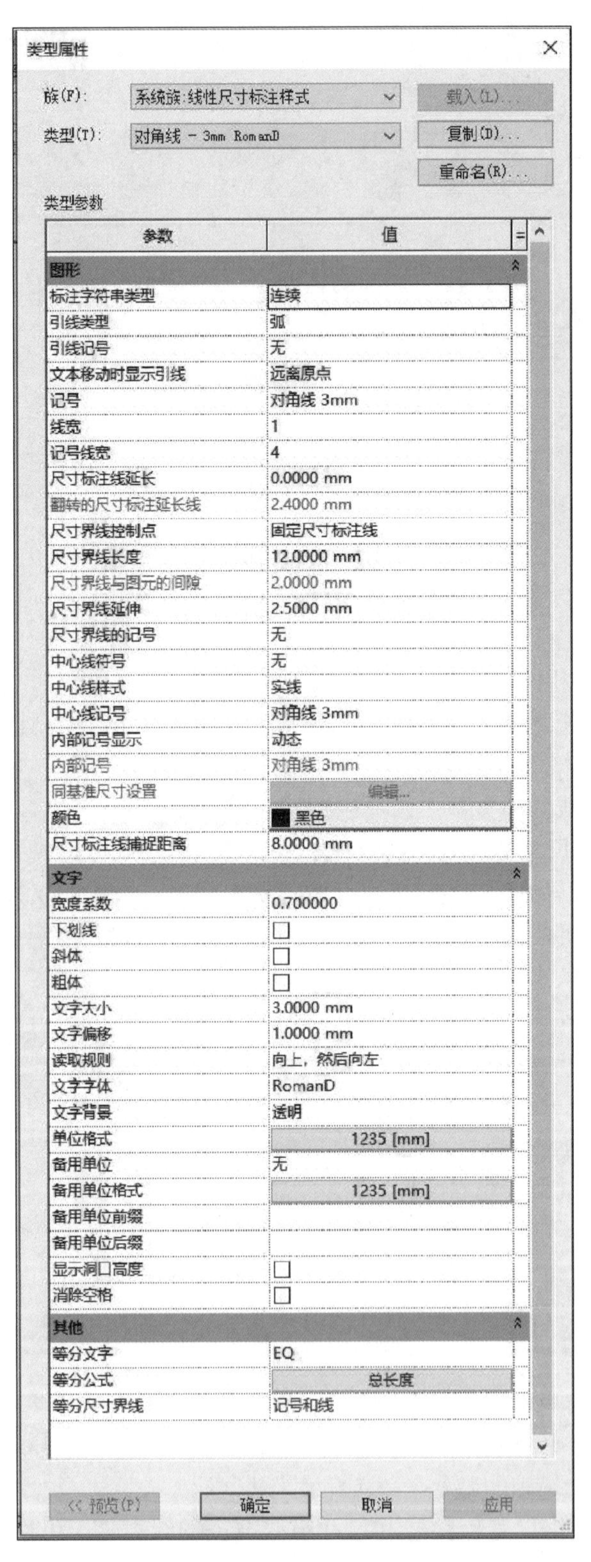

图 1.7-69　线性尺寸标注属性

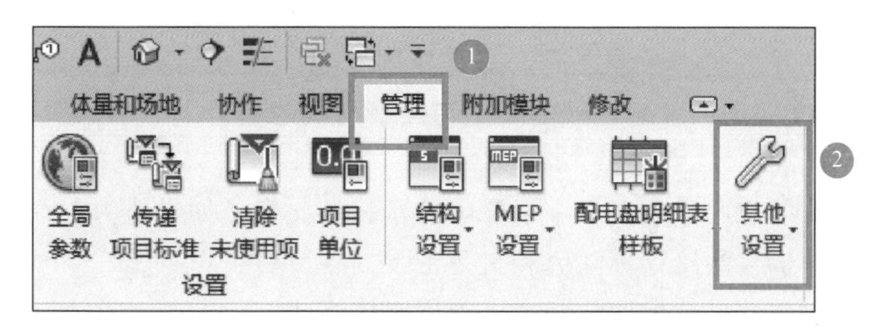

图 1.7-70　其他设置

7）记号线宽：设置指定记号标记厚度的线宽。可以从 Revit 定义的值列表中进行选择，或定义您自己的值。

8）尺寸标注线延长：将尺寸标注线延伸超出尺寸界线交点指定值。设置此值时，如果 100%打印，该值即为尺寸标注线的打印尺寸。

9）翻转的尺寸标注延长线：如果箭头在尺寸标注链的端点上翻转，控制翻转箭头外的尺寸标注线的延长线。仅当将记号标记类型参数设置为箭头类型时，才启用此参数。请参见修改尺寸标注线记号标记。

10）尺寸界线控制点：在图元固定间隙功能和固定尺寸标注线功能之间进行切换。

11）尺寸界线长度：如果“尺寸界线控制点”设置为“固定尺寸标注线”，则此参数可用。指定尺寸标注中所有尺寸界线的长度。设置此值时，如果 100%打印，该值即为尺寸界线出图的尺寸。

12）尺寸界线与图元的间隙：如果“尺寸界线控制点”设置为“到图元的间隙”，则此参数设置尺寸界线与已标注尺寸的图元之间的距离。

13）尺寸界线延伸：设置超过记号标记的尺寸界线的延长线。设置此值时，如果 100%打印，该值即为尺寸界线出图的尺寸。

14）尺寸界线的记号：指定尺寸界线末尾的记号标记显示方式。

15）中心线符号：可以选择任何载入项目中的注释符号。在参照族实例和墙的中心线的尺寸界线上方显示中心线符号。如果尺寸界线不参照中心平面，则不能在其上放置中心线符号。

16）中心线样式：如果尺寸标注参照是族实例和墙的中心线，则将改变尺寸标注的尺寸界线的线型图案。如果参照不是中心线，则此参数不影响尺寸界线线型。

17）中心线记号：修改尺寸标注中心线末端记号。

18）内部记号：当尺寸标注线的邻近线段太短而无法容纳箭头时，指定内部尺寸界线的记号标记显示的方式。发生这种情况时，短线段链的端点会翻转，内部尺寸界线会显示指定的内部记号标记。仅当将记号标记类型参数设置为箭头类型时，才启用此参数。请参见修改尺寸标注线记号标记。

19）同基准尺寸设置：指定同基准尺寸的设置。将“标注字符串类型”参数设置为“纵坐标”时，该参数可用。详细信息请参见创建纵坐标线性尺寸标注样式。

20）颜色：设置尺寸标注线和引线的颜色。可以从 Revit 定义的颜色列表中进行选择，也可以自定义颜色。默认值为黑色。

21）尺寸标注线捕捉距离：要使用此参数，请将“尺寸界线控制点”参数设置为“固定尺寸标注线”。设置了这些参数之后，即可使用其他捕捉来帮助以等间距堆叠线性尺寸标注。该值应大于文字到尺寸标注线的间距与文字高度之和。

（2）文字参数说明

1）宽度系数：指定用于定义文字字符串的延长的比率。如果值为 1.0，则没有延长。

2）下划线：使永久性尺寸标注值和文字带下划线。

3）斜体：对永久性尺寸标注值和文字应用斜体格式。

4）粗体：对永久性尺寸标注值和文字应用粗体格式。

5）文字大小：指定尺寸标注的字样尺寸。

6）文字偏移：指定文字距尺寸标注线的偏移。

7）读取规则：指定尺寸标注文字的起始位置和方向。

8）文字字体：为尺寸标注设置 Microsoft@ True Type 字体。

9）文字背景：如果设置此值为不透明，则尺寸标注文字为方框围绕，且在视图中该方框与其后的任何几何图形或文字重叠。如果设置此值为透明，该框不可见且不与尺寸标注文字重叠的所有对象都显示。

10）单位格式：单击按钮以打开“格式”对话框，然后可设置有尺寸标注的单位格式。请参见设置项目单位。

11）备用单位：指定是否显示除尺寸标注主单位之外的备用单位，以及备用单位的位置。选项包括：

- 无。备用单位将不显示。
- 右侧。备用单位显示在主单位同一行的右侧。
- 下方。备用单位显示在主单位的下方。

12）备用单位格式：单击按钮以打开“格式”对话框，然后可设置尺寸标注类型的备用单位格式。请参见设置项目单位。

13）备用单位前缀：指定备用单位显示的前缀。例如，您可以用方括号显示换算单位，输入［作为前缀，输入］作为后缀（请参见下文“备用单位后缀”）。

14）备用单位后缀：指定备用单位显示的后缀。

15）显示洞口高度：在平面视图中放置一个尺寸标注，该尺寸标注的尺寸界线参照相同附属件（窗、门或洞口）。如果选择此参数，则尺寸标注将包括显示实例洞口高度的标签。在初始放置的尺寸标注值下方显现该值。

16）消除空格：如果选择此参数，则自动消除汉字之间的空格。

（3）其他参数说明

1）等分文字：指定当向尺寸标注字符串添加相等限制条件时，所有 EQ 文字要使用的文字字符串。默认值为 EQ。更改此值将更改此类型的所有尺寸标注的等分文字。

2）等分公式：指定用于显示相等尺寸标注标签的尺寸标注等分公式。单击该按钮将显示“尺寸标注等分公式”对话框（可用于对齐、线性和圆弧尺寸标注类型）。请参见定义相等公式。

3）等分尺寸界线：指定等分尺寸标注中内部尺寸界线的显示（仅可用于对齐、线性和圆弧长度尺寸标注）。用于内部尺寸界线的选项包括：

- 记号和线。根据指定的类型属性显示内部尺寸界线。

• 只用记号。不显示内部尺寸界线，但是在尺寸线的上方和下方使用“尺寸界线延伸”类型值。

• 隐藏。不显示内部尺寸界线和内部分段的记号标记。

在尺寸标注类型的“类型属性”框中，我们可以通过“复制”命令对当前类似属性进行复制并重命名，从而创建一个新的尺寸标注类型样式。如图 1.7-71 所示。

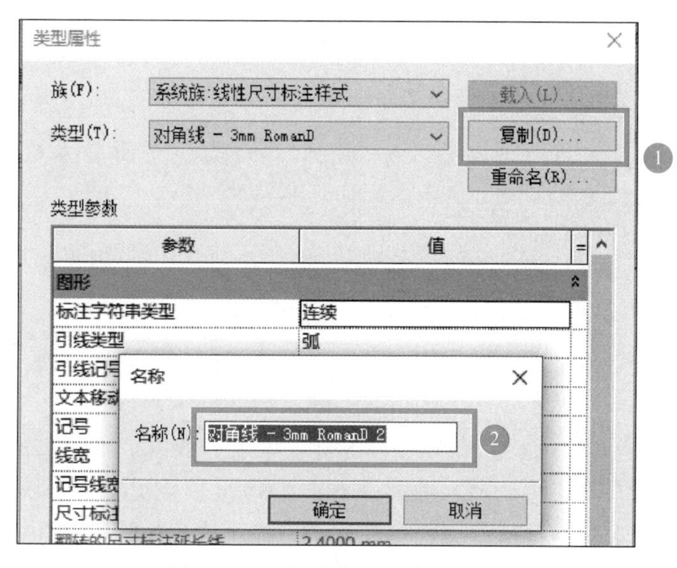

图 1.7-71　新建线性尺寸标注类型

3. 操作步骤

第 1 步：根据以上要求设置对话框内参数，点“确定”关闭对话框。

第 2 步：单击“注释”选项卡→“尺寸标注”面板→（对齐）。如图 1.7-72 所示。

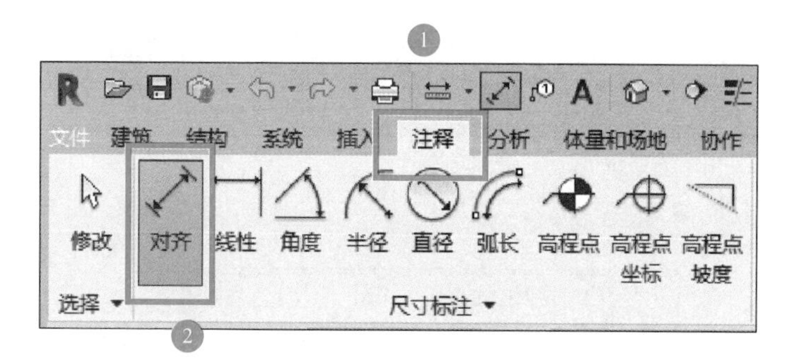

图 1.7-72　对齐标注选项卡

第 3 步：放置尺寸位置，可供选择的选项有“参照墙中心线”“参照墙面”“参照核心层中心”和“参照核心层表面”。如图 1.7-73 所示。例如，如果选择墙中心线，则将光标放置于某面墙上时，光标将首先捕捉该墙的中心线。

第 4 步：在选项栏上，选择“单个参照点”作为“拾取”设置。

第 5 步：将光标放置在某个图元（例如墙）的参照点上。如果可以在此放置尺寸标注，则参照点会高亮显示。

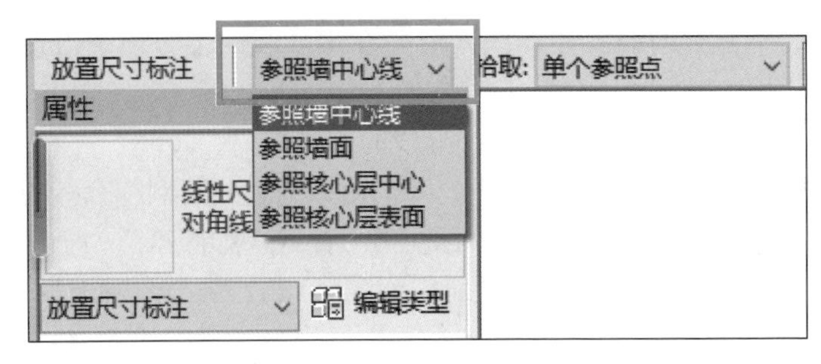

图 1.7-73　修改尺寸标注拾取

提示：按 Tab 键可以在不同的参照点之间循环切换。几何图形的交点上将显示蓝色点参照。将在内部墙层的所有交点上显示灰色方形参照。

第 6 步：单击以指定参照。

第 7 步：将光标放置在下一个参照点的目标位置上并单击。

当移动光标时，会显示一条尺寸标注线。如果需要，可以连续选择多个参照。

第 8 步：当选择完参照点之后，从最后一个构件上移开光标并单击。永久性对齐尺寸标注将会显示出来。

提示：在上述第 4 步时也可选择“整个墙”作为“拾取”设置。如图 1.7-74 所示。然后单击右侧“选项”设置“自动尺寸标注选项”面板，如图 1.7-75 所示，则可以通过选择一片或多片墙一次性标注墙面洞口细部尺寸。标注结果如图 1.7-76 所示。

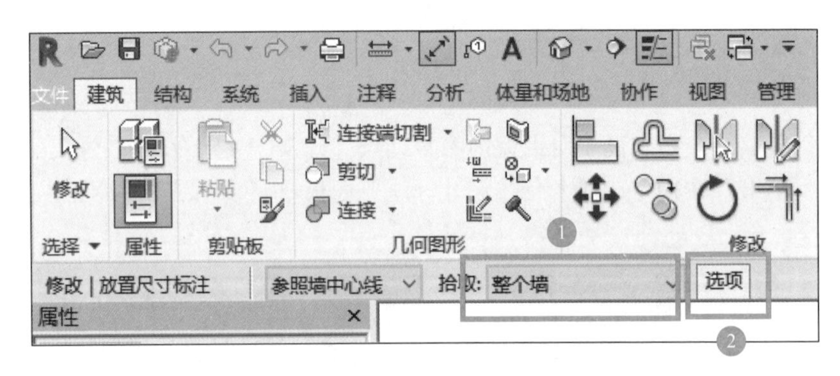

图 1.7-74　拾取整个墙

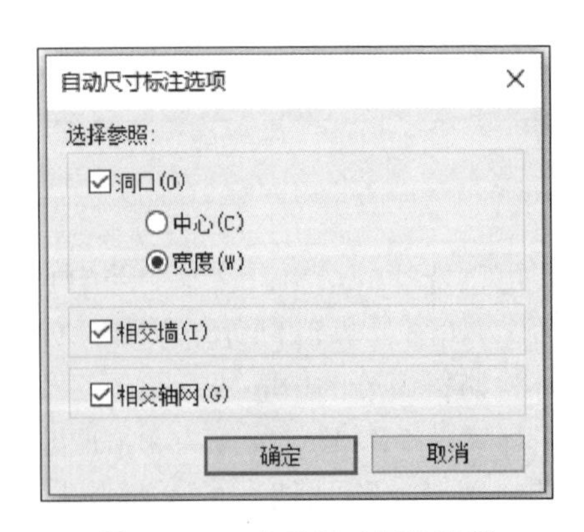

图 1.7-75　自动尺寸标注选项

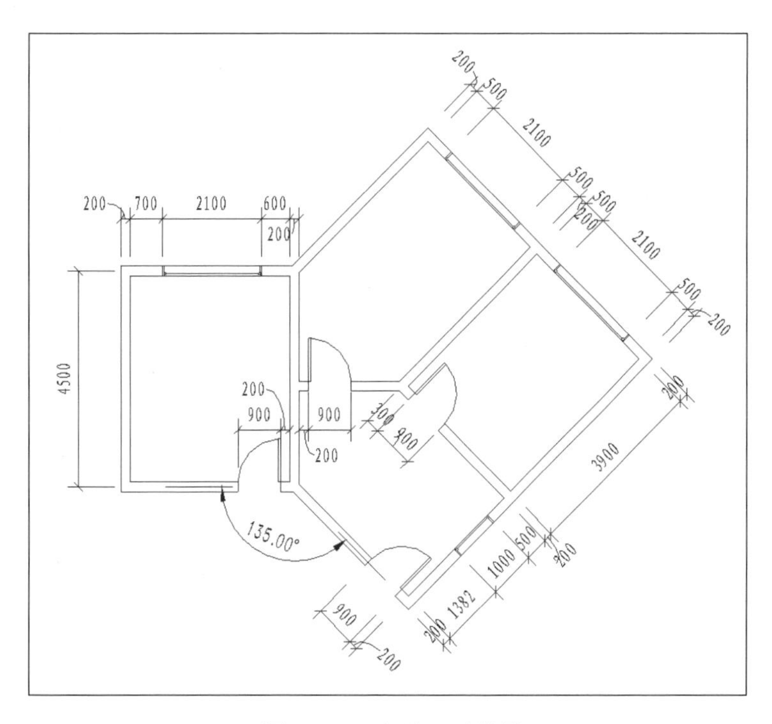

图 1.7-76　标注显示效果

7.14　线性标注

1. 功能

将线性尺寸标注添加到图形以在两个点之间进行测量。如图 1.7-77 所示。

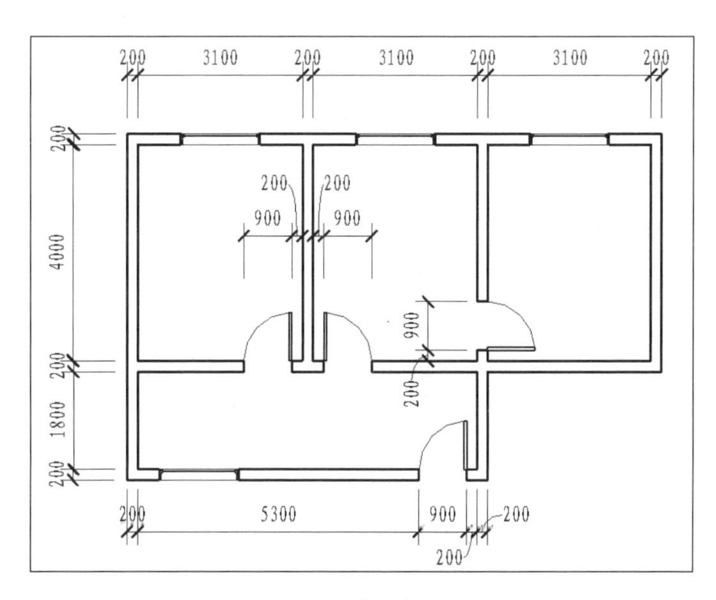

图 1.7-77　线性标注平面

线性标注

2. 操作步骤

关于线性尺寸标注类型的设置具体见7.13节。

第1步：单击“注释”选项卡→“尺寸标注”面板→⊢⊣（线性）。如图1.7-78所示。

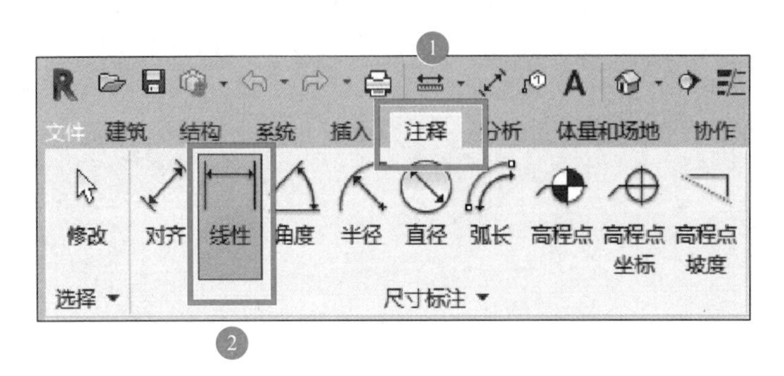

图1.7-78 线性标注选项卡

第2步：将光标放置在图元（如墙或线）的参照点上，或放置在参照的交点（如两面墙的连接点）上。

提示：如果可以在此放置尺寸标注，则参照点会高亮显示。通过按Tab键，可以在交点的不同参照点之间切换。

第3步：单击以指定参照。

第4步：将光标放置在下一个参照点的目标位置上并单击。当移动光标时会显示一条尺寸标注线。如果需要，可以连续选择多个参照。

第5步：选择另一个参照点后，按空格键使尺寸标注与垂直轴或水平轴对齐。

第6步：当选择完参照点之后，从最后一个图元上移开光标并单击。此时显示尺寸标注。

7.15 角度标注

1. 功能

可以将角度尺寸标注放置在共享统一公共交点的多个参照点上。不能通过拖拽尺寸标注弧来显示一个整圆。如图1.7-79所示。

2. 角度尺寸标注类型

点击工具栏中的“注释”，单击下方的“尺寸标注▾”并选择“角度尺寸标注类型”，如图1.7-80所示。出现该标注的类型属性对话框，如图1.7-81所示。根据需要可调整表格内参数，设置完成后点确定。

3. 操作步骤

第1步：单击“注释”选项卡→“尺寸标注”面板→△（角度）。如图1.7-82所示。

第2步：将光标放置在构件上，然后单击以创建尺寸标注的起点。

提示：通过按Tab键，可以在墙面和墙中心线之间切换尺寸标注的参照点。

第3步：将光标放置在与第一个构件不平行的某个构件上，然后单击鼠标。

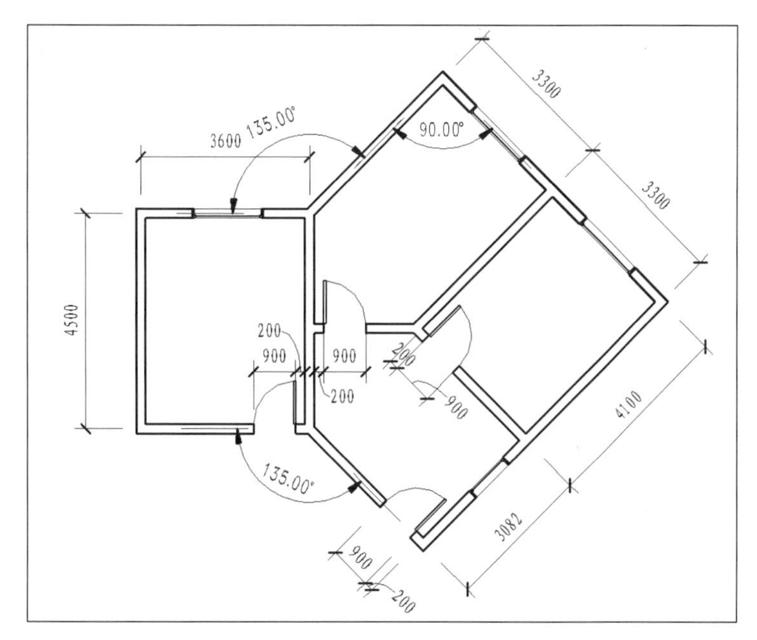

角度标注

图 1.7-79　角度标注平面

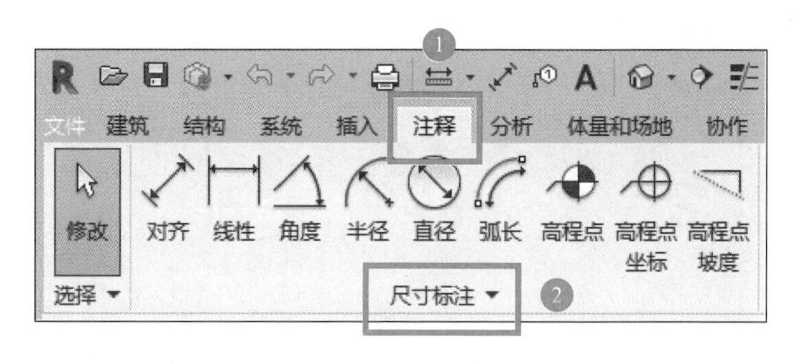

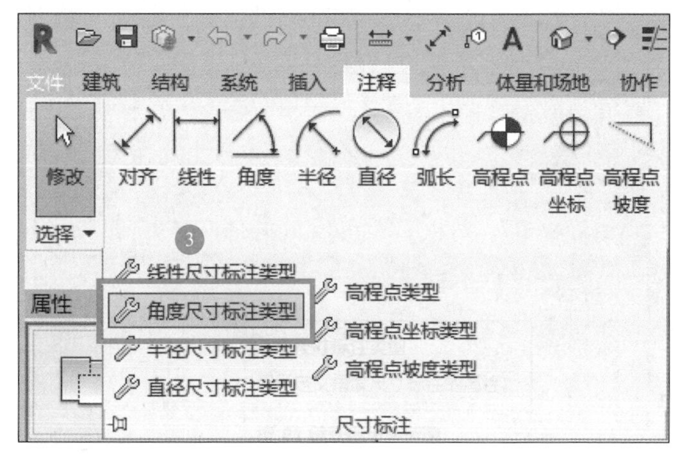

图 1.7-80　角度标注设置选项卡

提示：可以为尺寸标注选择多个参照点。所标注的每个图元都必须经过一个公共点。例如，要在四面墙之间创建一个多参照的角度标注，每面墙都必须经过一个公共点。

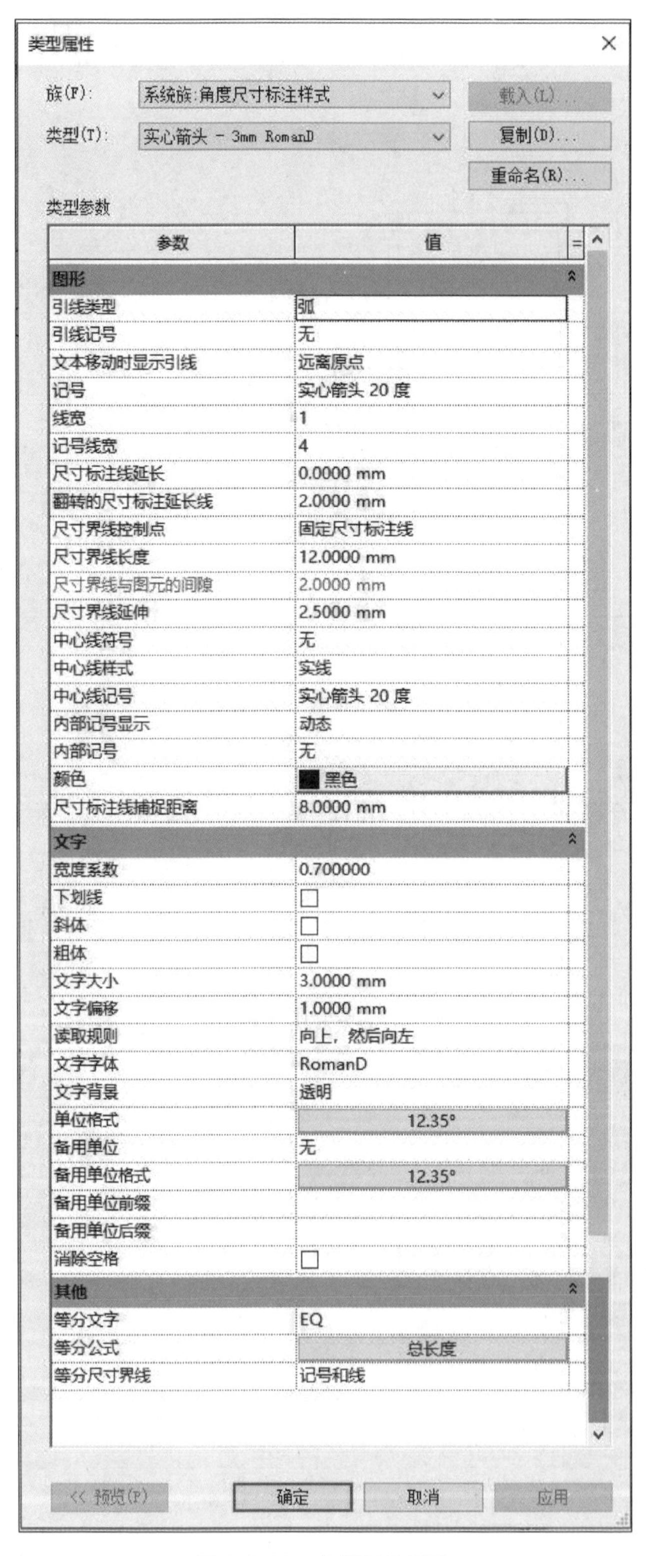

图 1.7-81　角度标注属性

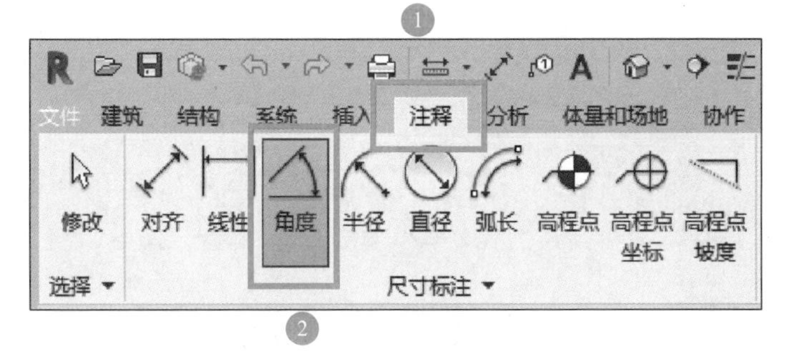

图 1.7-82　角度标注选项卡

第 4 步：拖拽光标以调整角度标注的大小。

第 5 步：当尺寸标注大小合适时，单击以进行放置。

7.16　半径标注

半径标注

1. 功能

将径向尺寸标注添加到图形以测量弧的半径（图 1.7-83）。

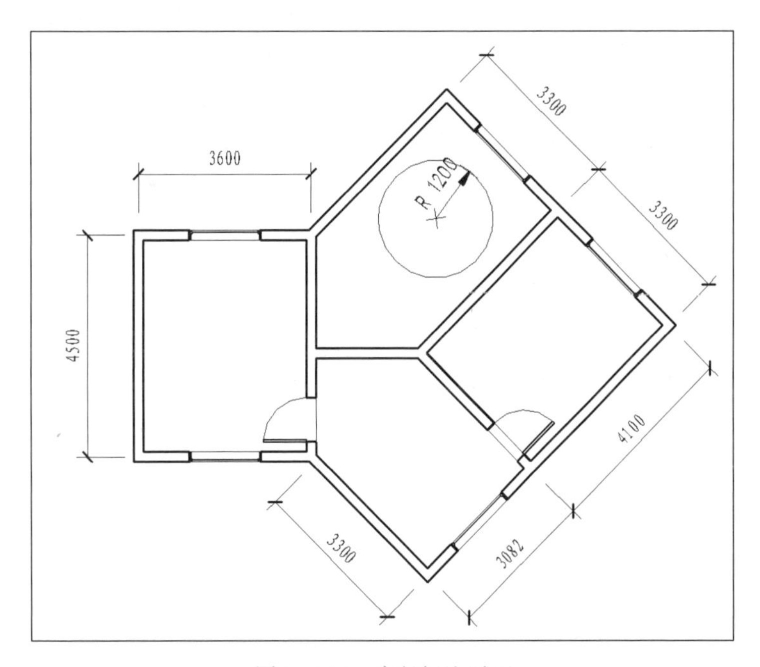

图 1.7-83　半径标注平面

2. 半径尺寸标注类型

点击工具栏中的“注释”，单击下方的“尺寸标注▾”并选择“半径尺寸标注类型”，如图 1.7-84 所示。出现该标注的类型属性对话框，如图 1.7-85 所示。根据需要可调整表格内参数，设置完成后点“确定”。

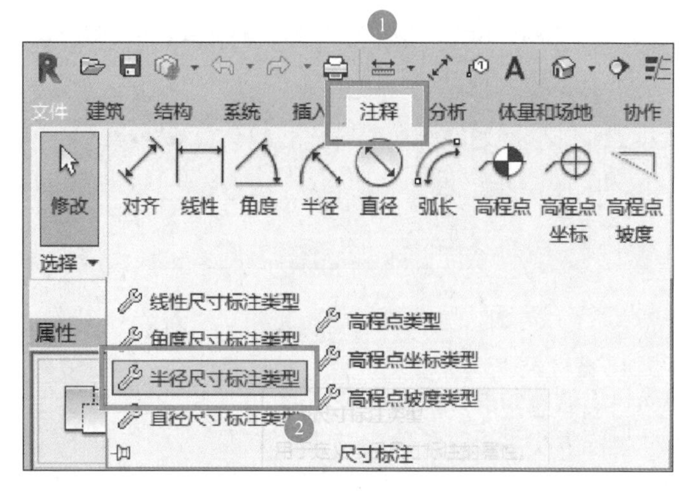

图 1.7-84　半径尺寸标注设置选项卡

3. 操作步骤

第 1 步：单击“注释”选项卡→“尺寸标注”面板→（半径）。如图 1.7-86 所示。

第 2 步：将光标放置在弧上，然后单击。一个临时尺寸标注将显示出来。

提示：通过按 Tab 键，可以在墙面和墙中心线之间切换尺寸标注的参照点。

第 3 步：再次单击以放置永久性尺寸标注。

7.17　直径标注

直径标注

1. 功能

使用图形中的直径尺寸标注测量圆或圆弧的直径。如图 1.7-87 所示。

2. 直径尺寸标注类型

点击工具栏中的“注释”，单击下方的“尺寸标注▾”并选择“直径尺寸标注类型”，如图 1.7-88 所示。出现该标注的类型属性对话框，如图 1.7-89 所示。根据需要可调整表格内参数，设置完成后点“确定”。

3. 操作步骤

第 1 步：单击“注释”选项卡→“尺寸标注”面板→（直径）。如图 1.7-90 所示。

第 2 步：将光标放置在圆或圆弧的曲线上，然后单击。一个临时尺寸标注将显示出来。

提示：通过按 Tab 键，可以在墙面和墙中心线之间切换尺寸标注的参照点。

第 3 步：将光标沿尺寸线移动，并单击以放置永久性尺寸标注。默认情况下，直径前缀符号显示在尺寸标注值中。

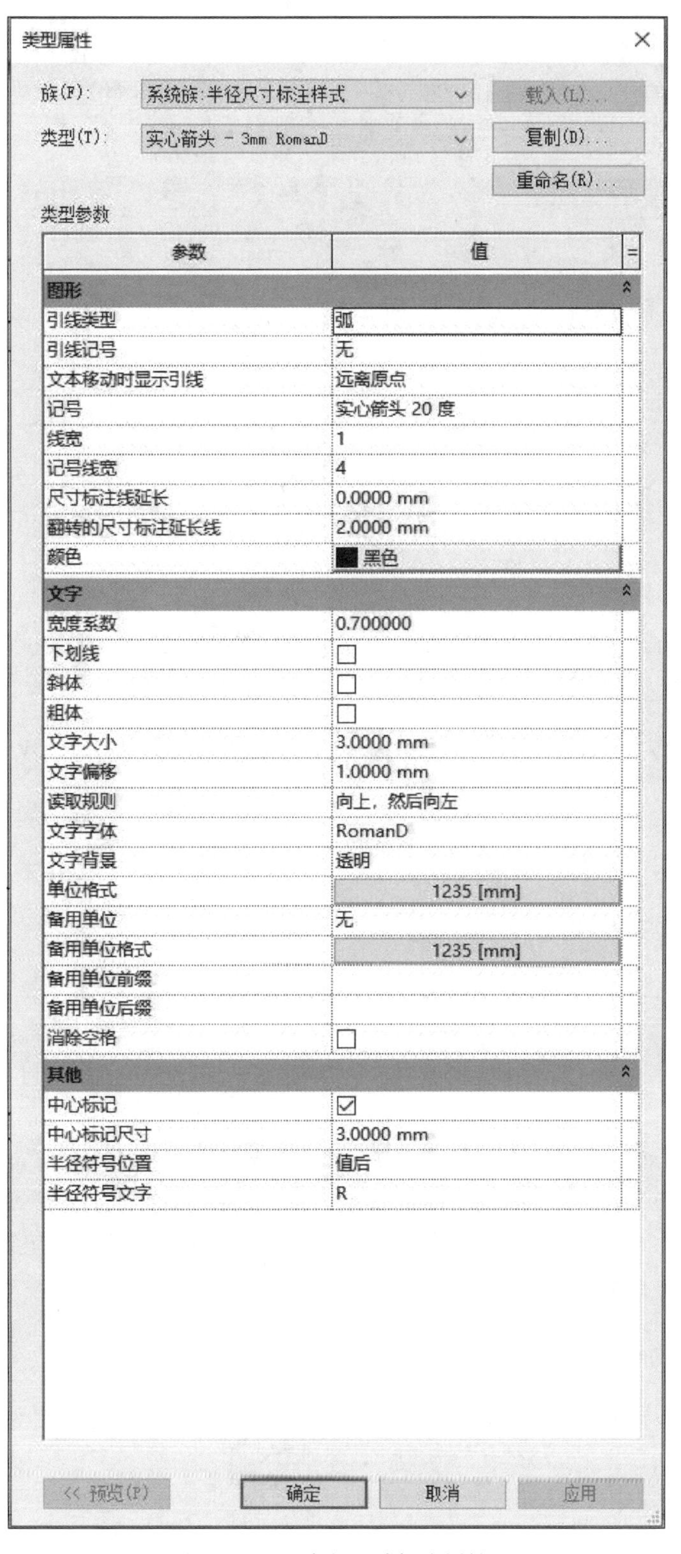

图 1.7-85　半径尺寸标注属性

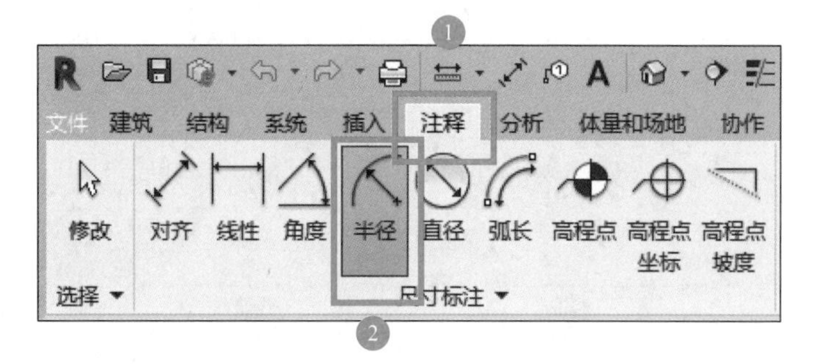

图 1.7-86　半径标注选项卡

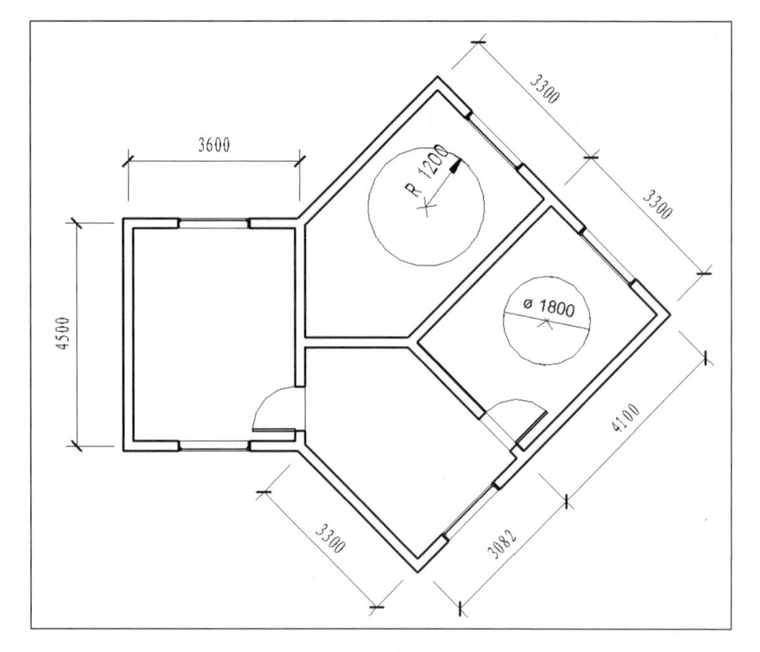

图 1.7-87　直径标注平面

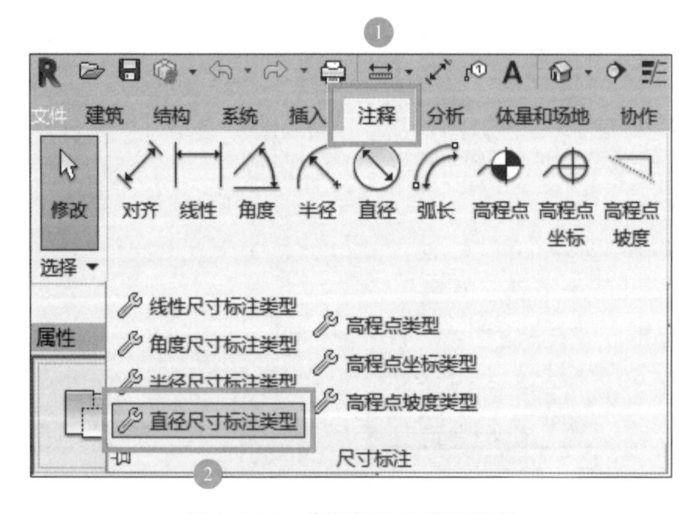

图 1.7-88　直径标注设置选项卡

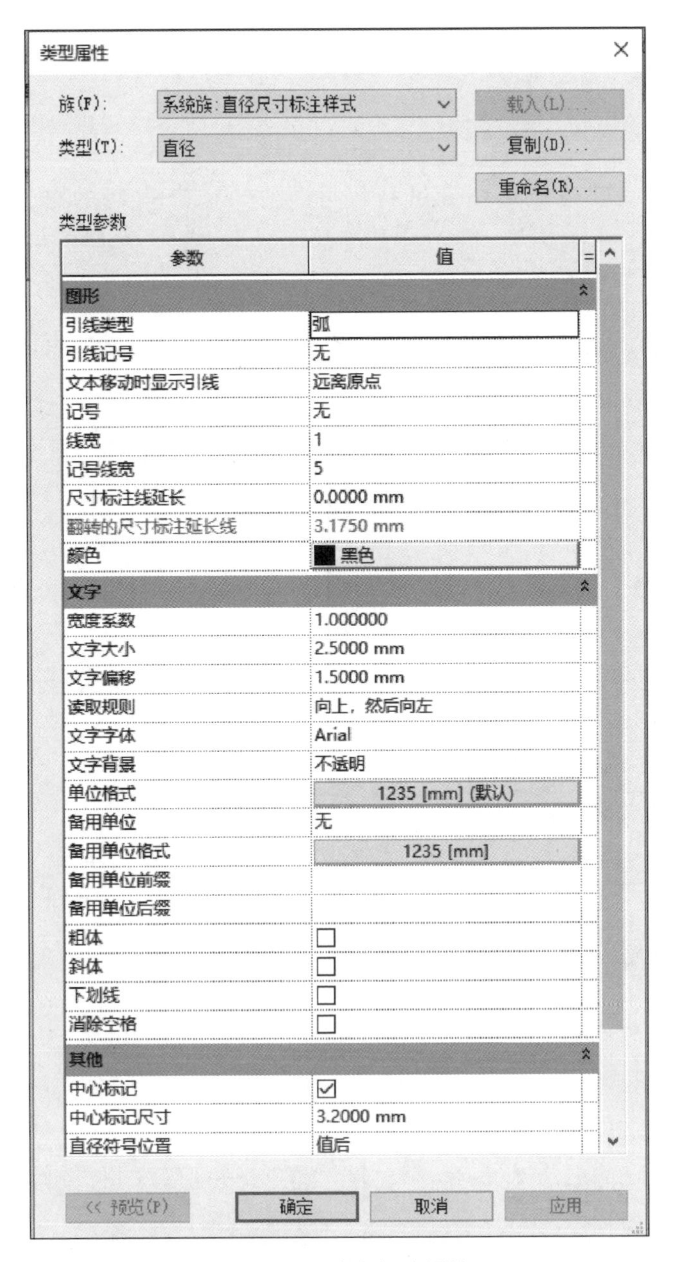

图 1.7-89 直径标注属性

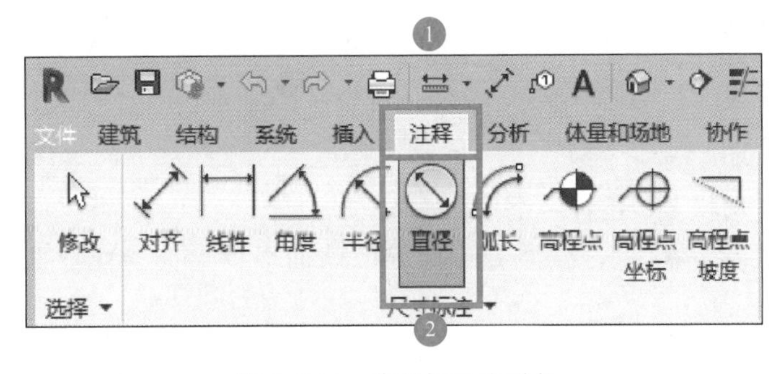

图 1.7-90 直径标注选项卡

7.18 弧长标注

1. 功能

可以对弧形墙或其他弧形图元进行尺寸标注，以获得墙的总长度。如图 1.7-91 所示。

弧长标注

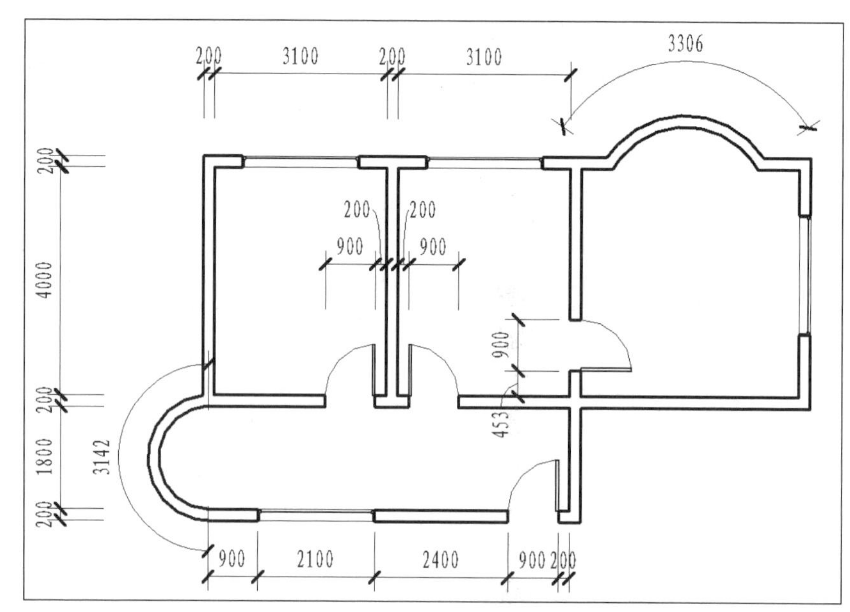

图 1.7-91 弧长标注平面

2. 操作步骤

第 1 步：单击“注释”选项卡→“尺寸标注”面板→（弧长）。如图 1.7-92 所示。

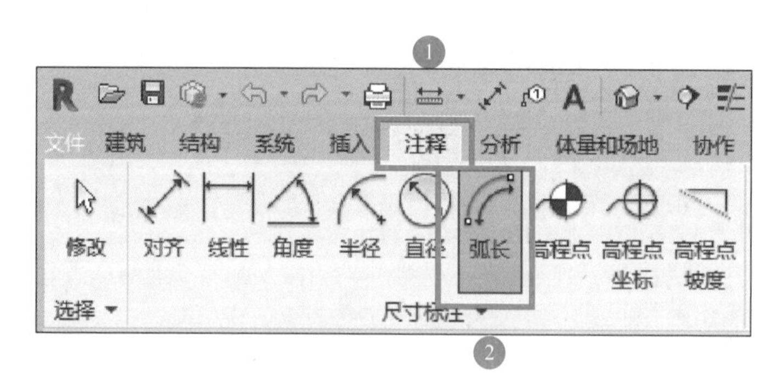

图 1.7-92 弧长标注选项卡

第 2 步：在选项栏上，选择一个捕捉选项。

例如，选择“参照墙面”，以使光标捕捉内墙面或外墙面。捕捉选项有助于选择径向点。

第 3 步：将光标放置在弧上，然后单击选择半径点。

第 4 步：选择弧的端点（包括起点和终点），然后将光标向上移离弧形。

注：如果圆弧长度尺寸标注的圆弧端点不可见或可选择，请使用相交参照平面以放置尺寸标注。如图 1.7-93 所示。

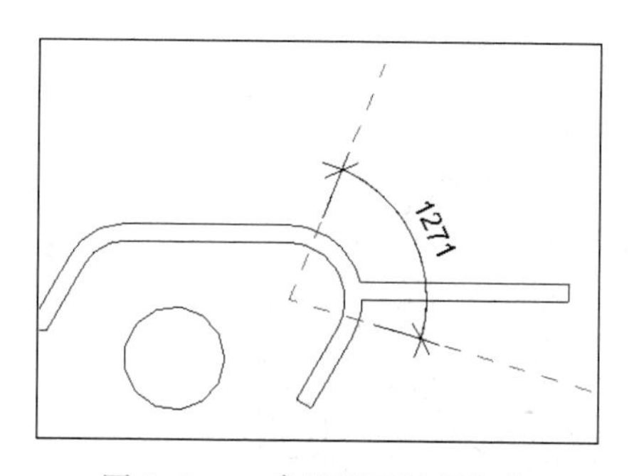

图 1.7-93　参照平面放置标注

第 5 步：单击放置该弧长度尺寸标注。

单元 2　Revit 土建建模进阶

单元 2 学生资源

单元 2 教师资源

项目简介：

本单元训练项目为浙江建设职业技术学院上虞校区校史馆，钢筋混凝土多层框架结构，基础形式为柱下独立基础，共 2 层，其中地上 2 层、地下 0 层，建筑面积 1876.98m^2。

BIM 土建建模进阶能力总目标　　　　**表 2.0-1**

专项能力	能力要素	
Revit 土建建模进阶能力	Revit 辅助功能操作能力	项目信息输入
		显示样式调整
		隐藏与撤销隐藏
		选择过滤器的使用
		参照平面的使用
		视点漫游的建立
		碰撞检查功能的使用
		明细表功能的使用
		图纸功能的使用
		材质编辑器的使用
		基础渲染功能的使用
	数据导入与导出能力	图纸导入与链接
		导入图像和贴花
		链接其他 IFC 对象
		族载入与导出
		文件导出
	体量及场地建模能力	内建体量建模
		幕墙系统建立
		体量屋面建立
		体量墙体建立
		体量楼板建立
		地形表面模型建立与修改
		子面域建立
		平整区域
		场地构件建模
		建筑地坪设置
		建筑红线设置
		等高线设置
	族建模基本能力	项目内建模型建立
		常规土建族建立能力
Revit 土建模型进阶能力	能在具备 Revit 建模基本能力基础上，应用 Revit 软件完成常规项目的土建建模和常规族的建立	

总体概念导入

1. 参照平面

参照平面是Revit建模的重要辅助方式之一，其本质是在原有工作平面的任意位置建立一个新的工作平面作为参照对象，对后续绘制的构件定位进行辅助。

2. 明细表

Revit中的明细表是指可以在图形中插入、用以列出建筑模型中的选定对象相关信息的表。对象由包含数据的特性构成。明细表标记是一种用于收集附着对象的特性数据的工具。

3. 体量

Revit中的体量指根据实际建模需要，通过特定的工具或族编辑器建立的不带有构件属性的三维形体，主要用于辅助建立屋面、墙体、幕墙、楼板等。

4. 内建模型

Revit内建模型是自定义构件的一种方式，可以在项目中定义任何种类的构件，并进行原位绘制。其特点是仅在当前项目生效，绘制方式和建立族基本一致。

5. 导入对象

Revit的导入对象主要包括二维图纸和三维形体，其中二维图纸包括CAD图纸、图片、贴花等；三维形体包括Revit对象、通用IFC对象及软件支持的其余各种三维文件格式。导入对象通常用于工程项目的辅助建立或参数的辅助定义。

任务1　Revit辅助功能

能力目标

Revit辅助功能能力目标　　表2.1-1

Revit辅助功能使用能力	1. 项目信息输入
	2. 显示与选择项快捷调整
	3. 参照平面使用
	4. 视点漫游建立
	5. 碰撞检查
	6. 明细表建立
	7. 图纸生成
	8. 材质编辑器使用
	9. 渲染功能使用

概念导入

1. Revit常用辅助功能

Revit建模中常用的辅助功能主要包括显示辅助、参照辅助、漫游与碰撞、明细表、出图功能、材质编辑功能、渲染功能等。主要为项目建模提供操作协助、成果检查和成果输出方面的辅助。

2. BIM 建模在深化设计阶段的应用点

在深化设计阶段，BIM 模型主要起到的作用主要为提供项目设计优化辅助、成果校核辅助、进行局部模型深化和二次出图。

任务清单

Revit 辅助功能任务清单　　表 2.1-2

序号	子任务项目	备注
1	项目信息输入训练	项目基本信息
2	显示与选择项快捷调整训练	显示样式、隐藏与撤销隐藏、选择过滤器
3	参照平面操作训练	建立和使用参照平面作为工作平面
4	视点漫游训练	建立项目内视点漫游
5	碰撞检查功能训练	土建构件自碰撞
6	明细表建立训练	常见自定义明细表建立
7	图纸导出训练	平立剖面出图
8	材质编辑器使用训练	自定义材质
9	三维视图渲染训练	模型三维渲染

任务分析

本任务要求做好数据协同和专业协调工作，掌握常用的部分快捷功能操作，会综合应用 Revit 辅助建模的相关功能，各个辅助功能也可单独使用并形成相应的成果。

1.1 项目信息输入

1. 功能

项目信息功能是工程项目 BIM 模型建立后进行数据存档前必备的输入操作，位于软件的管理选项卡中，见图 2.1-1。

项目信息输入

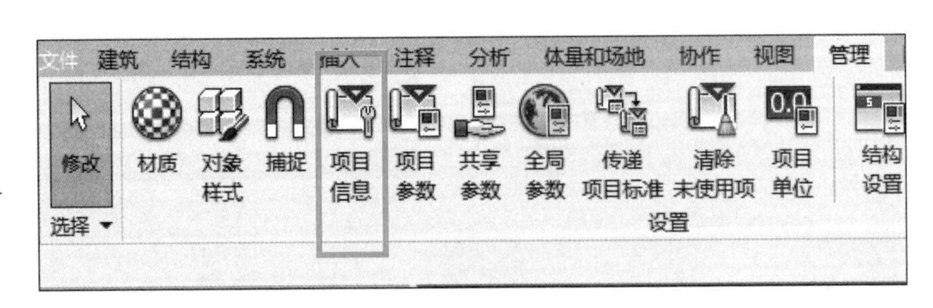

图 2.1-1　项目信息选项卡

2. 操作步骤

项目信息功能主要为参数录入功能，操作步骤如下：

第 1 步：点击进入项目信息输入菜单，见图 2.1-2。

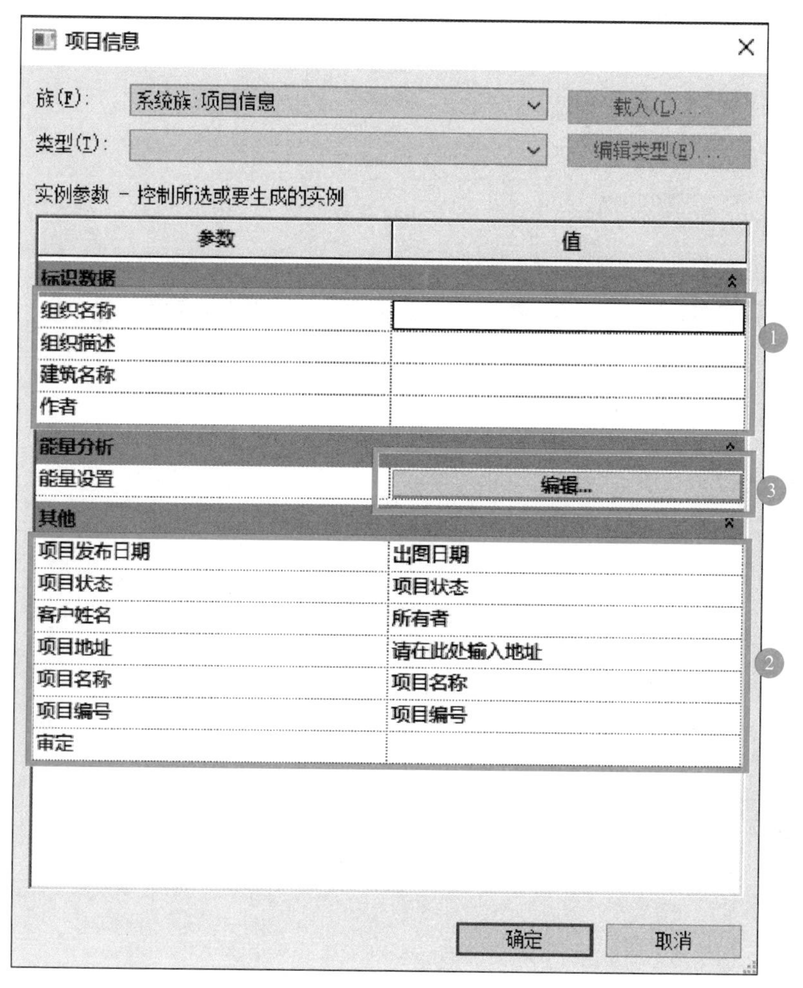

图 2.1-2　项目信息输入菜单

第 2 步：根据具体工程项目信息输入项目标识数据，包括组织名称、组织描述、建筑名称、作者等。

第 3 步：根据工程项目情况输入项目其他数据，包括项目发布日期、项目状态、客户姓名、项目地址、项目名称、项目编号等。

第 4 步：国内目前一般不直接使用 Revit 附带的能量分析功能进行分析，如需使用，可点击“能量设置”，进入设置菜单，见图 2.1-3。点击“编辑”进入高级选项进行设置，界面见图 2.1-4。

第 5 步：所有信息输入完成后，在各层设置菜单点击“确定”，回到建模界面，完成项目信息设置。

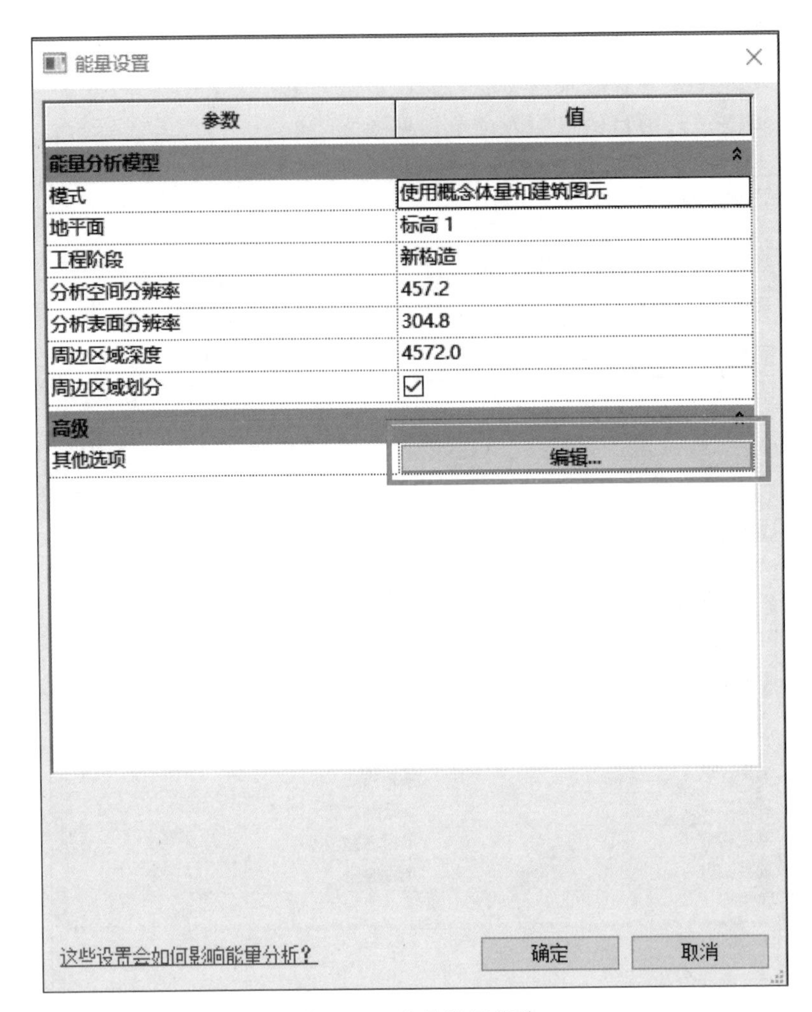

图 2.1-3　能量设置菜单

1.2　显示样式设置与选择过滤器

Revit 显示样式和可见性的调整位置很多，掌握常用的调整方法后通过项目实践也能够熟练地在其他相关选项卡进行显示样式和可见性调整，本节主要介绍几个常见的调整方法。

Revit 显示样式调整一般在视图下方的快捷菜单进行，主要属性包括详细程度和视觉样式两种。其中，详细程度分 3 类，从低到高依次为粗略、中等和精细，见图 2.1-5；视觉样式分 6 类，从低到高依次为线框、隐藏线、着色、一致的颜色、真实和光线追踪，见图 2.1-6。

值得注意的是，同一构件不同详细程度的模型显示内容会根据族的初始设置有很大的差异，且较高级别的详细程度和视觉样式会带来比较大的计算机资源负担，应根据项目实际需要进行选择。在视觉样式里最高程度的光线追踪选项，只能在三维视图下选择，且常规项目中由于系统负担过大并不建议使用。

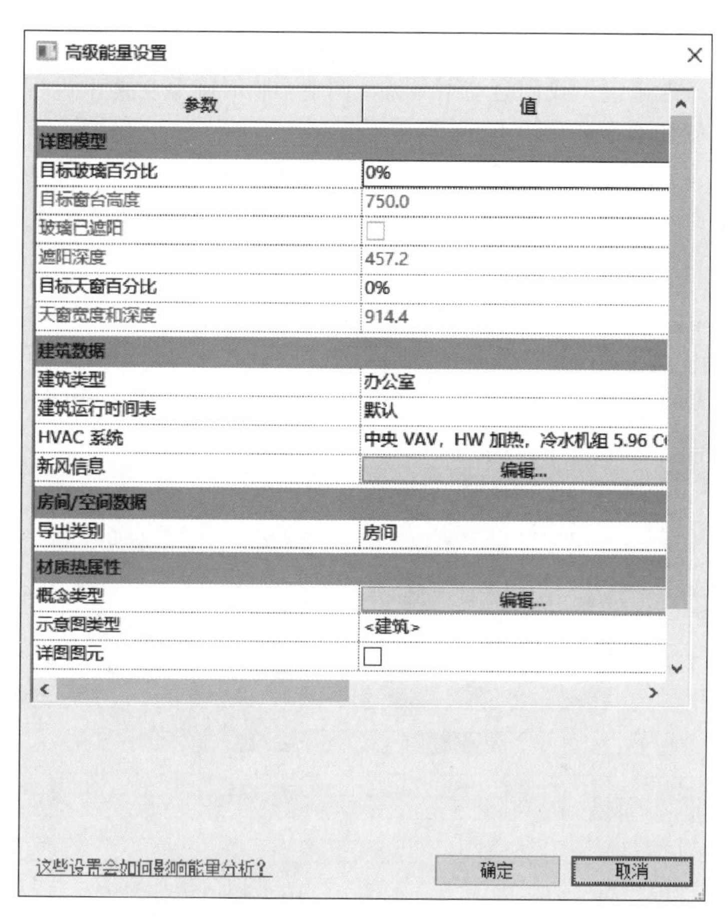

图 2.1-4　高级能量设置

显示样式调整

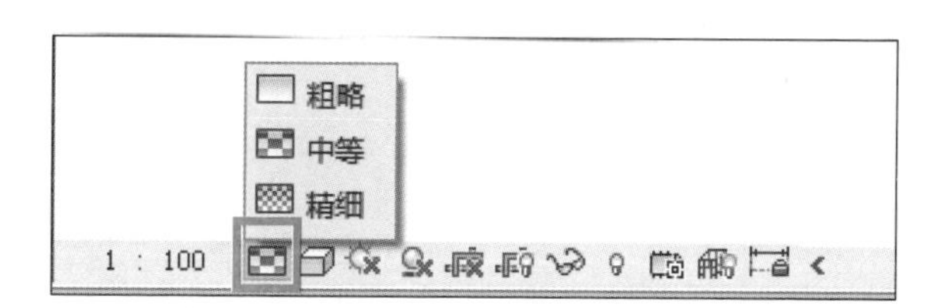

图 2.1-5　详细程度调整

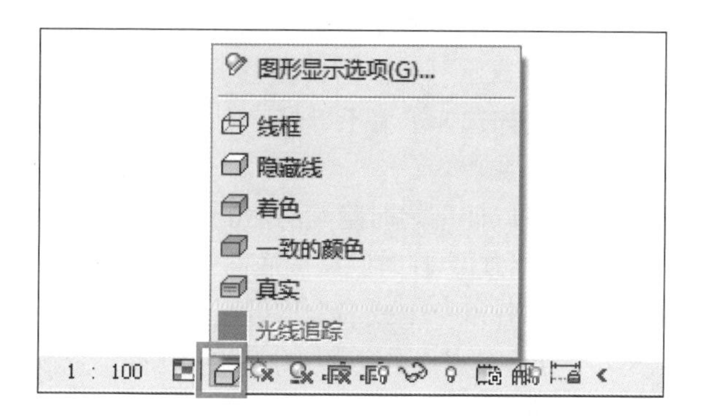

图 2.1-6　视觉样式调整

除了调整显示样式外，我们会经常在项目中调整构件的显示与隐藏属性，以便进行快捷的建模操作。一般来说，我们会使用可见性调整和临时隐藏功能来进行隐藏操作。可见性调整的操作步骤如下：

第1步：点击快捷键“VV（VG）”，或在视图选项卡中点击“可见性/图形”，此时显示可见性调整菜单如图2.1-7所示。我们可以在过滤器列表中勾选大类来快速找到自己想要调整可见性属性的类别。

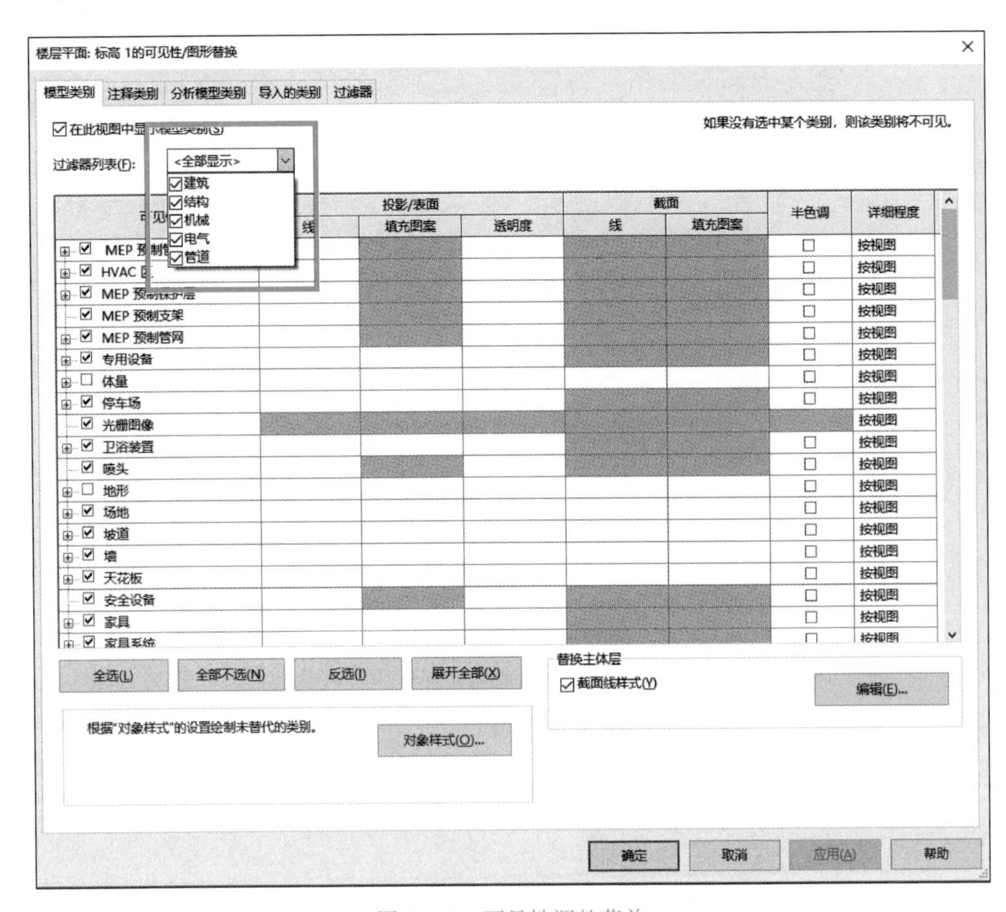

图2.1-7　可见性调整菜单

第2步：在需要调整可见性的子类别上，加上或者取消勾选，然后点击“确定”，即可让该类构件在当前视图中可见或不可见。需要注意的是，可见性调整只能精确到类别，无法精确到单个或多个构件，例如选择了墙不可见，则当前视图中所有墙体均不可见，因此具有一定的局限性。

除了调整可见性外，我们可以使用临时隐藏的功能来进行构件的显隐调整。

第一种方法，使用快捷键“HH”临时隐藏或底部快捷菜单隐藏。

第1步：选中需要隐藏的构件（一个或多个均可）。

第2步：在键盘上键入“HH”，或点击底部快捷菜单，选择“隐藏图元”，见图2.1-8，临时隐藏构件，此时建模界面显示提示如图2.1-9所示，可发现左上角存在临时隐藏提示框。

第3步：完成其他操作后如需恢复隐藏对象显示，则在键盘上键入“HR”，临时隐藏

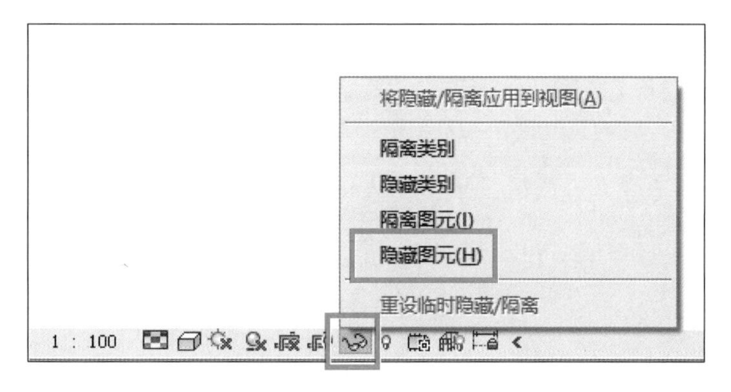

图 2.1-8　底部快捷菜单隐藏选项

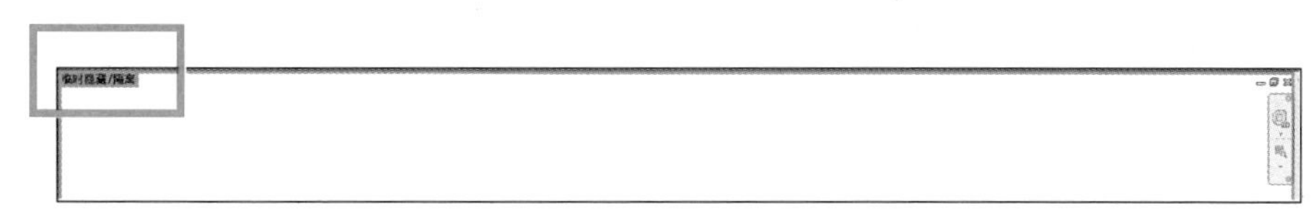

图 2.1-9　临时隐藏界面提示

取消，界面恢复正常。

第二种方法，使用右键菜单功能临时隐藏。

第 1 步：选中需要隐藏的构件（一个或多个均可）。

第 2 步：鼠标右键单击，选择“在视图中隐藏”选项，此时建模界面显示提示如图 2.1-10 所示。

隐藏功能

第 3 步：选择按“图元”隐藏，完成隐藏操作。

第 4 步：如需恢复隐藏对象显示，需要点击底部快捷菜单中的显示隐藏对象功能，如图 2.1-11 所示。在显示界面中选中被隐藏对象，右键单击后选择“取消在视图中隐藏”，进行恢复显示。

在上述的各种操作中，我们均需要首先选择对象，再进行相应的修改。这样的操作在 Revit 中普遍出现。为了方便对象选择，Revit 提供了选择过滤器的功能，具体使用方法如下：

第 1 步：框选一个范围内的构件，其中应包含想要被筛选的对象。

第 2 步：在操作菜单上选择过滤器，如图 2.1-12 所示。

第 3 步：在过滤菜单中勾选想要选中的对象，点击“确定”，即可完成快捷选择，如图 2.1-13 所示。

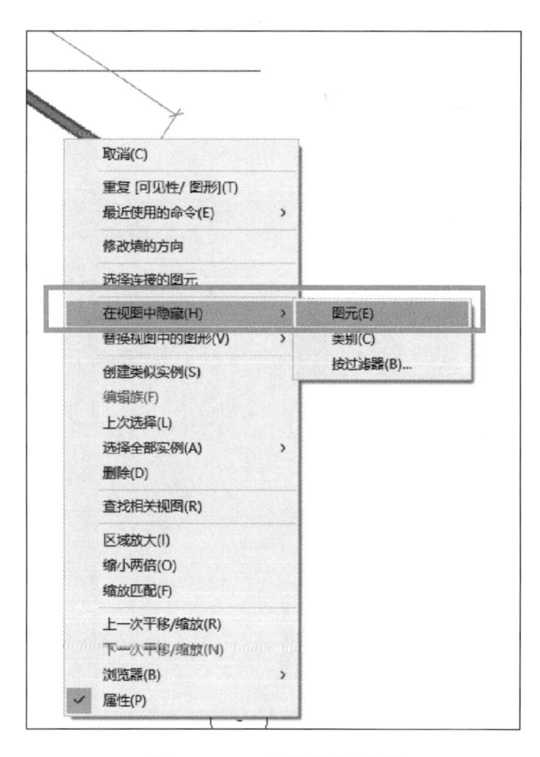

图 2.1-10　右键隐藏菜单

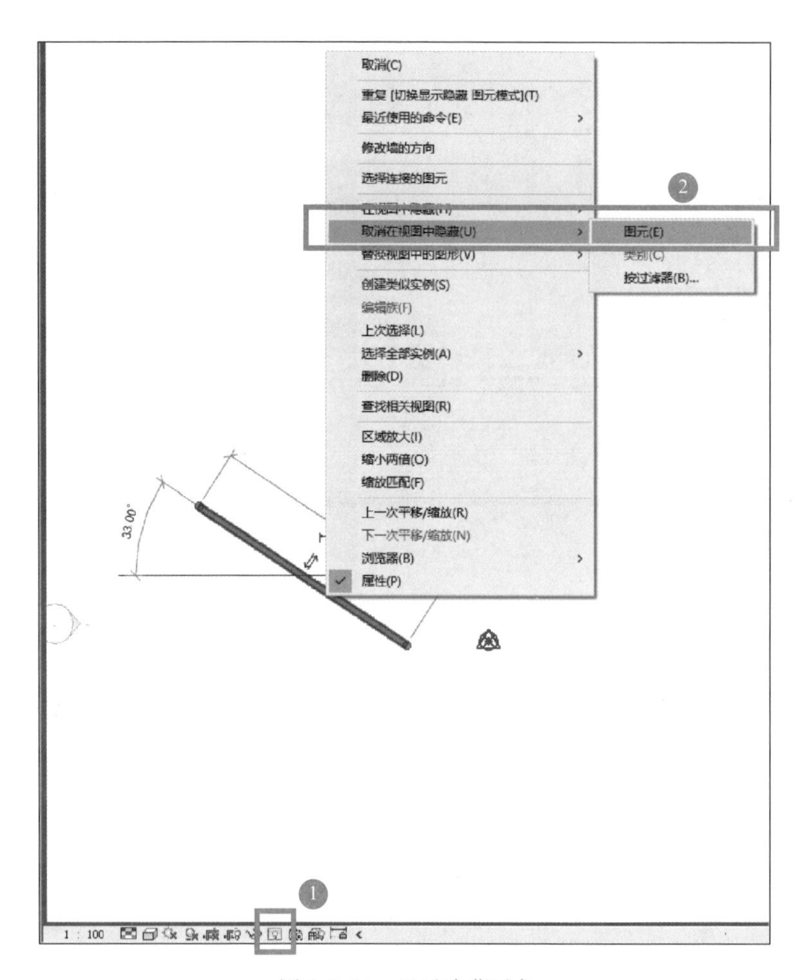

图 2.1-11　显示隐藏对象

选择过滤器

图 2.1-12　选择过滤器菜单

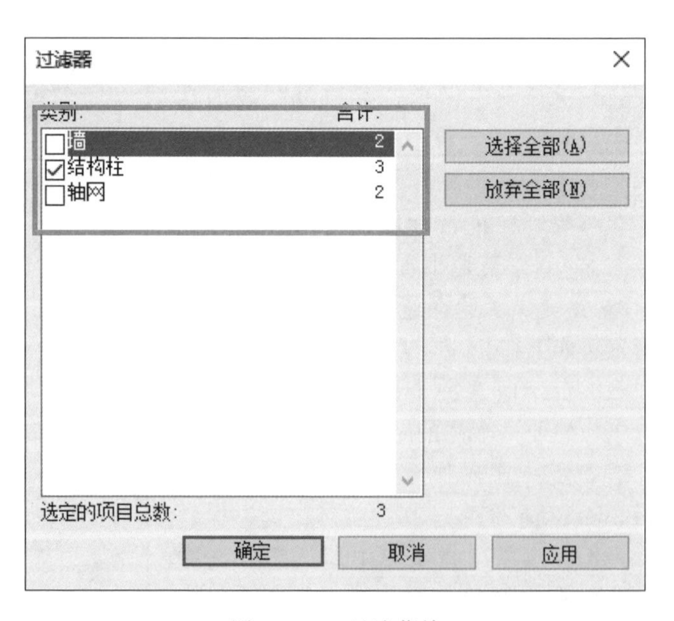

图 2.1-13　过滤菜单

选择过滤器是建模中非常常用的快捷工具之一，主要根据类别进行自动过滤，如遇到相同类别但需分别修改的对象，仍需建模人员手工进行调整。

1.3 参照平面

1. 功能

参照平面是 Revit 建模中一个重要的辅助功能，相对较复杂的模型建模基本都需要进行参照平面设置。参照平面绘制选项卡见图 2.1-14。参照平面可在平面、立面视图绘制，但不能在三维平面中建立。

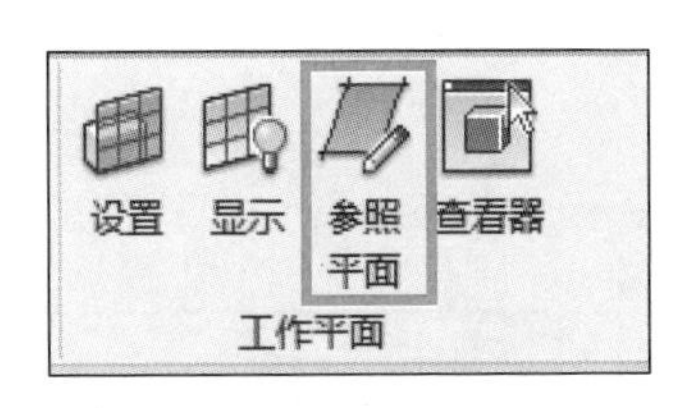

图 2.1-14 参照平面绘制选项卡

2. 操作步骤

参照平面的绘制和使用步骤如下：

第 1 步：左键点击参照平面选项卡，显示绘制菜单如图 2.1-15 所示。其中状态栏仅可设置水平偏移，与梁、墙等线性构件输入的偏移状态一致。

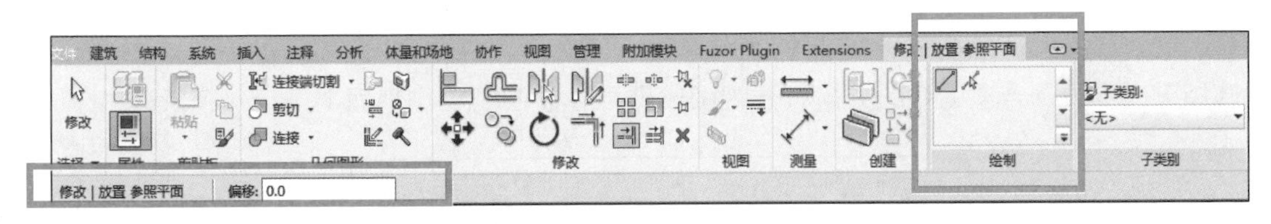

图 2.1-15 参照平面绘制菜单

第 2 步：选择绘制菜单中的“线”直接绘制参照平面，或选择“拾取线”，在已有图元上选择一条直线作为参照平面的所在位置，得到如图 2.1-16 所示参照平面，平面可单击进行命名。

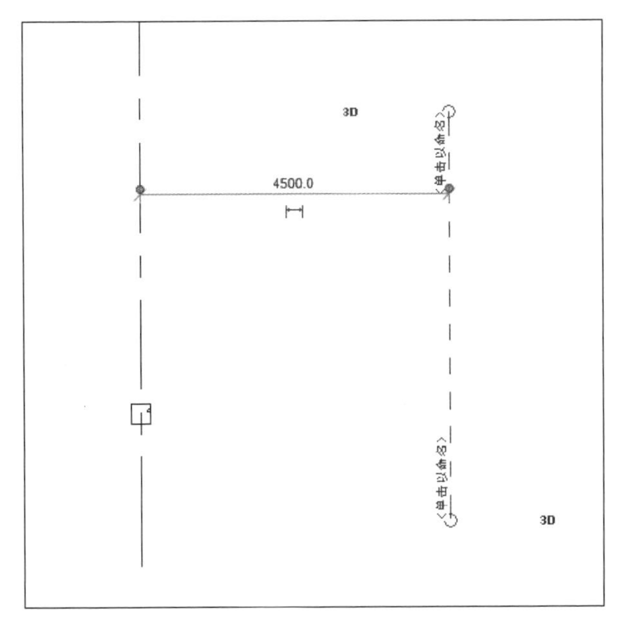

图 2.1-16 参照平面

参照平面

第 3 步：在工作平面选项卡中，左键单击“设置”，如图 2.1-17 所示。

第 4 步：在工作平面选项菜单中，选择“拾取一个平面”，如图 2.1-18 所示。

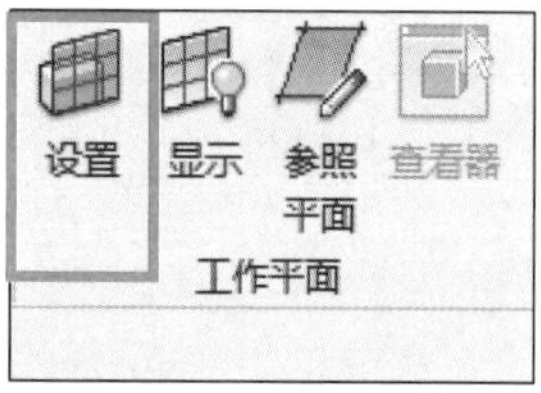

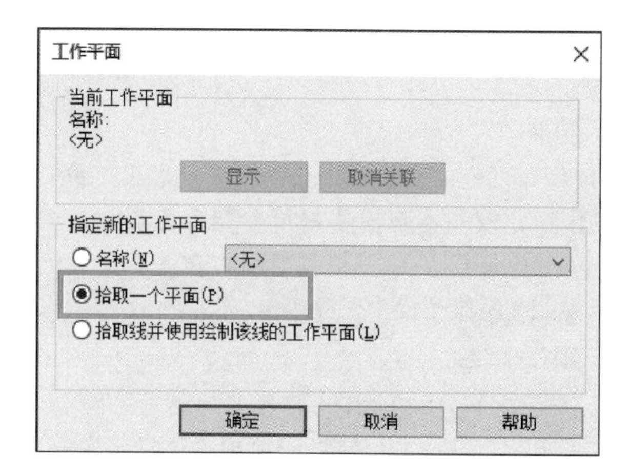

图 2.1-17　工作平面选项卡

图 2.1-18　工作平面选项菜单

第 5 步：左键单击刚才绘制的工作平面，显示转到视图的选项，如图 2.1-19 所示，选择下一步绘制合适的视图方向打开视图，即可在绘制的工作平面上进行建模操作。

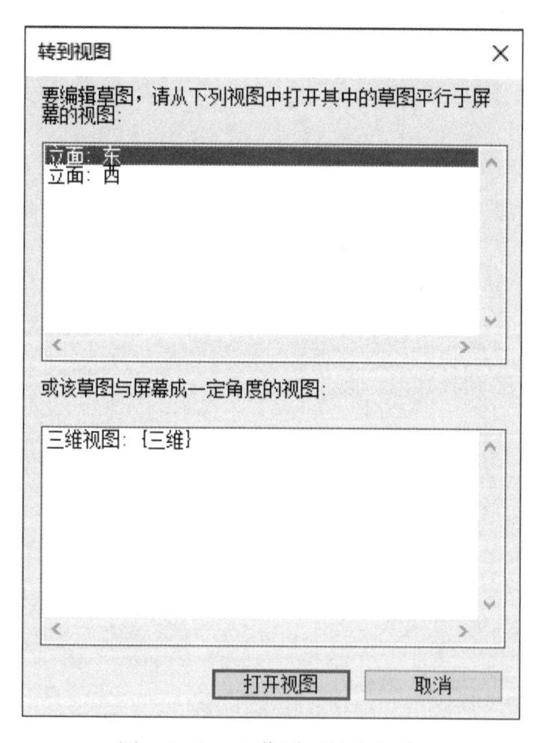

图 2.1-19　工作平面视图选择

参照平面除可作为基本的绘图工作平面外，也可作为绘图过程中的一般参照对象，这种情况下其功能与普通的参照线类似，均可进行对齐或锁定等常规修改菜单中的操作。

1.4 视点漫游

1. 功能

视点漫游功能是工程项目 BIM 模型建立后建立第一视角漫游动画的操作，建立视点漫游的功能位于软件的视图选项卡中，见图 2.1-20。

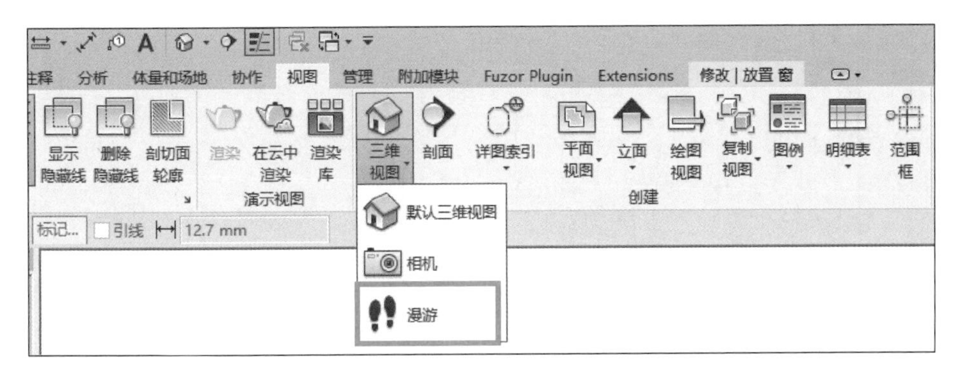

图 2.1-20 视点漫游选项卡

2. 操作步骤

视点漫游应在视图平面中建立，建立前应校对模型是否已建立完成，使用步骤如下：

第 1 步：左键点击漫游菜单，菜单下方显示绘制状态栏如图 2.1-21 所示。状态栏可用于调整漫游的视点高度，默认 1750，基本相当于成年男子身高，同时可调整漫游所基于的视图标高。由于漫游高度高于视图范围中的默认剖切平面，我们一般会先调整平面视图范围再绘制以保证能看到漫游路径。

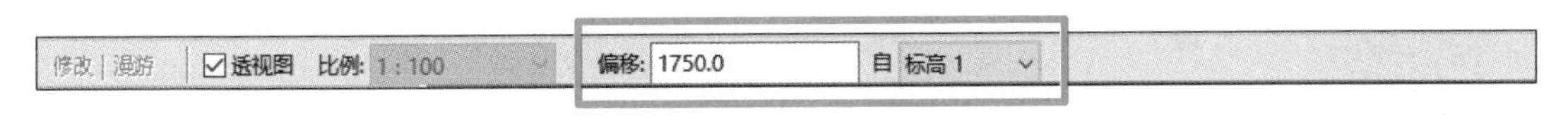

图 2.1-21 漫游绘制状态栏

第 2 步：在项目中绘制漫游路径，左键每单击一次设置一个关键帧。漫游路径是以关键帧为节点的样条曲线，见图 2.1-22。绘制完后点击菜单选项卡完成漫游或鼠标右键点击取消，自动生成漫游路径。

第 3 步：选中漫游路径，点击“编辑漫游”，如图 2.1-23 所示。

第 4 步：拖动活动相机，如图 2.1-24 所示，到所需要调整的关键帧位置（编辑模式显示的节点处），可以调整相机方向，即完成视野方向调整。

第 5 步：如需增加或减少关键帧，可使用状态栏中的下拉菜单选择并操作，如图 2.1-25 所示。如需要调整路径，则选择路径，然后在修改平面中拖动路径位置。默认一个漫游动画的总帧数为 300 帧，如需调整则点击数据，出现菜单如图 2.1-26 所示，并进行调整。

第 6 步：根据需要完成所有调整后，点击鼠标右键取消，完成漫游修改，此时可在项目浏览器中看到漫游，见图 2.1-27。此时双击漫游 1，打开并调整显示属性后如图 2.1-28 所示，其视图可以调整大小，同时也可以点击属性菜单中的“渲染设置”等按钮

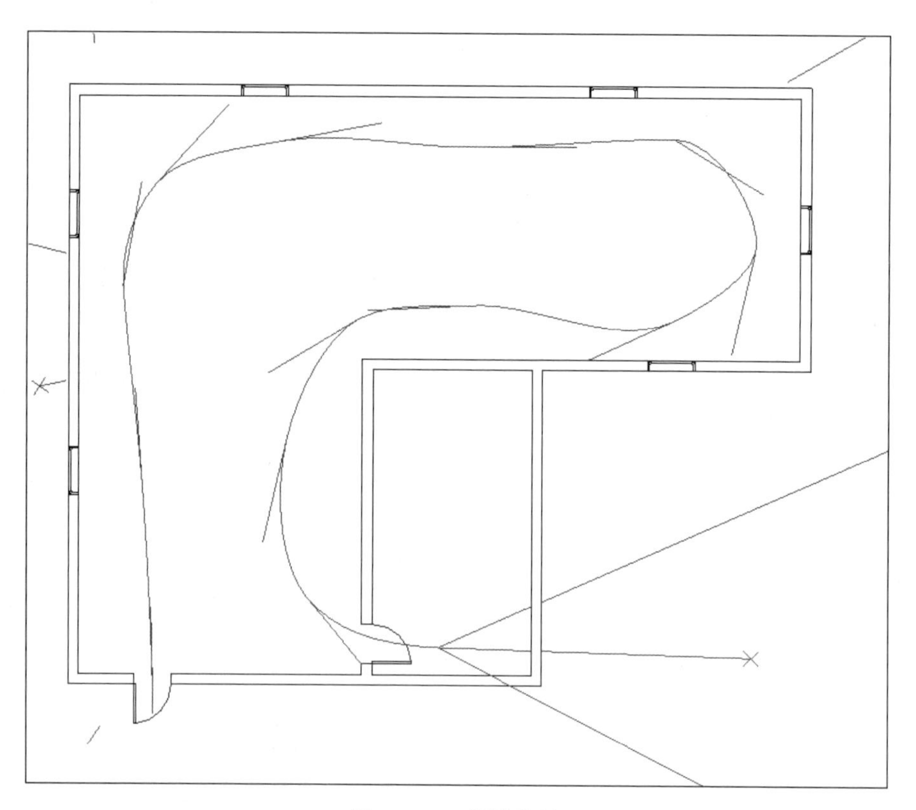

图 2.1-22　漫游路径

视点漫游

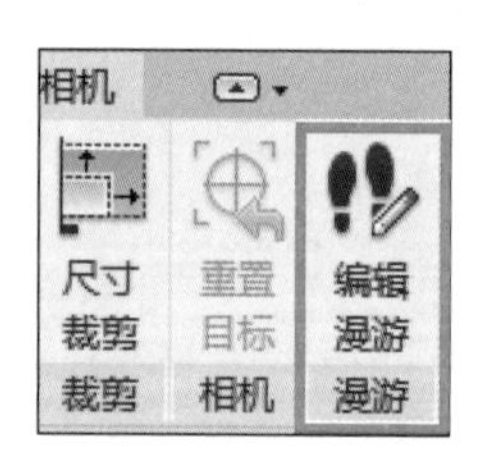

图 2.1-23　编辑漫游

调整显示效果。

第 7 步：此时点击菜单中的“编辑漫游”后，在修改菜单点击“播放”，如图 2.1-29 所示，即可播放漫游动画。

完成后的视图漫游可以通过选中漫游后鼠标右键单击保存为图片，如图 2.1-30 所示，但会按帧保存，所占空间较大，实用性不高。

1.5　碰撞检查

1. 功能

碰撞检查功能是工程项目 BIM 模型建立后进行模型构件间冲突检查的操作，碰撞检查功能位于软件的协作选项卡中，见图 2.1-31。

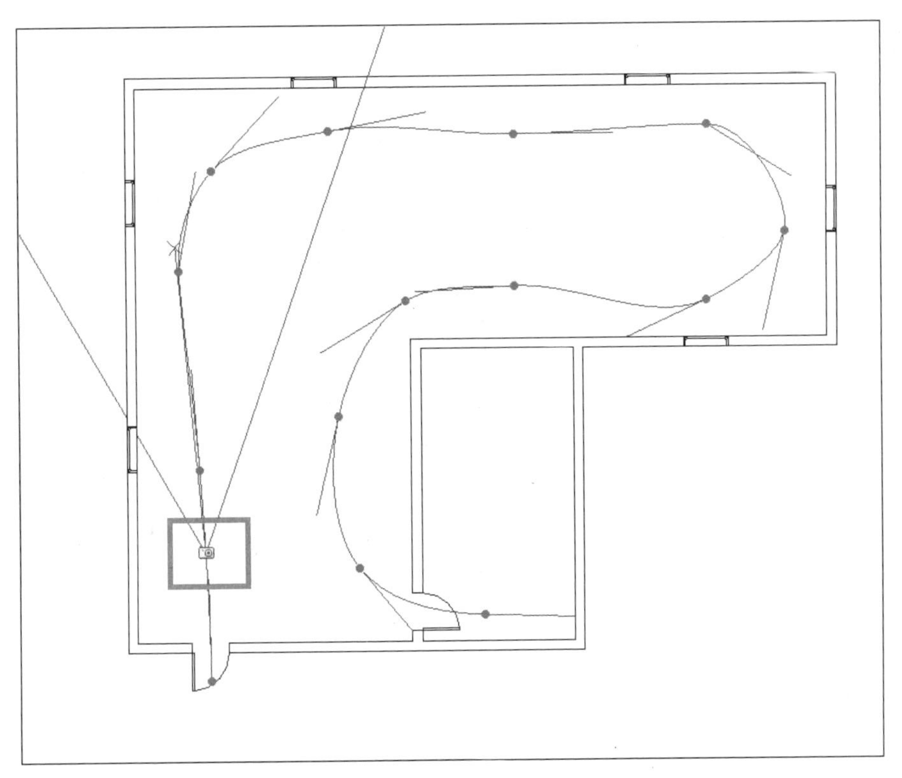

图 2.1-24　活动相机视野调整

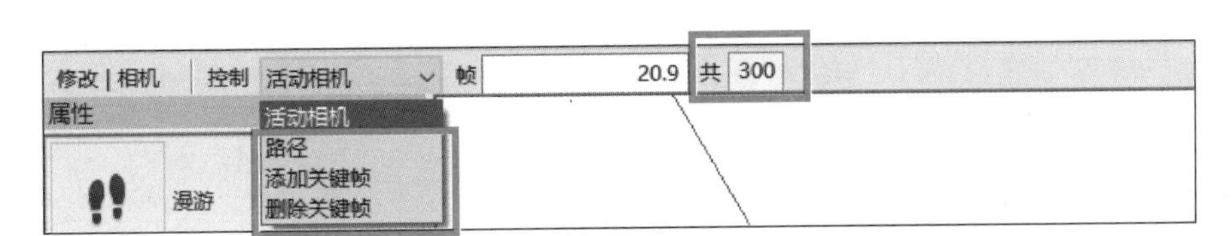

图 2.1-25　修改状态栏

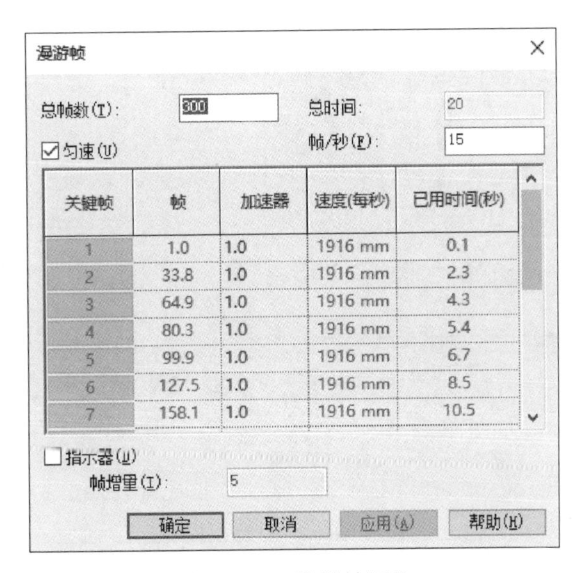

关键帧	帧	加速器	速度(每秒)	已用时间(秒)
1	1.0	1.0	1916 mm	0.1
2	33.8	1.0	1916 mm	2.3
3	64.9	1.0	1916 mm	4.3
4	80.3	1.0	1916 mm	5.4
5	99.9	1.0	1916 mm	6.7
6	127.5	1.0	1916 mm	8.5
7	158.1	1.0	1916 mm	10.5

图 2.1-26　漫游帧调整

碰撞检查

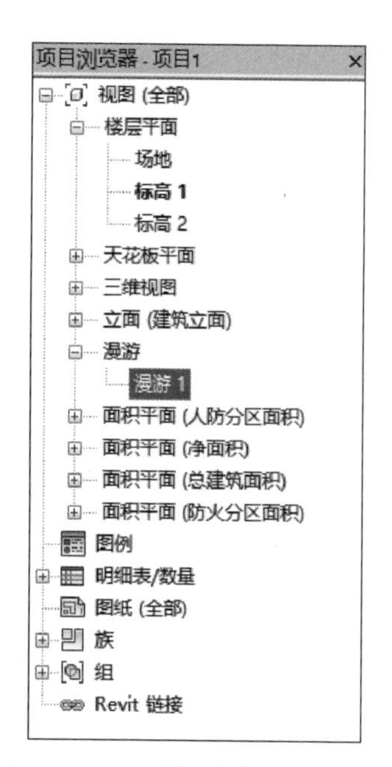

图 2.1-27　项目浏览器中漫游位置

图 2.1-28　漫游视图

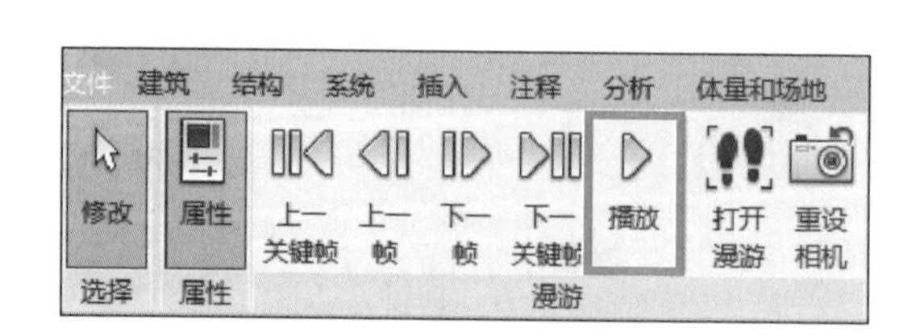

图 2.1-29　漫游播放菜单

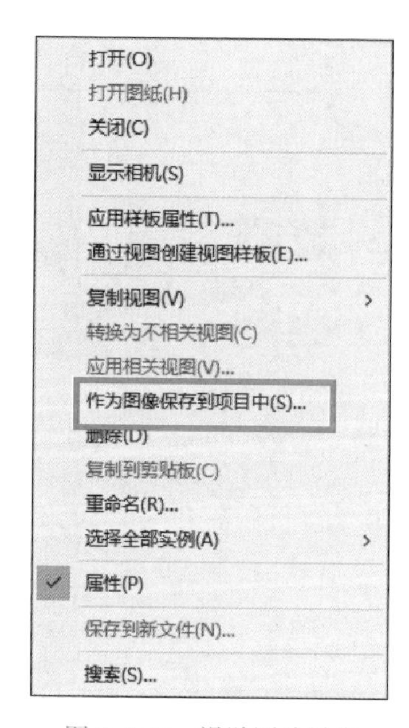

图 2.1-30　漫游图片导出

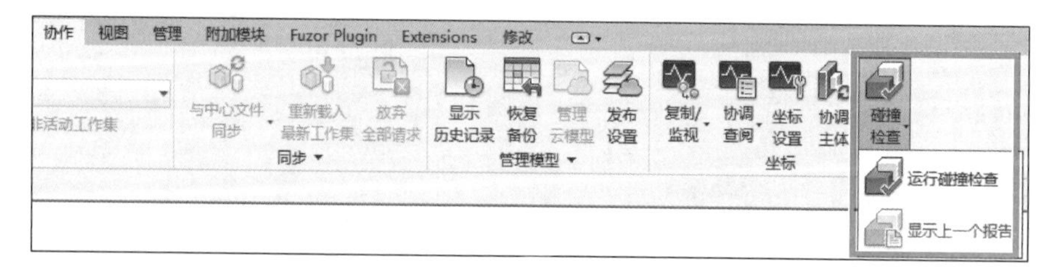

图 2.1-31　碰撞检查选项卡

2. 操作步骤

碰撞检查可在 Revit 的任何工作平面中运行，使用步骤如下：

第 1 步：左键点击“运行碰撞检查”菜单，显示操作界面如图 2.1-32 所示。左侧与右侧的类别来自可以选择当前项目或载入本项目中的 Revit 模型链接，并在两边分别勾选需要被碰撞检查的构件类型。如两遍勾选到同一类型，软件也会进行同类构件自碰撞检查。Revit 碰撞检查不分专业，只要项目中存在的构件均可在选项中选到并完成碰撞。

图 2.1-32　碰撞检查选择界面

第 2 步：选择完待碰撞构件类型后，点击“确定”，会形成冲突报告界面如图 2.1-33 所示。修改成组条件会变更报告的显示顺序，但碰撞点数量保持不变。

第 3 步：在报告中选择构件，点击“显示”，能够在模型界面中高亮显示碰撞的构件与位置，如图 2.1-34 所示。点击“导出”，可以将报告原始文档导出为 html 格式的文件，界面如图 2.1-35 所示。

值得注意的是，Revit 的碰撞检查功能主要用于建模完成后的模型内检查和调整，其导出的冲突报告文件为文字格式，一般不用来作为提交正式碰撞报告的文档，仅用作原始数据资料。

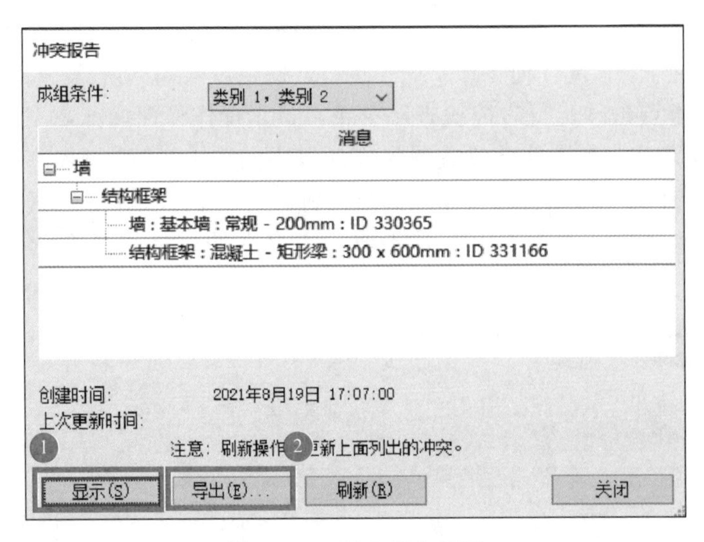

图 2.1-33　冲突报告界面

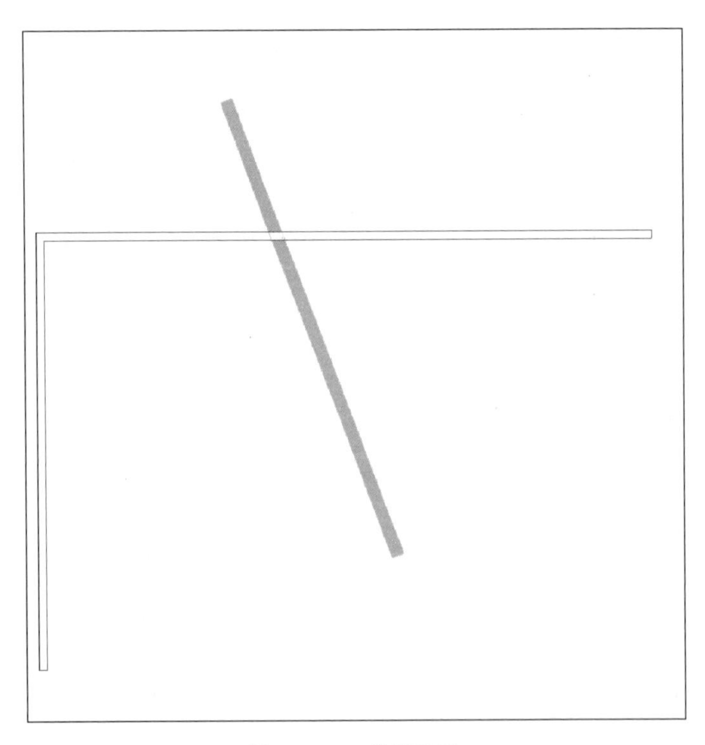

图 2.1-34　碰撞显示

1.6　明细表

1. 功能

明细表功能主要用于统计工程项目 BIM 模型中的各类构件及工程量相关信息，位于软件的视图选项卡中，见图 2.1-36。

图 2.1-35 冲突报告导出

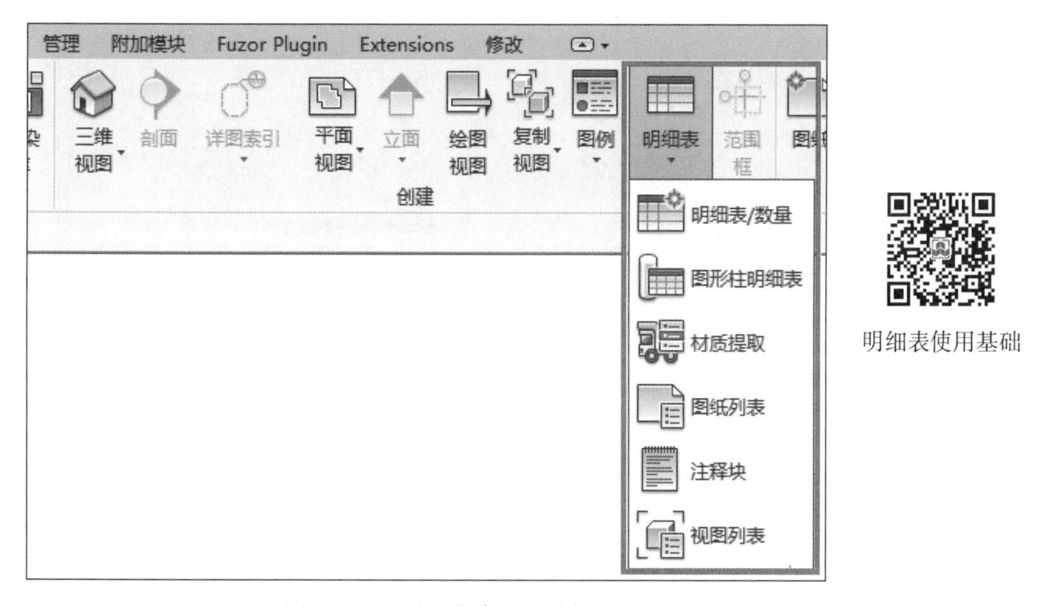

图 2.1-36 明细表建立选项卡

2. 操作步骤

明细表种类很多，我们以“明细表/数量”功能来学习其操作的基本流程，具体步骤如下：

第 1 步：左键点击“明细表/数量”菜单，进入新建明细表界面如图 2.1-37 所示。

第 2 步：根据统计数据要求，可选择“建筑构件明细表”或使用“明细表关键字”建

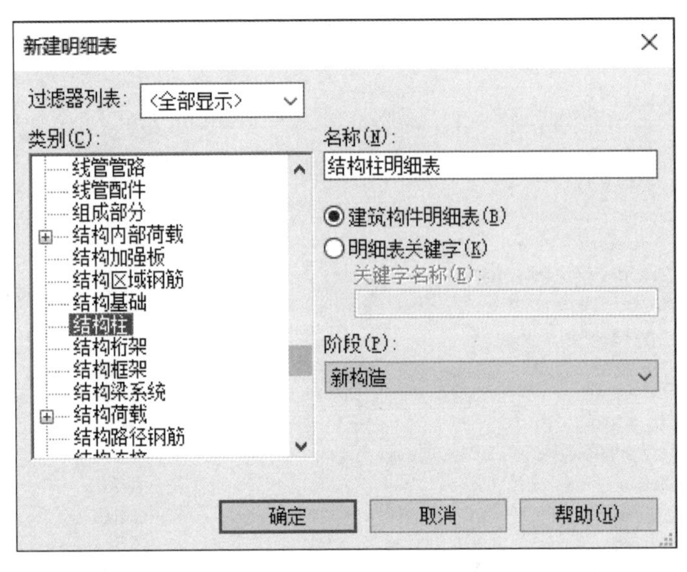

图 2.1-37　新建明细表界面

立新明细表，在左侧菜单中选择需要统计的构件类型。这里以建立结构柱明细表为例。

第 3 步： 左键点击“确定”后进入明细表属性菜单，如图 2.1-38 所示。在字段选项卡中可在左侧选择需要在明细表中显示的属性，并可进行上下排列移动。

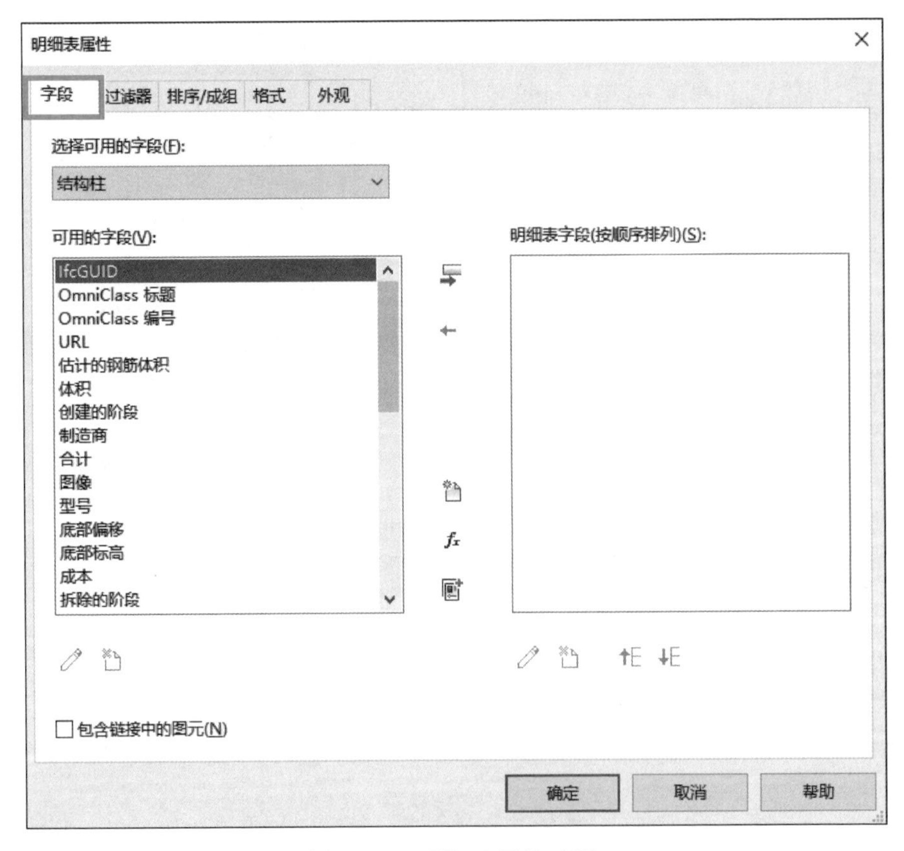

图 2.1-38　明细表属性-字段

第 4 步：左键点击“过滤器”，可修改逻辑判断项，设置明细表中显示数据的过滤条件，如图 2.1-39 所示。常规情况下调整完“字段”和“过滤器”即可生成符合基本要求的明细表，也可以通过“排序/成组”“格式”和“外观”选项修改明细表的显示效果。

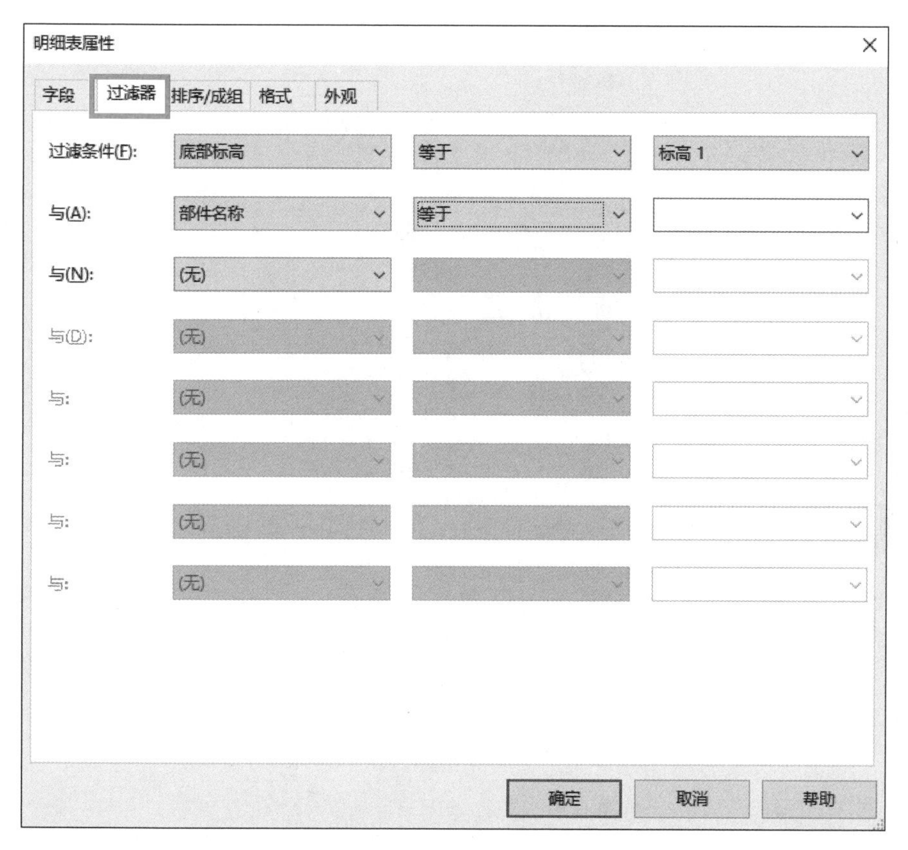

图 2.1-39　明细表属性-过滤器

第 5 步：点击“确定”后生成简单的明细表，如图 2.1-40 所示。同时，明细表会在项目浏览器中的明细表/数量项目内生成明细表视图，点击该视图可以通过属性编辑进行修改，如图 2.1-41 所示。

<结构柱明细表>						
A	B	C	D	E	F	G
族	型号	结构材质	类型	长度	底部标高	顶部标高
混凝土 - 矩形		混凝土 - 现场	KZ2	9775	标高 1	标高 2

图 2.1-40　基本明细表样式

1.7　二维图纸生成

1. 功能

Revit 具备基于 BIM 模型生成二维图纸的功能，在实际工程中主要用于优化后图纸的

图 2.1-41　明细表属性

二维图纸生成

输出以及其他项目沟通场景。新建图纸我们一般使用视图选项卡中的“图纸”功能进行操作，见图 2.1-42。除此之外也可使用项目浏览器中的图纸项，通过右键点击新建图纸。

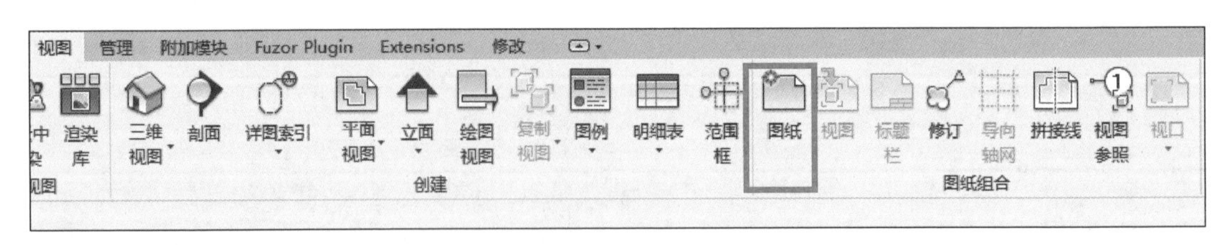

图 2.1-42　图纸建立选项卡

2. 操作步骤

我们以平面图为例建立图纸，具体步骤如下：

第 1 步：左键点击“图纸”菜单，进入新建图纸界面如图 2.1-43 所示。

第 2 步：项目未载入图框前没有预置的标题栏，我们选择“载入”，载入标题栏族，路径如图 2.1-44 所示。此时可根据图面大小选择图框族。

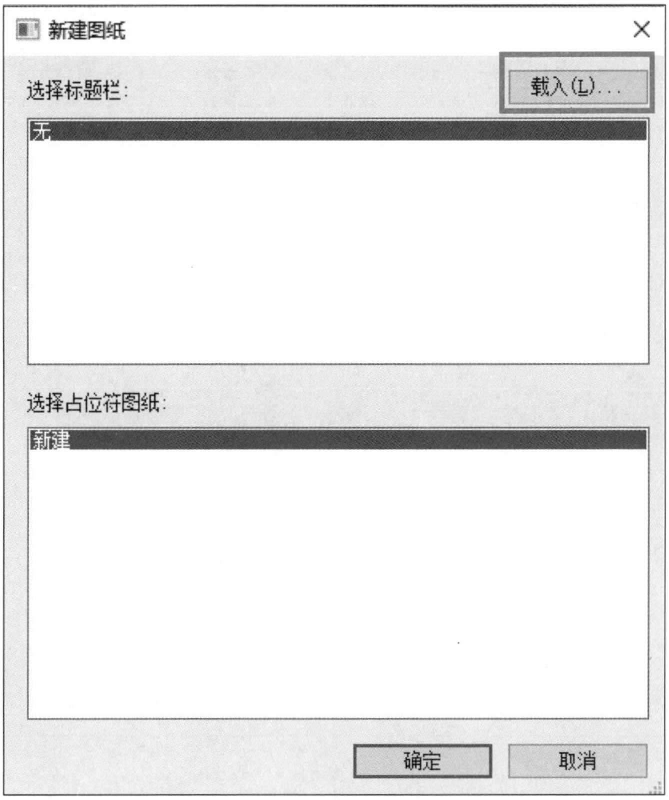

新建图纸

选择标题栏：

载入(L)...

无

选择占位符图纸：

新建

确定 取消

图 2.1-43 新建图纸界面

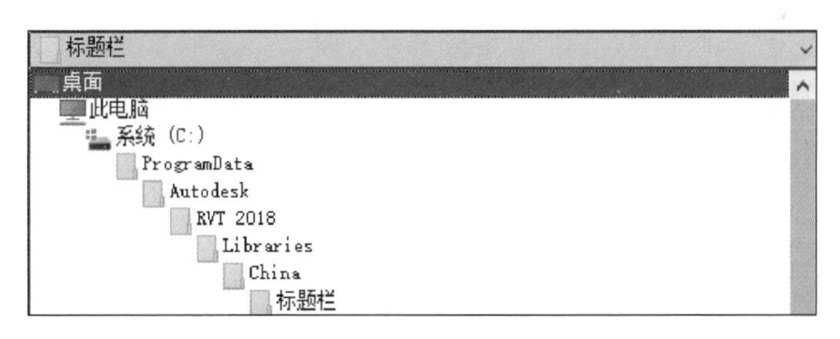

图 2.1-44 默认标题栏族安装路径

第 3 步：载入族后点击“确定”，完成图纸新建，此时图纸界面上显示空白图框，如图 2.1-45 所示。如有自定义图框，可以在上一步进行载入。

第 4 步：将需要出图的平面，在项目浏览器中选中后长按左键拖动至图框界面中，并调整位置后单击左键，即可生成带图框的相应平面图纸，如图 2.1-46 所示。我们一般推荐需要出图的平面在生成图纸前即在原平面完成显示属性、标注等相关工作。生成后的图纸可在项目浏览器中调用视图，如需导出 CAD 格式则可使用导出功能，菜单见图 2.1-47，具体操作另有介绍。

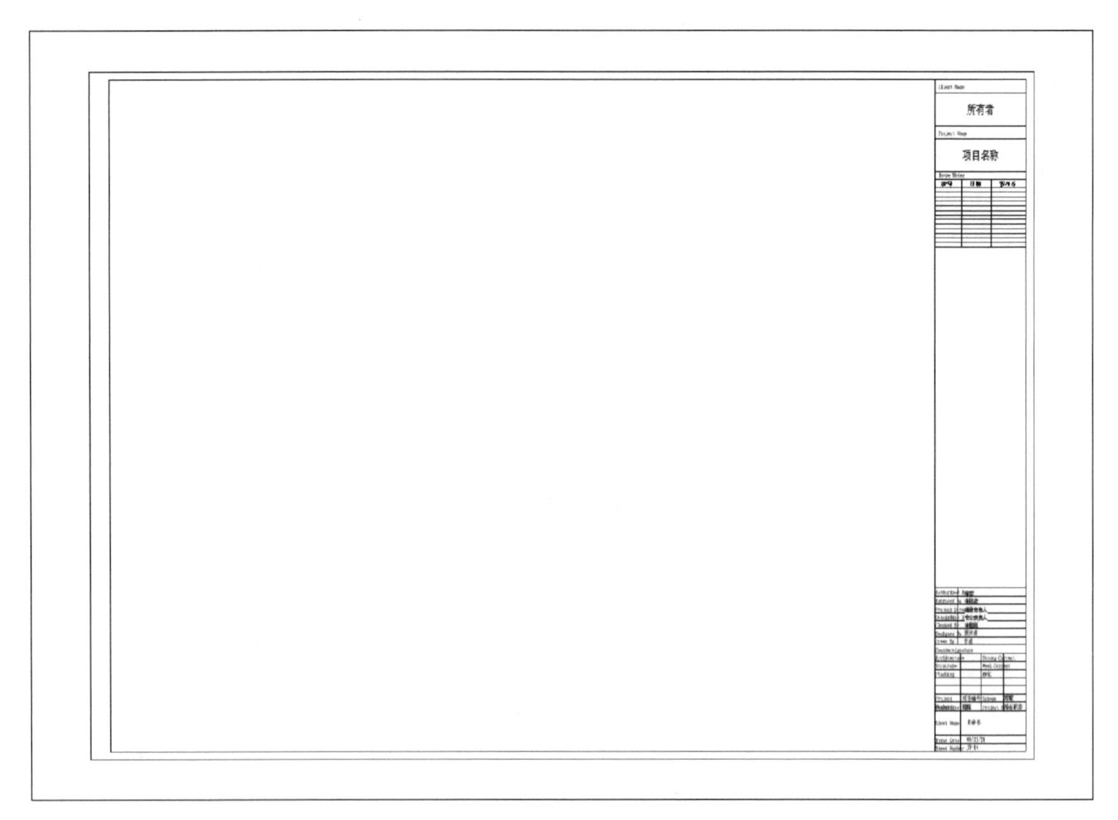

图 2.1-45　空白图框界面

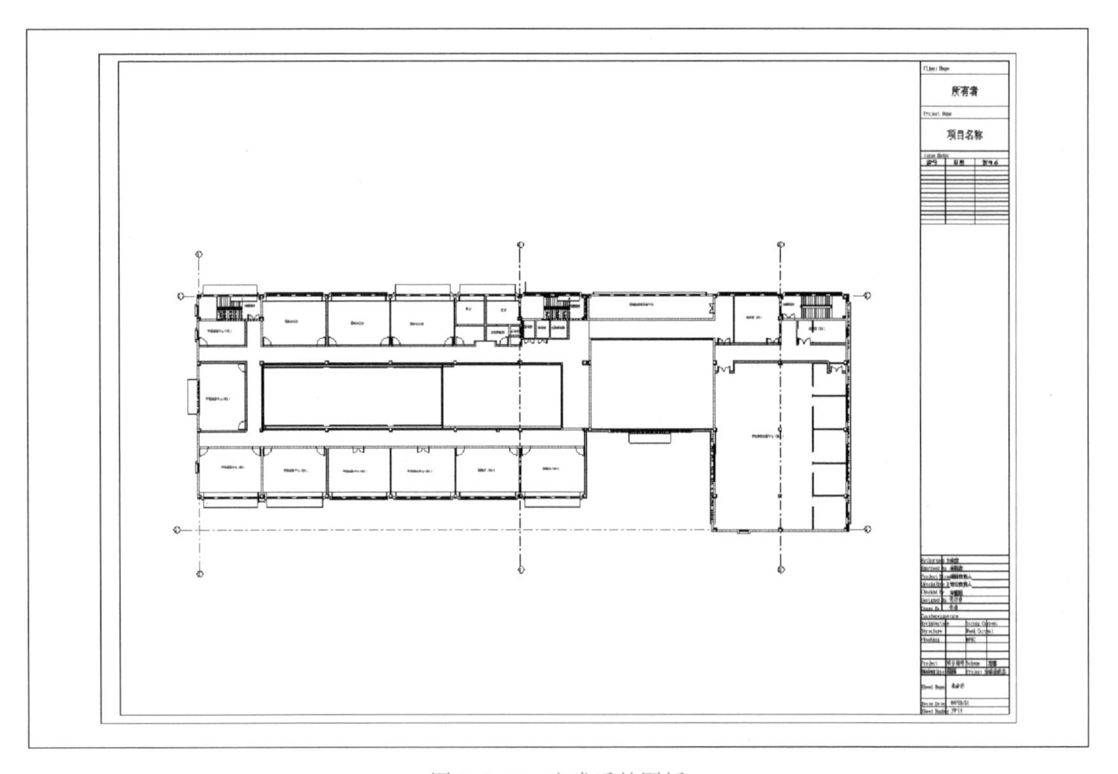

图 2.1-46　生成后的图纸

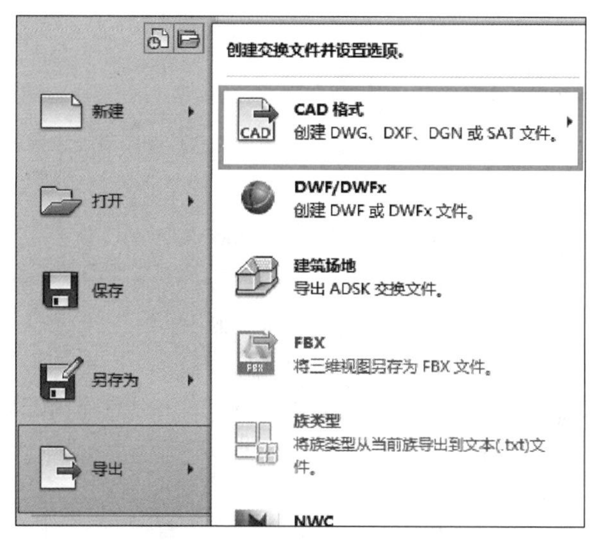

图 2.1-47　CAD 导出菜单

1.8　材质编辑器

1. 功能

材质编辑器功能是 Revit 定义构件材质的重要辅助功能，位于软件的管理选项卡中，见图 2.1-48。

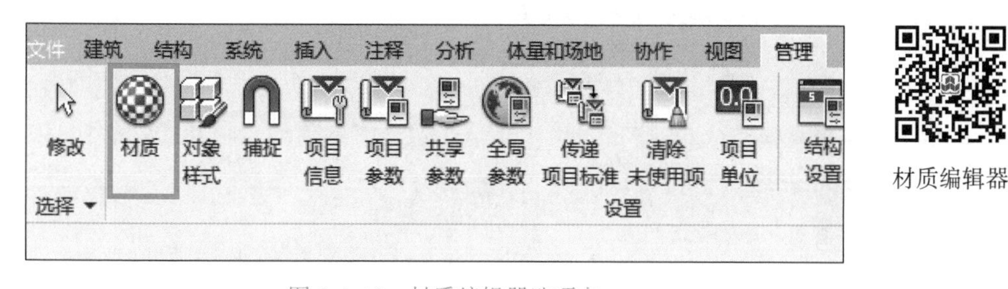

材质编辑器

图 2.1-48　材质编辑器选项卡

2. 操作步骤

用材质编辑器可以进行材质修改和新材质定义，我们以新材质定义为例进行功能介绍，具体步骤如下：

第 1 步：左键点击“材质”菜单，进入材质浏览器界面如图 2.1-49 所示。

第 2 步：点击左下角的新建材质选项，建立新材质。建立完成后会在材质浏览器左侧项目栏中显示，如图 2.1-50 所示。

第 3 步：右键点击新材质，进行重命名，如命名为“涂料 1”。点击左下角资源浏览器，进入资源浏览器界面如图 2.1-51 所示。可选择外观库中与想要设置的材质对应的类型进行外观匹配或其他库中的材质进行物理属性匹配。选中需要匹配的材质后，左键双击或点击传递选项卡将属性传递给新建的材料。

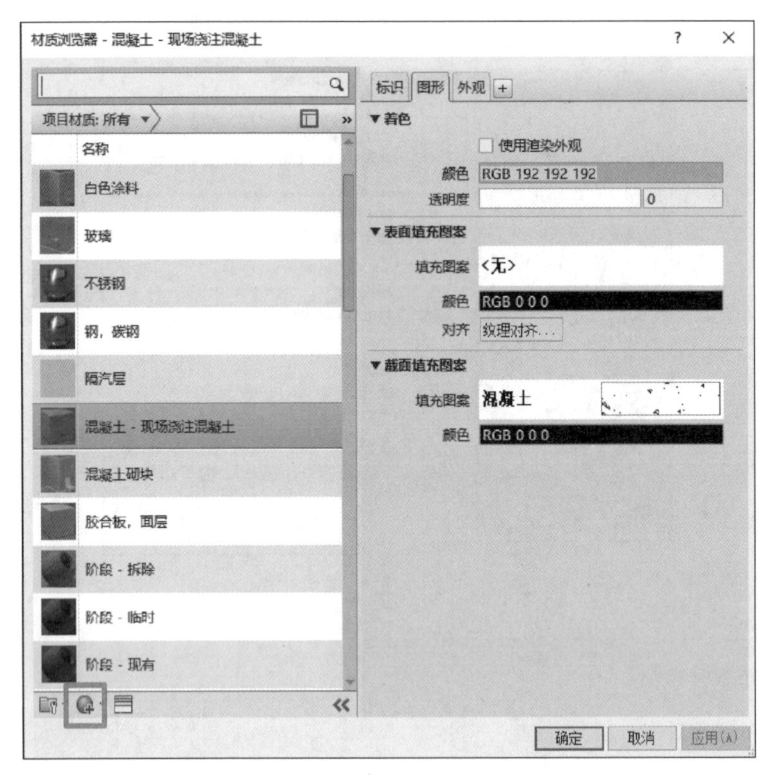

图 2.1-49　材质浏览器

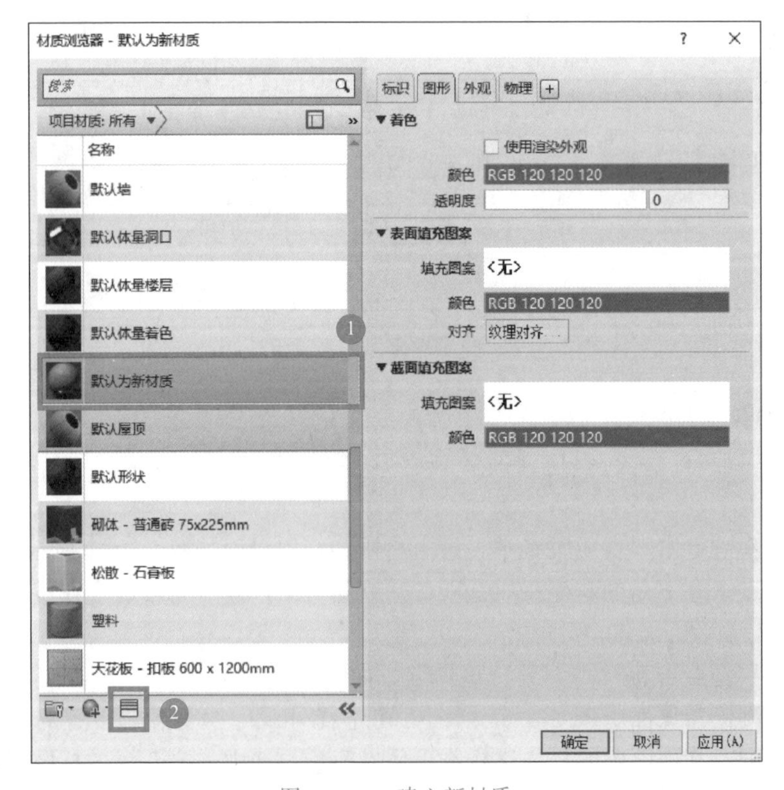

图 2.1-50　建立新材质

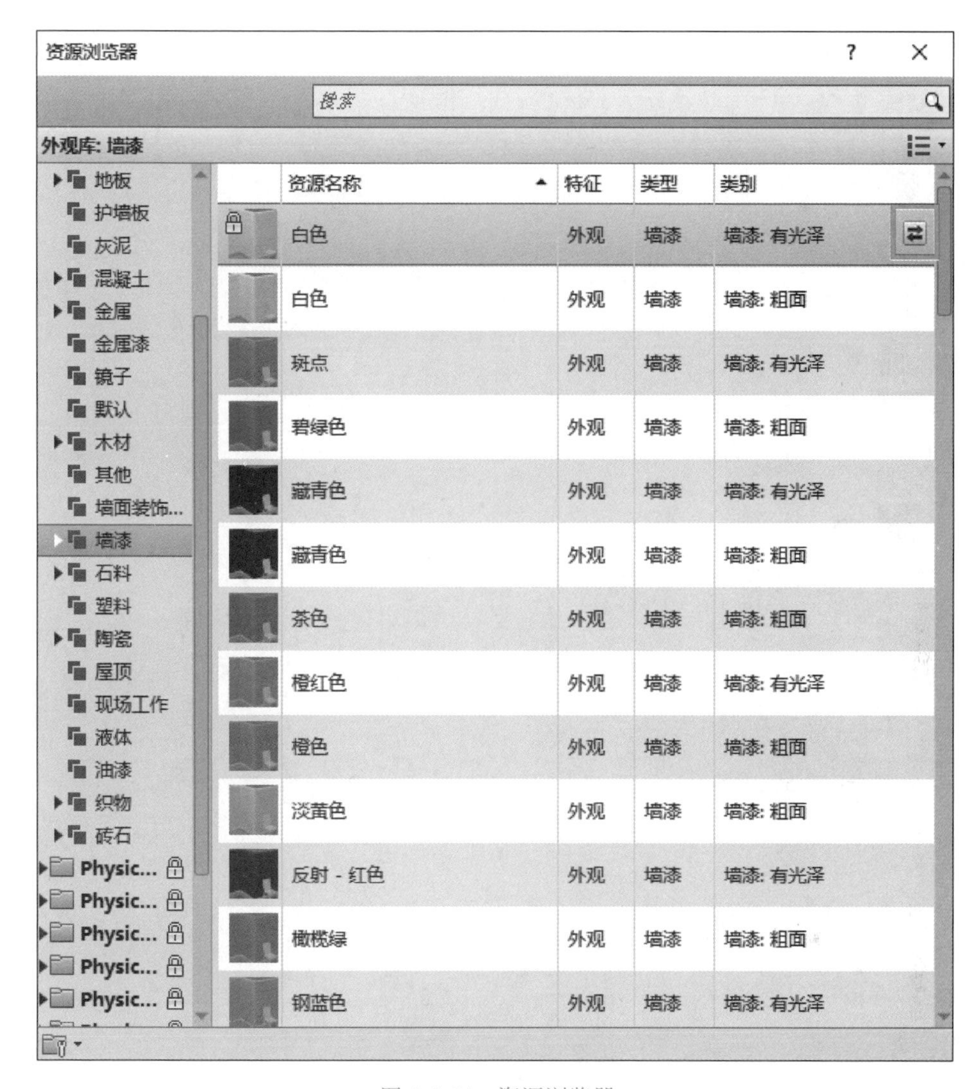

图 2.1-51 资源浏览器

第 4 步：此时，新材料已显示对应资源的具体属性，也可在材质浏览器中进行如颜色、显示模式等的微调，见图 2.1-52。全部调整完成后，即得到所需的新材质，该新材质可在本项目的任何构件材质选项中使用。

1.9 渲染

1. 功能

Revit 具备简单的三维图形渲染功能，菜单位于软件的视图选项卡中，见图 2.1-53。需要注意的是 Revit 的三维渲染功能必须在三维视图界面中启动。

2. 操作步骤

对已完成的 BIM 模型进行三维渲染具体步骤如下：

图 2.1-52　材质属性调整

渲染

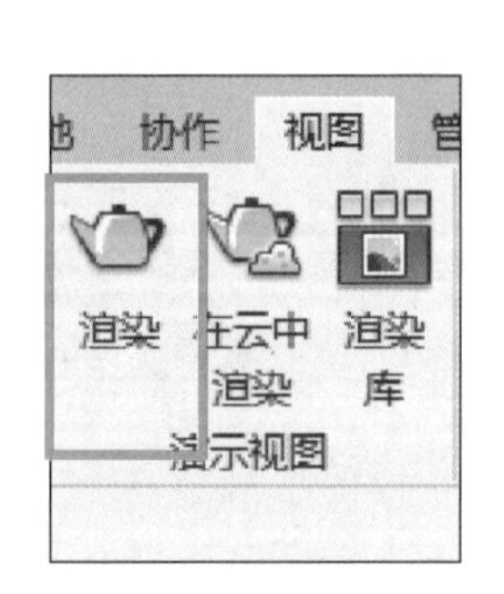

图 2.1-53　渲染选项卡

第 1 步：在三维视图下左键点击“渲染”菜单，进入渲染设置界面如图 2.1-54 所示。

第 2 步：设置画质、分辨率和照明方案，如有需要可以修改背景样式。根据图像的显示需要，可以进行曝光控制，菜单见图 2.1-55。

第 3 步：全部参数设置完后，点击渲染设置中的“渲染”按键，进入渲染流程，此时根据渲染的画质、图片分辨率、项目大小以及硬件配置的不同，需要等待一段长短不一的时间。最终生成的图片效果如图 2.1-56 所示。完成渲染的图片，可以直接导出，也可以保存在项目中，通过项目浏览器菜单进行调用。

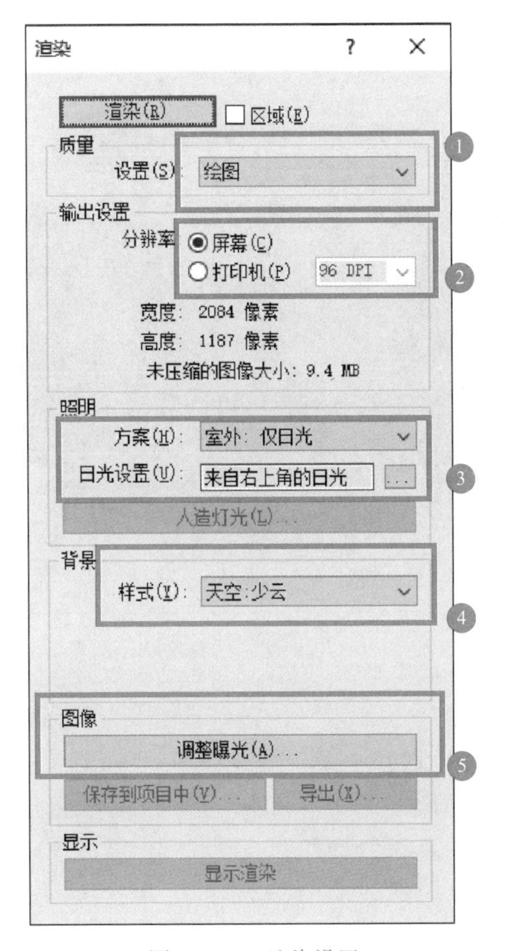

图 2.1-54 渲染设置

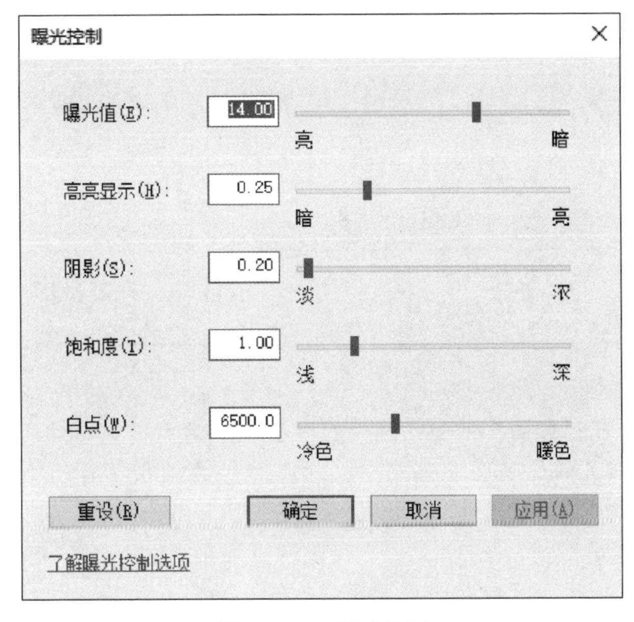

图 2.1-55 曝光控制

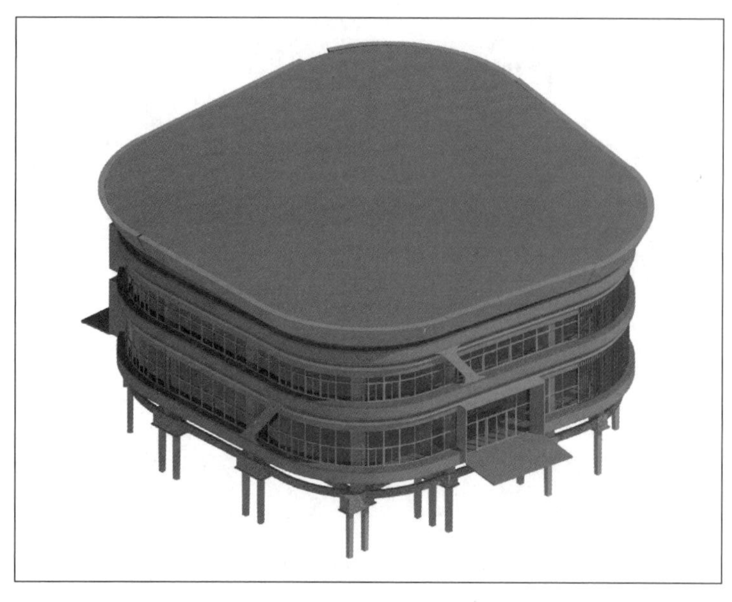

图 2.1-56　渲染效果

任务 2　导入与导出

能力目标

导入与导出能力目标　　表 2.2-1

数据导入与导出能力	1. 图纸导入与链接
	2. 导入图像和贴花
	3. 链接其他 IFC 对象
	4. 族载入与导出
	5. 文件导出

概念导入

1. Revit 数据导入

Revit 建模中经常需要从外部导入相关的对象和数据，用于进行建模辅助或数据采集，其功能分布于各个相关的选项卡和菜单中，也有同样功能在不同菜单中反复出现的情况，需要通过熟悉软件进行掌握。

2. Revit 数据导出

Revit 建模完成的数据主要有项目、族等自有数据，以及通过各个阶段工作转换得到的兼容文件数据，可通过相关导出功能进行操作，需要通过熟悉软件进行掌握。

任务清单

导入与导出任务清单 表 2.2-2

序号	子任务项目	备注
1	图纸导入与链接训练	基于项目土建平面图进行训练
2	导入图像和贴花训练	专项功能
3	链接 IFC 对象训练	了解 IFC 与 Revit 格式和数据的不同要求
4	族载入与导出训练	通用载入方法和项目族导出方法
5	文件导出训练	导出其他软件可兼容的文件格式

任务分析

本任务要求掌握 Revit 各种数据导入导出的基本方法，并正确导入和导出常用的文件格式，对工程项目常规建模和 BIM 应用影响较大，属于 BIM 技术人员需要掌握的必备技能。

2.1 图纸导入与链接

1. 功能

图纸导入或链接是工程项目 BIM 建模时非常常用的准备操作，主要用于为建模提供二维平面的定位底图，其菜单位于插入选项卡，见图 2.2-1。

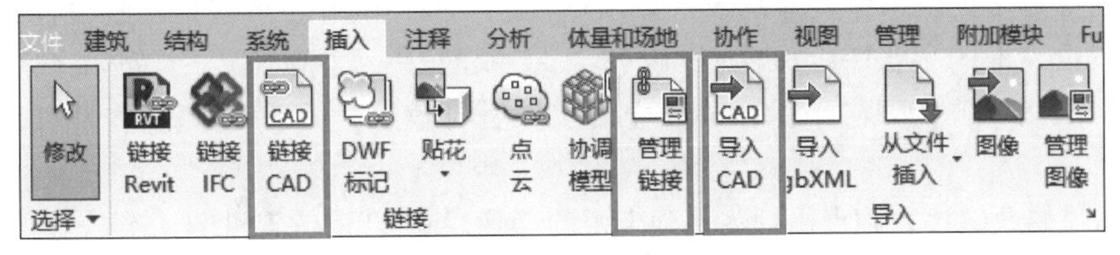

图纸导入与链接

图 2.2-1 图纸导入和链接选项卡

2. 操作步骤

导入 CAD 图纸和链接 CAD 图纸的操作步骤和图面显示基本一致，唯一的区别是导入的图纸一直保存于项目文档内，而链接的图纸在项目移动后需要重新载入，且可以通过更新链接来更新图纸版本。我们以链接 CAD 图纸为例来介绍，具体步骤如下：

第 1 步：左键点击“链接 CAD”菜单，进入链接图纸界面如图 2.2-2 所示。

第 2 步：修改链接属性，其中颜色可以根据绘图需要选择“保留”，也可选择“黑白”；图层/标高一般选择“全部”或“可见”；定位方式一般使用“自动-原点到原点”，但导入后均需要手动调整；放置标高根据绘制需求进行设置；必须注意的是，导入单位一定要改成“毫米”，而不是“自动检测”。

第 3 步：修改完链接属性，并选中底图 CAD 文件后，点击“打开”，此时会在绘图平

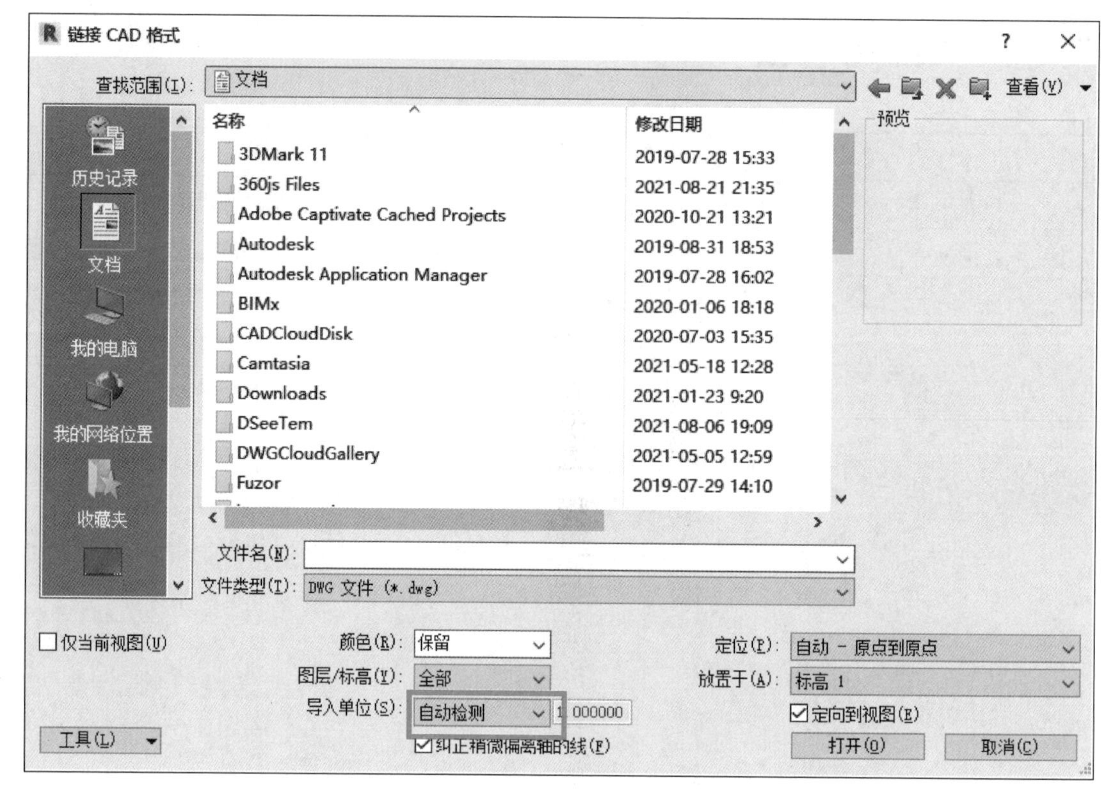

图 2.2-2　链接图纸界面

面上载入 CAD 文档，载入后解除图形锁定，并将底图移动至相应的位置（如根据轴号交点对齐）后再锁定，防止误操作，显示效果如图 2.2-3 所示。需要注意的是勘察设计单位目前往往将一个专业的多张图纸保存在同一个 CAD 文件中，这种情况下应先在 CAD 中将建模区域的底图单独整理出来保存成独立的文件后再载入，关于 CAD 操作此处不再赘述。

第 4 步：如需修改链接，则点击插入选项卡中的“管理链接”，位置见图 2.2-1，进入链接管理菜单点击 CAD 链接，选中被链接的文件后，可以使用“卸载”临时关闭或使用“删除”在项目中去除链接；也可以点击“重新载入”更新版本，或点击“重新载入来自”更新载入文件（图 2.2-4）。此管理菜单仅对链接对象生效。

如使用导入功能，则无法进行链接的修改，但可以通过调整视图可见性（快捷键“VV”）来控制是否打开底图，菜单位置见图 2.2-5。

2.2　导入图像与贴花

1. 功能

导入图像和导入贴花功能均为从外部对象载入图片到模型中的功能，导入图像一般导入在绘图平面，而导入贴花一般导入到特定表面，如墙面、幕墙等，常用作广告牌制作等效果。操作菜单均位于插入选项卡，见图 2.2-6。

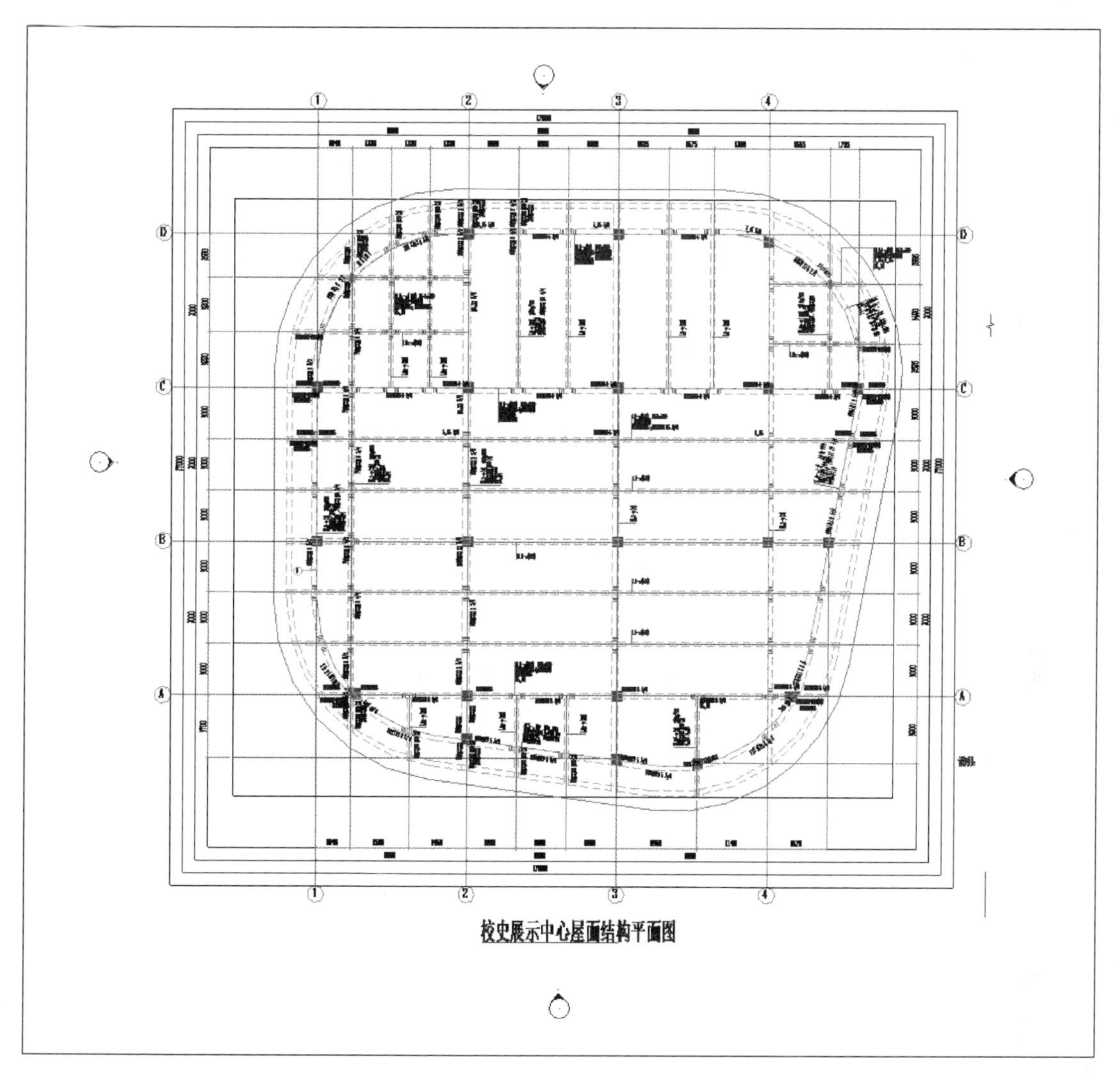

图 2.2-3　CAD 图纸链接效果

2. 操作步骤

（1）导入图像

在建筑平面导入图像的具体步骤如下：

第 1 步： 在需要放置图像的楼层平面建模界面下，左键点击“图像”菜单，进入导入图像界面如图 2.2-7 所示。

第 2 步： 选择软件支持的图像文件，包括 bmp、jpg、jpeg、png、tif 格式，左键点击“打开”。此时界面上出现定位符号如图 2.2-8 所示。

第 3 步： 单击鼠标左键，定位贴图，显示效果如图 2.2-9 所示。此时可以拖动 4 个角点来缩放图片，但无法修改纵横比例。

（2）导入贴花

导入贴花首选需要有除绘图平面外的实体，贴花的放置位置位于实体表面，以墙面贴花为例，具体操作步骤如下：

导入图像与贴花

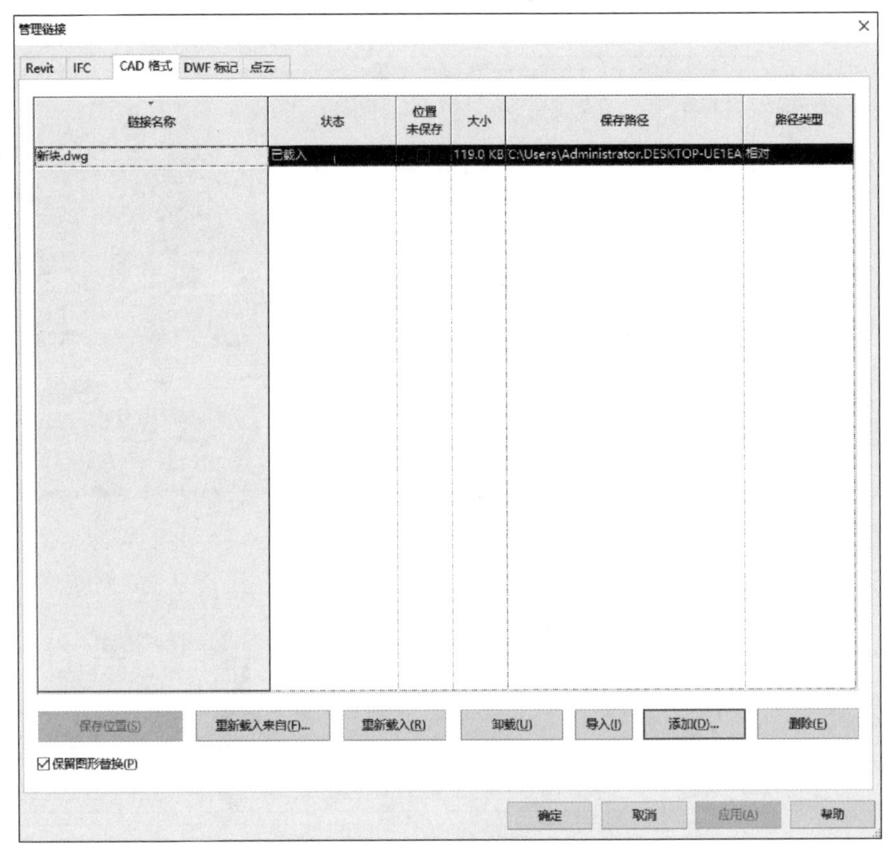

图 2.2-4　CAD 图纸链接效果

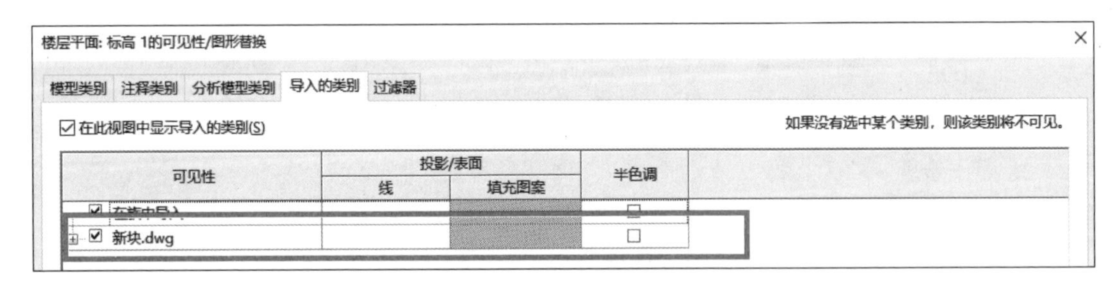

图 2.2-5　控制导入图纸可见性

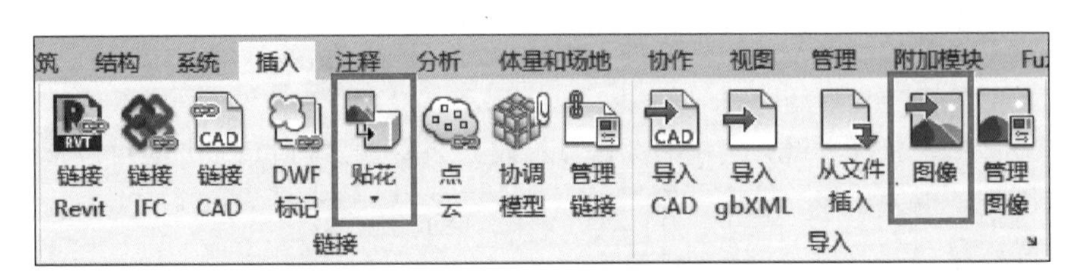

图 2.2-6　贴花与图像选项卡

图 2.2-7　导入图像界面

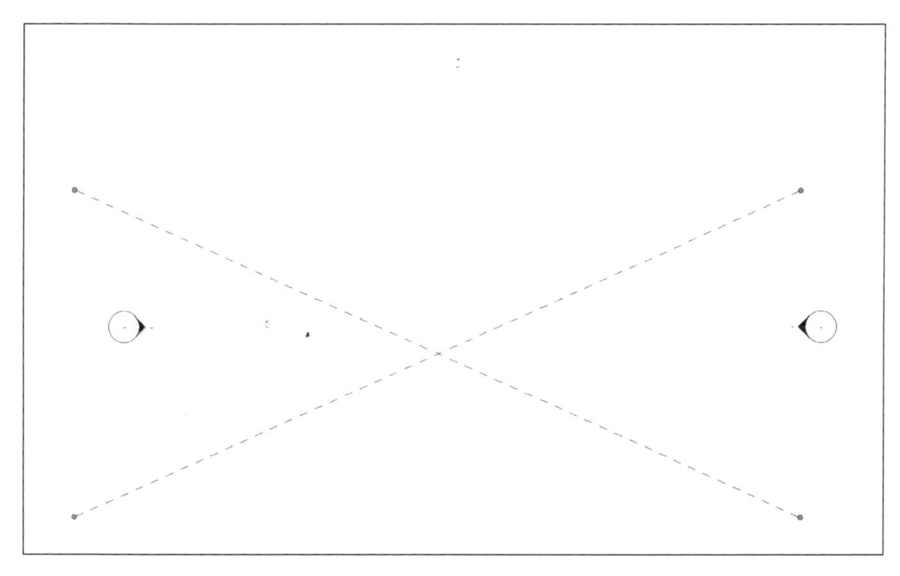

图 2.2-8　贴图定位符号

第 1 步：在项目浏览器中进入立面视图、参照平面视图或三维视图（由于三维视图贴花放置后没有参照将无法顺利调整定位，建议在与要贴花的表面平行的立面视图或参照平面视图中进行），左键点击“贴花”菜单，直接选择“放置贴花”，如图 2.2-10 所示。此时如未设置过贴花类型，则会进入贴花类型设置菜单，如图 2.2-11 所示。

第 2 步：点击左下角菜单选择新建贴花类型，命名新贴花，点击“确定”后进入设置界面如图 2.2-12 所示。

图 2.2-9 贴图效果

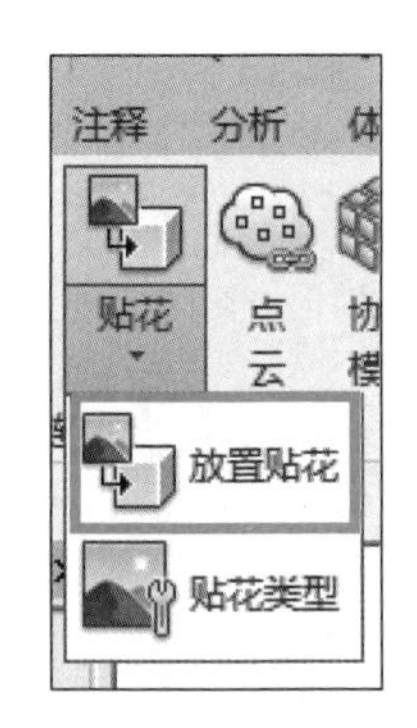

图 2.2-10 放置贴花菜单

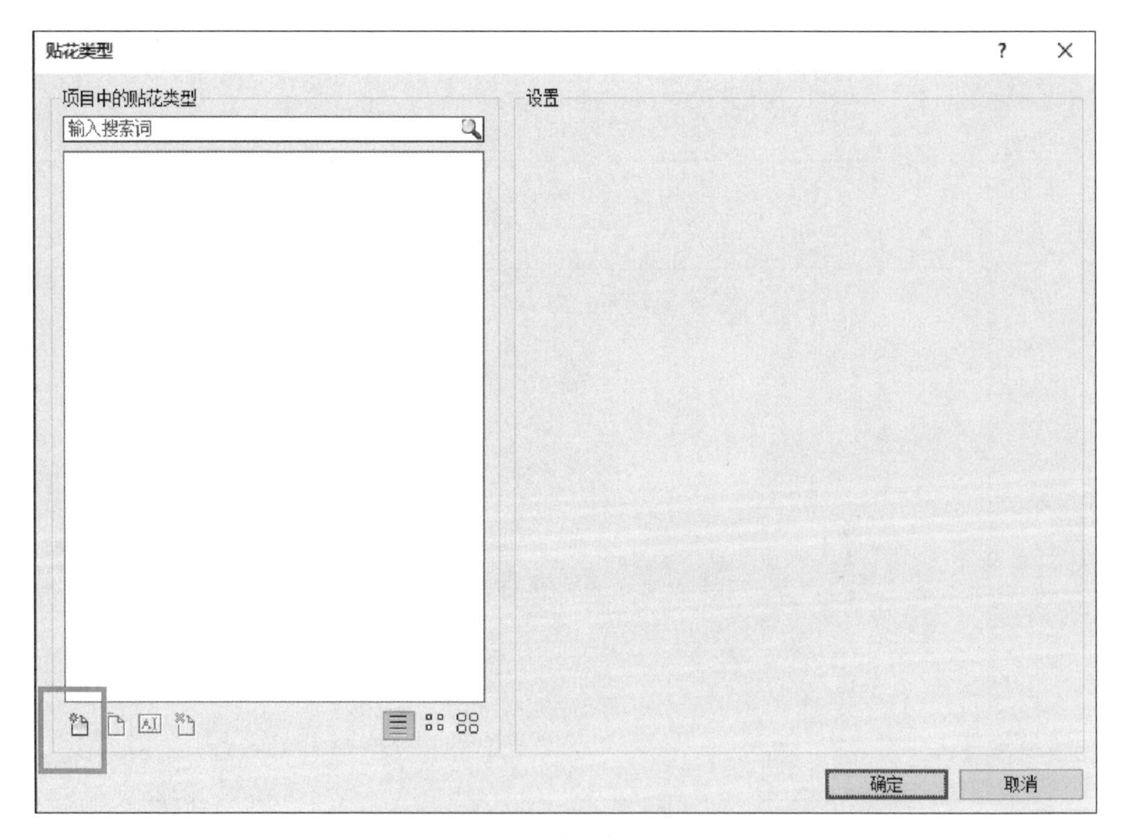

图 2.2-11 贴花类型设置

第 3 步：在“源”位置载入外部贴花图片，选择后预览如图 2.2-13 所示。其他与图片相关的属性也可以自行调整以达到满意的效果。调整完毕后点击“确定”完成定义。

第 4 步：在需要放置贴花的构件平面位置左键单击放置贴花，定位预览如图 2.2-14 所示。在平面中，可通过点击贴花调整位置，也可在属性中调整贴花尺寸，如图 2.2-15 所示。

第 5 步：在三维视图中进行渲染，能够在渲染图中获得贴花效果，如图 2.2-16 所示。

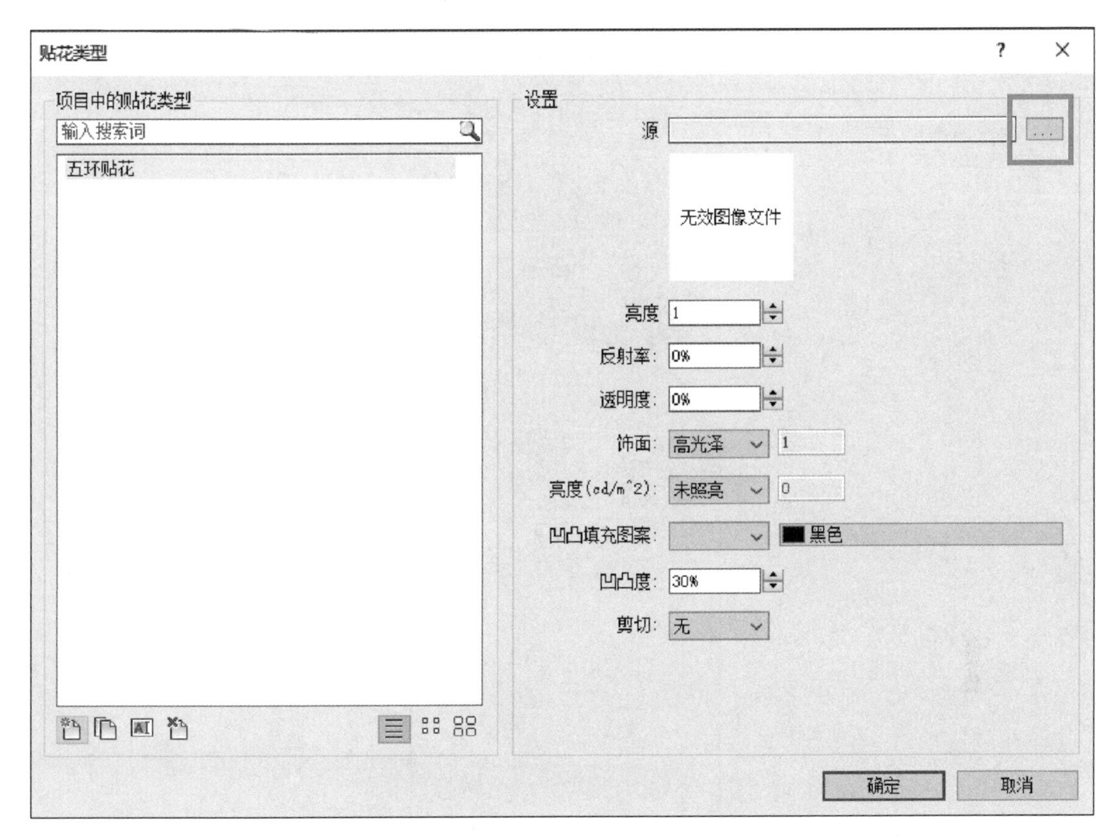

图 2.2-12　贴花属性定义

图 2.2-13　贴花预览

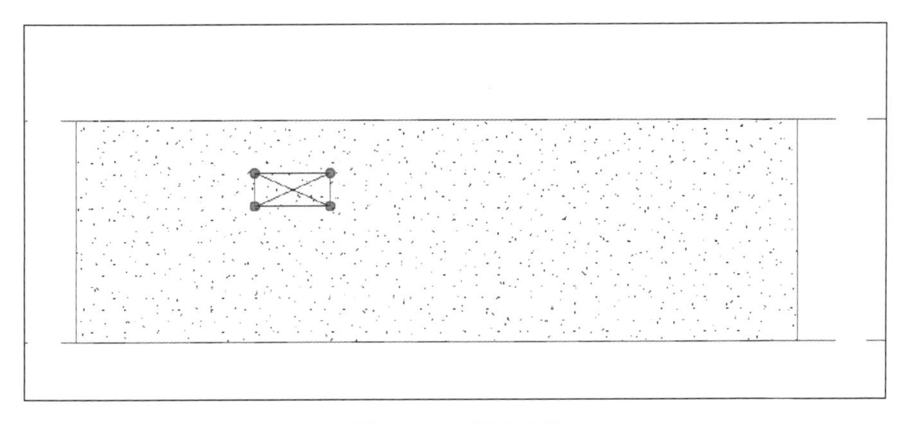

图 2.2-14　贴花定位

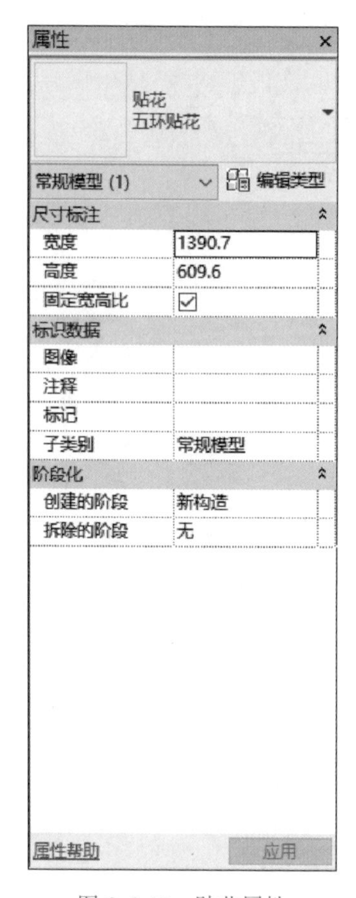

图 2.2-15 贴花属性

图 2.2-16 贴花效果

2.3 链接 IFC

1. 功能

IFC 文件格式是一种国际通用的 BIM 文档格式。Revit 中的链接 IFC 功能能够将外部 IFC 文件链接入当前项目，但由于其对 IFC 格式支持不完整，往往导入后仅能剩下体量和部分外观材质，且无法在 Revit 中进行对应的修改，因此经常仅作为设计过程中的参考使用。其命令位于插入选项卡中，如图 2.2-17 所示。

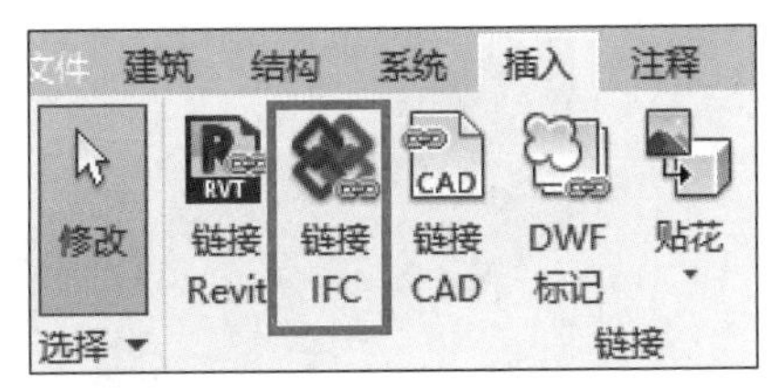

链接 IFC

图 2.2-17 链接 IFC 选项卡

2. 操作步骤

链接 IFC 的操作步骤如下：

第 1 步：左键点击“链接 IFC”，进入选择菜单，如图 2.2-18 所示。

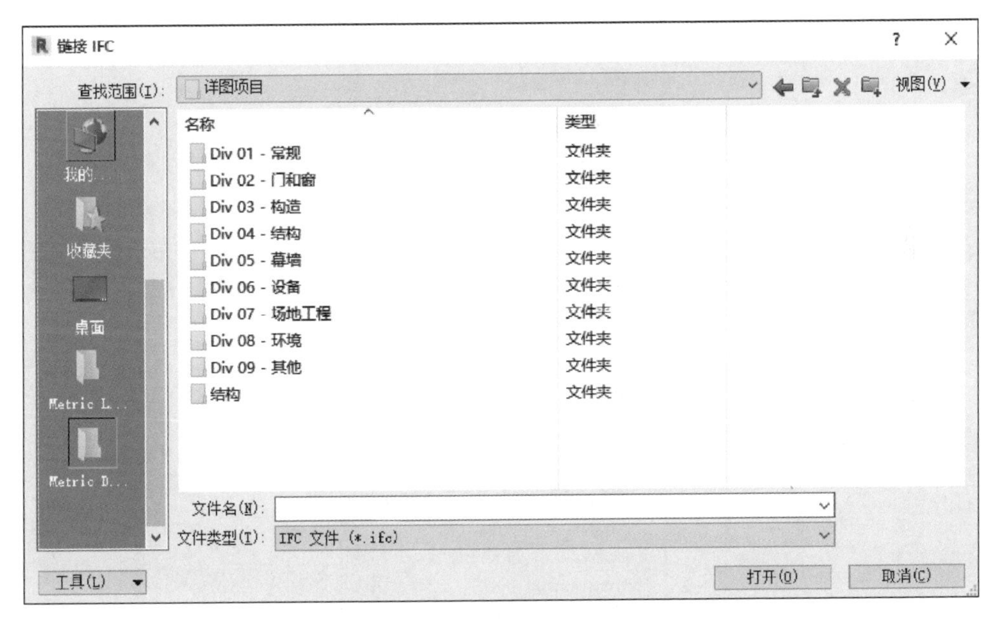

图 2.2-18 链接 IFC 选择菜单

第 2 步：选中需要链接的 IFC 格式文档，可载入的包括 IFC、IFCZIP 和 IFCXML 格式，载入到当前项目，初始效果如图 2.2-19 所示。

第 3 步：如需将对象绑定入项目，可点击右上角“绑定链接”选项，并进行解组。但其属性已无法和 Revit 基本属性匹配，即使是原有的 Revit 项目文档保存为 IFC 后再载入，也无法恢复其原有属性。IFC 模型分解后对象属性如图 2.2-20 所示。

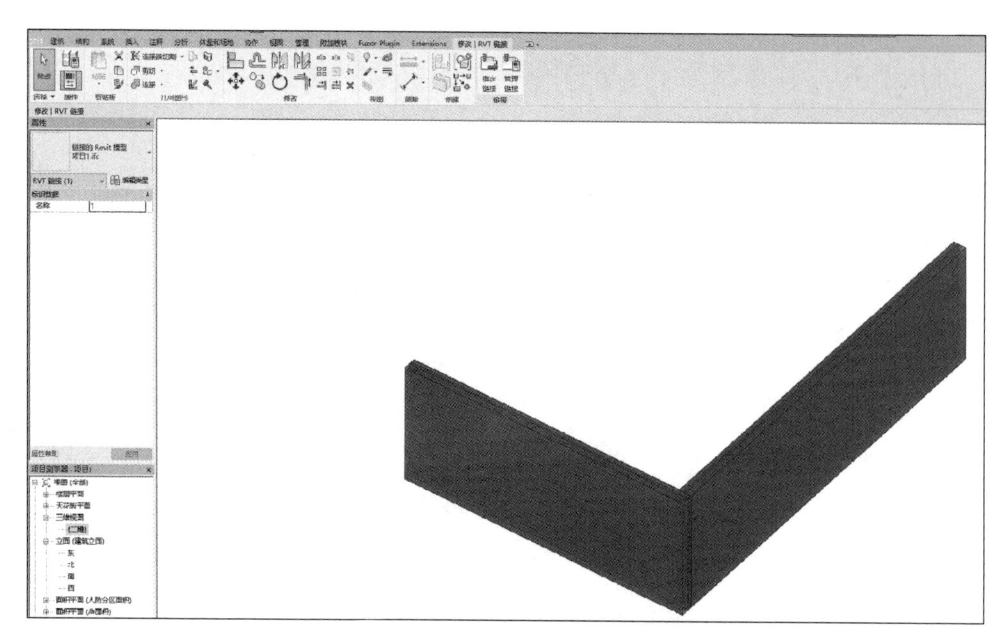

图 2.2-19　IFC 载入效果

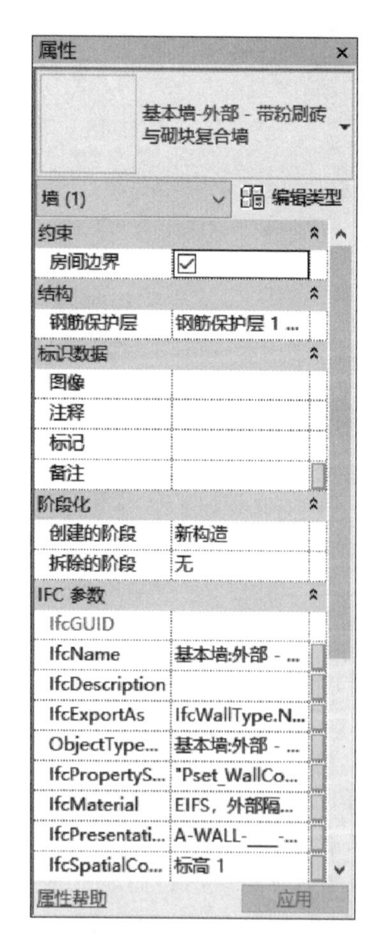

图 2.2-20　IFC 对象属性

2.4 族载入与导出

1. 功能

Revit 族载入在各个建模菜单中均可进行操作，这里我们介绍的是通用的族载入方法，菜单在插入选项卡中，见图 2.2-21。同时，Revit 也可以进行项目中的族导出，导出除系统族外的其他构件族，以便于其他项目再次使用，操作位于项目浏览器中，见图 2.2-22。

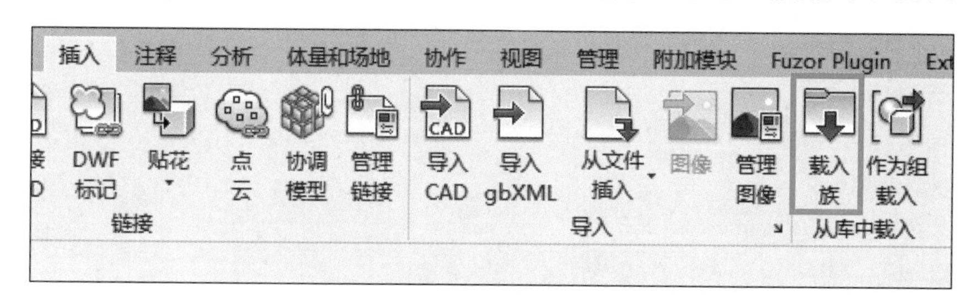

图 2.2-21　载入族选项卡

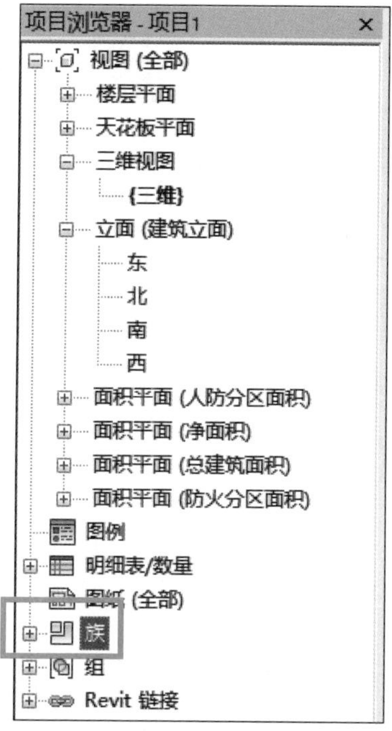

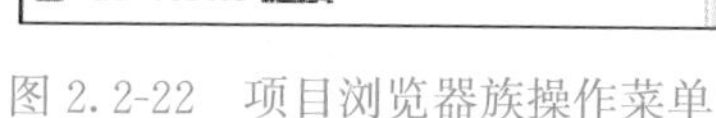
图 2.2-22　项目浏览器族操作菜单

族载入与导出

2. 操作步骤

(1) 族载入

族载入的操作步骤如下：

第 1 步：左键点击“载入族”。

第 2 步：在族库或外部文件位置选择要载入的族文件后，点击“打开”，如图 2.2-23 所示。

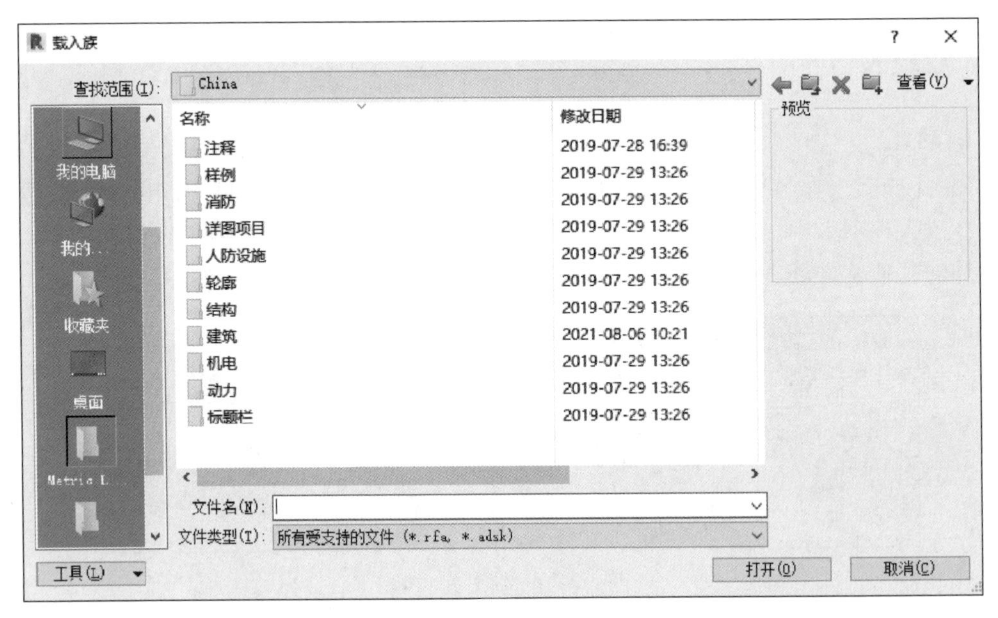

图 2.2-23　载入族菜单

第 3 步：此时族已载入当前项目，只需要在所需建模命令中直接调用并放置入模型即可。

(2) 族导出

当前项目中的既有族导出的操作步骤如下：

第 1 步：在项目浏览器中的族项目中，选中需要导出的族。

第 2 步：右键点击需要导出的族选项，如图 2.2-24 所示，选择“保存”。此时可将族文件（*.rfa）保存至本地电脑硬盘的任意位置，如图 2.2-25 所示。

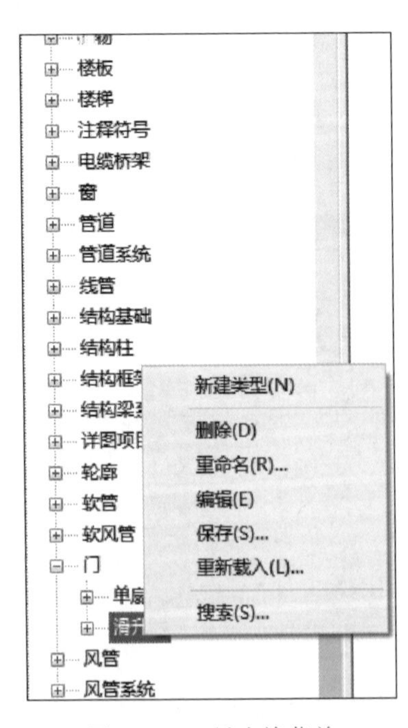

图 2.2-24　导出族菜单

图 2.2-25　保存族

文件导出

2.5　文件导出简介

1. 功能

Revit 的文件导出功能种类很多，从 CAD、BIM 兼容文档到动画和文字报告，均可进行导入，其菜单位于文件选项卡的导出菜单，如图 2.2-26 所示。如后期安装插件，还可在相关的插件中导出。

2. 操作注意事项

Revit 的文件导出不是一个统一的操作模块，各种导出的参数设置均有不同，但应遵循界面对应的操作原则。即在导出二维格式时，操作界面应为相应的平面；在导出图像时，操作界面应为完成渲染的图像视图；在导出动画时，操作界面应为相应的漫游动画视图；在导出明细表等表格时，操作界面应为相应的表格视图。导出 3D 整体模型的功能，如 NWC、IFC、gbXML 等，不受所在界面的限制。

此外，在需要设置导出参数时，如遇计量单位设置，应仔细校核避免出现错误。

图 2.2-26　文件导出

任务 3　体量及场地建模

能力目标

体量及场地建模能力目标　　表 2.3-1

体量及场地建模能力	1. 内建体量建模
	2. 幕墙系统建立
	3. 体量屋面建立
	4. 体量墙体建立
	5. 体量楼板建立
	6. 地形表面模型建立与修改
	7. 子面域建立
	8. 平整区域
	9. 场地构件建模
	10. 建筑地坪设置
	11. 建筑红线设置
	12. 等高线设置

概念导入

1. Revit 概念体量

Revit 建模中的概念体量功能包括内建体量和概念体量族，用于在项目前期概念设计阶段，为建筑师提供灵活、简单、快速的概念设计模型。体量不属于实体构件，没有材质等构件的固有属性，但其经常被用于辅助创建曲面模型等复杂建筑形体，并可辅助生成构件。

2. Revit 场地模型

Revit 可以通过手工建模或数据导入建立场地 BIM 模型。场地 BIM 模型主要包含场地材质、表面尺寸和附属物等，主要用于建筑和景观平面设计以及施工现场布置辅助。

任务清单

体量及场地建模任务清单　　表 2.3-2

序号	子任务项目	备注
1	内建体量建模训练	拉伸、融合、旋转及空心体量
2	体量面建模训练	体量屋面、体量幕墙、体量墙面
3	体量楼板定义训练	体量楼面

续表

序号	子任务项目	备注
4	地形表面模型建模及修改训练	手动建模
5	地形表面附属功能训练	子面域、建筑地坪、等高线、平整区域、建筑红线
6	场地构件建模训练	植被、构筑物、车辆等

任务分析

本任务要求掌握Revit内建体量建模及应用，场地建模及应用的基本方法。其对工程项目常规建模和BIM专项应用影响较大，属于BIM技术人员需要掌握的重要必备技能。

3.1 内建体量

1. 功能

内建体量是Revit重要的建模辅助功能之一，用于在项目内的指定位置自定义建立体量形状，操作菜单位于软件的体量和场地选项卡，如图2.3-1所示。

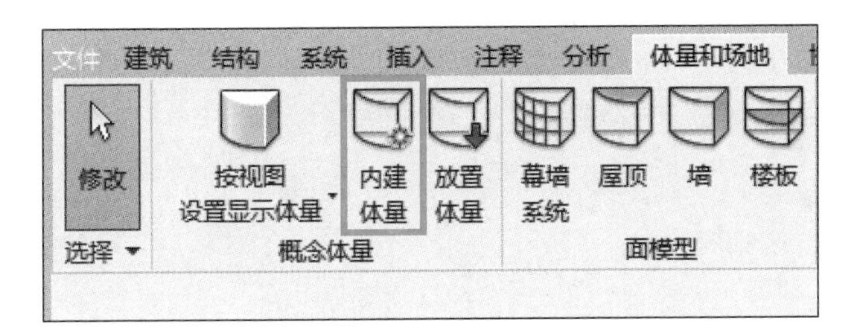

内建体量

图2.3-1 内建体量选项卡

2. 操作步骤

内建体量是在项目内进行体量定义的操作，因此在操作前必须确认需要放置内建体量的位置，然后再在原位建立内建体量，内建体量可以建立在包括参照平面在内的任意工作面上，我们以在楼层平面建立内建体量为例来说明其操作步骤。

常规的内建体量建立操作步骤如下：

第1步：选定体量起始工作面，左键点击内建体量，打开体量显示模式并进行体量命名，如图2.3-2所示。

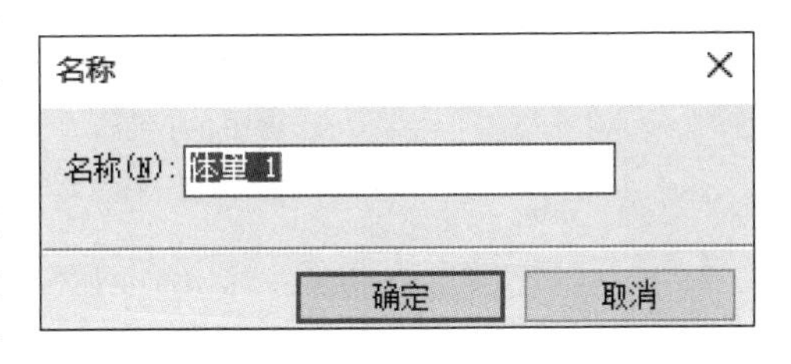

图2.3-2 内建体量命名

第2步：确定体量名称后，进入体量在位编辑界面，如图2.3-3所示，此时其他功能在编辑界面确认完成前均不可用，编辑界面中可自由切换工作平面。当完成所有绘制后点击“完成体量”，即可生成内建体量模型。

根据需要，选择绘制栏中的菜单进行绘制，主要建模方法包括实心体量的拉伸、融

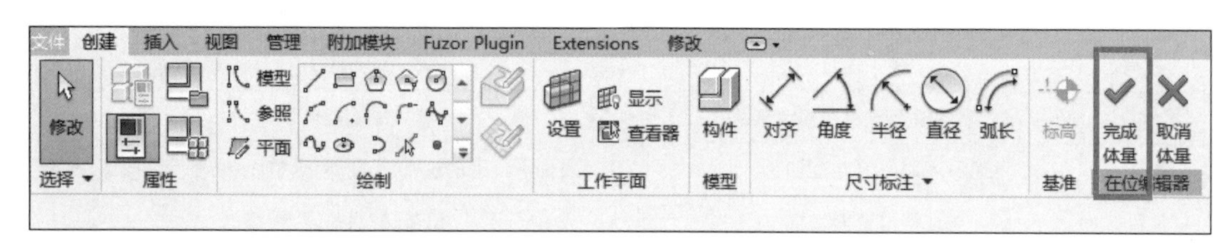

图 2.3-3　内建体量在位编辑界面

合、旋转及空心体量相应操作。具体方法有：

（1）拉伸

使用绘制菜单绘制一个封闭的几何图形，如图 2.3-4 所示，框选选中图形后，显示修改菜单，在操作菜单上选择“创建形状”→“实心形状”，如图 2.3-5 所示。生成拉伸形状如图 2.3-6 所示。可点击显示的尺寸修改拉伸高度，点击某个面或线后会出现图中所示的 XYZ 轴修改箭头，可进行手动形状拉伸。

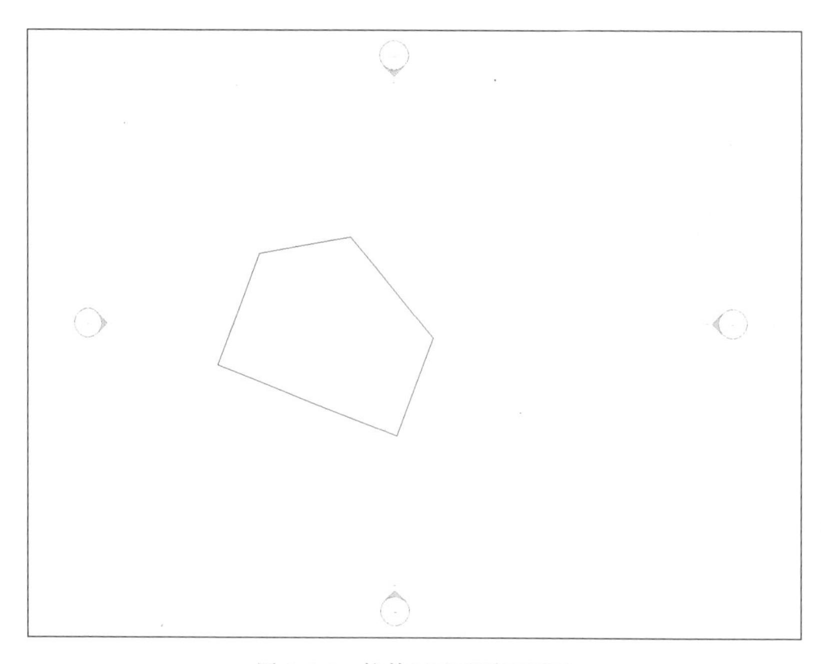
图 2.3-4　拉伸用基础平面图形

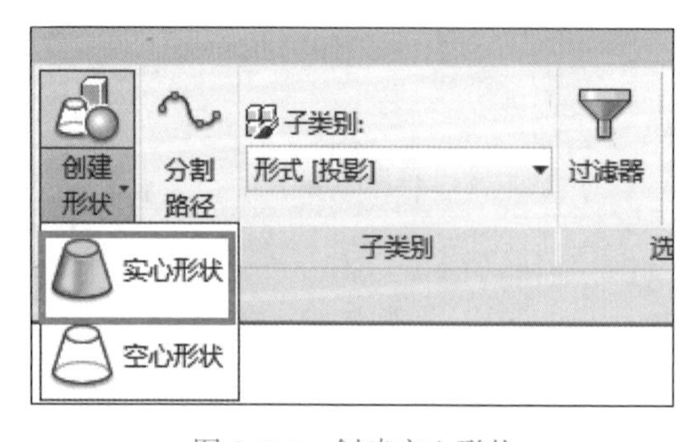

图 2.3-5　创建实心形状

（2）融合

根据建模的需要，在不同的平面使用绘制菜单内建立 2 个闭合的形状，如图 2.3-7 所示。框选中两个图形后，如图 2.3-5 所示选择创建实心形状，此时生成融合形状如图 2.3-8 所示。同样也可点击显示的尺寸修改拉伸高度，点击某个面或线后会出现图中所示的 XYZ 轴修改箭头，可进行手动形状拉伸。

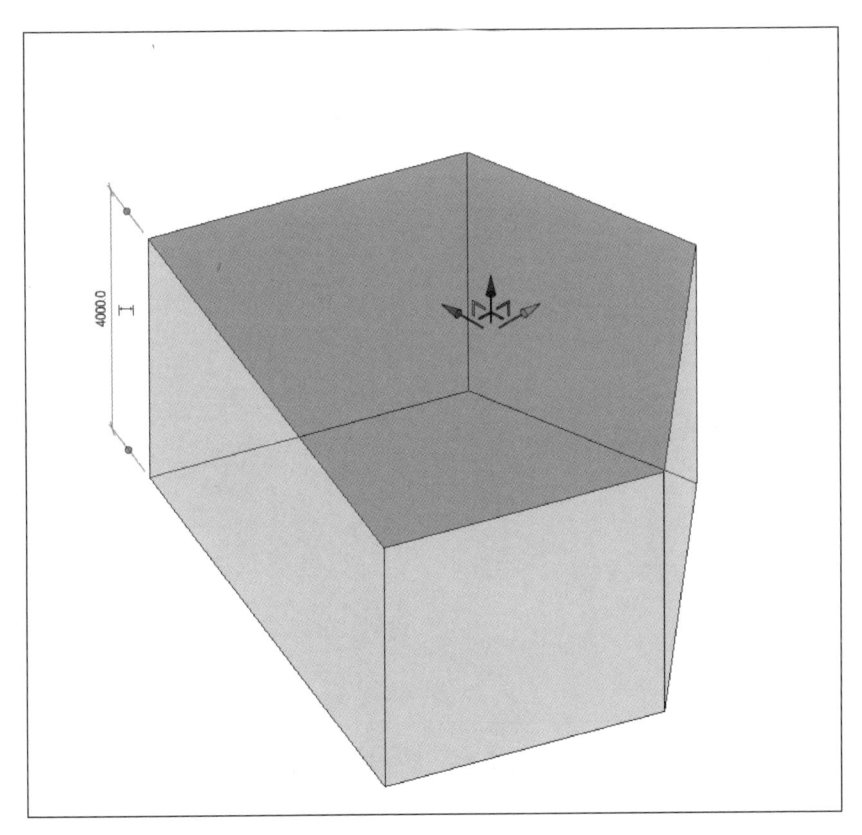

图 2.3-6　拉伸形状

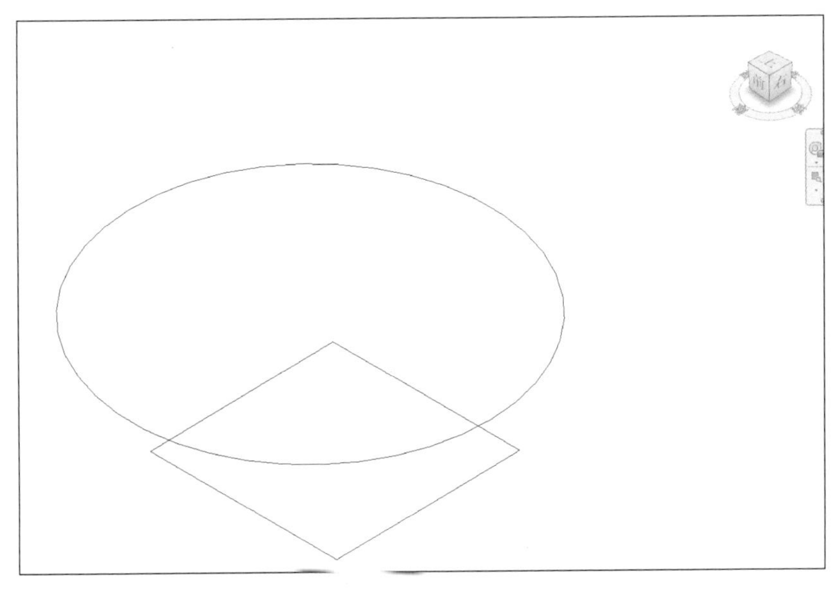

图 2.3-7　融合基础图形

（3）旋转

在建模区域内绘制一个闭合的图形和一条直线，如图 2.3-9 所示。框选中两个图形

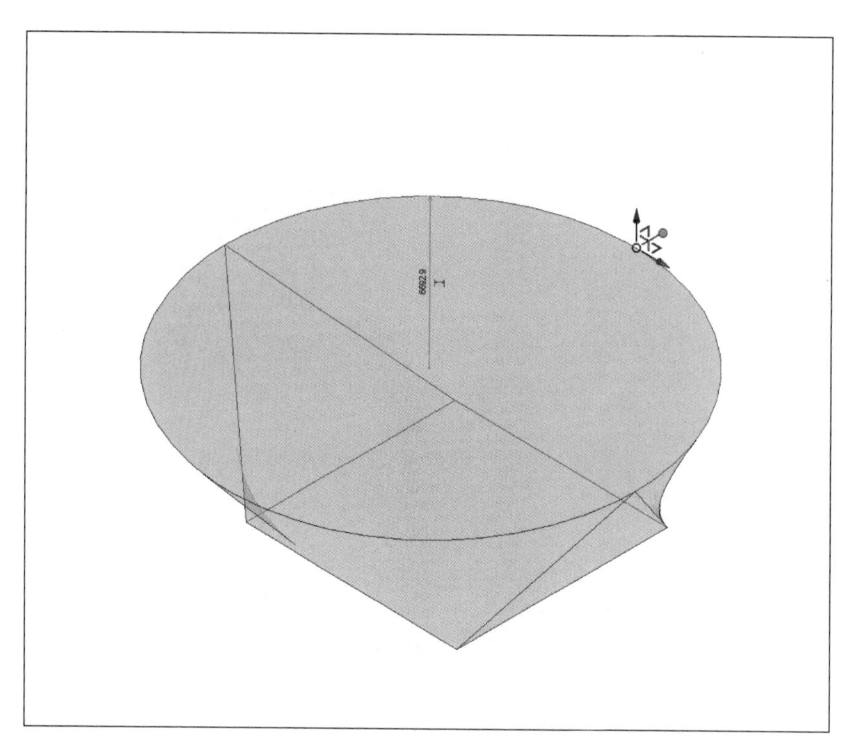

图 2.3-8　融合形状

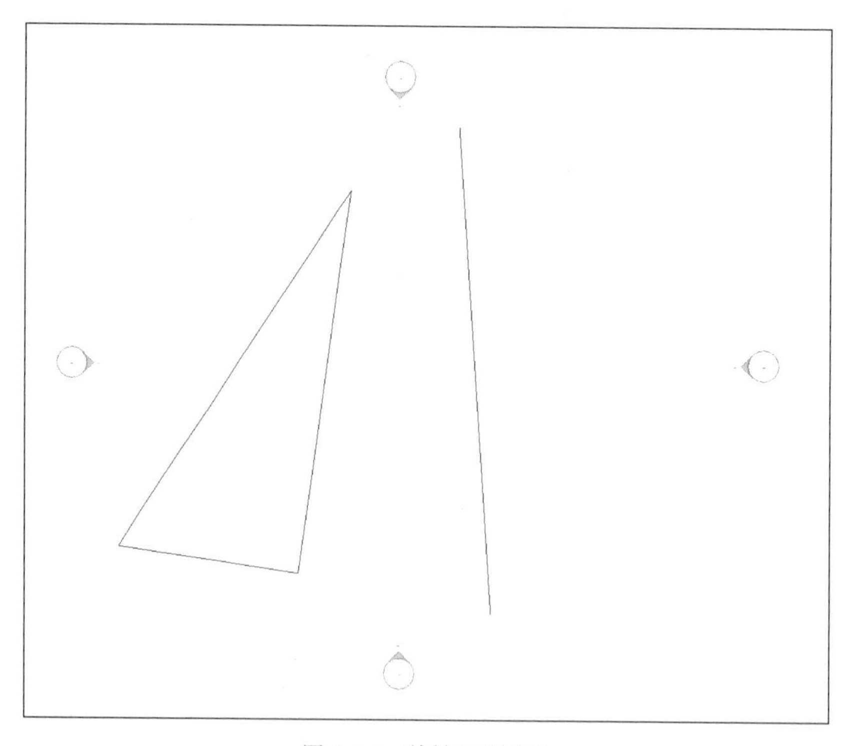

图 2.3-9　旋转基础图形

后，如图 2.3-5 所示选择创建实心形状，此时生成旋转形状如图 2.3-10 所示，以直线为轴，将闭合图旋转生成模型形状。完成后的旋转体量，可在属性中调整起始角度和结束角度。

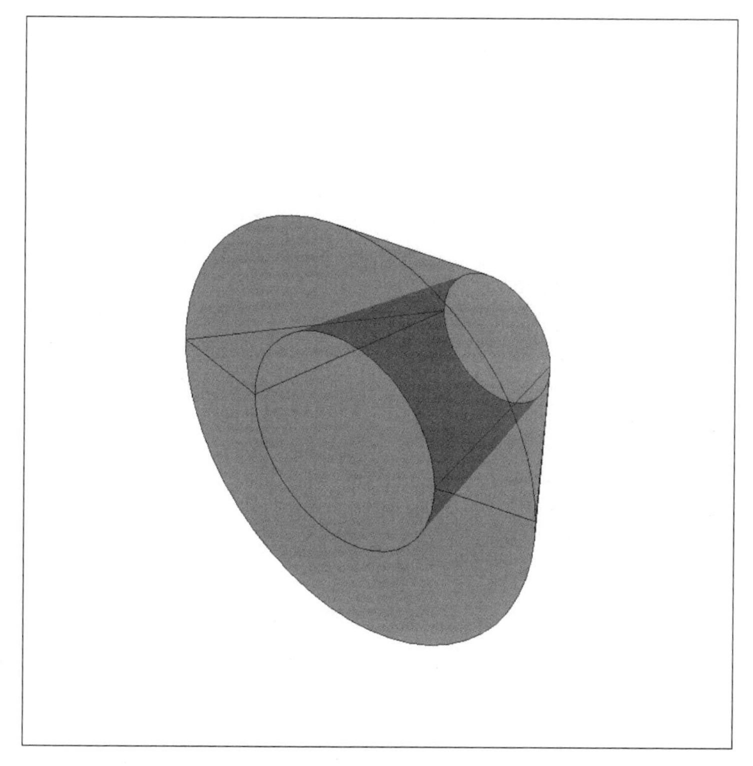

图 2.3-10　旋转形状

（4）空心体量

以上三种建模方法除可生成实心形状外，均可选择生成空心形状，菜单如图 2.3-11 所示，需要注意的是空心形状均需和实心形状相交才能够进行布尔操作减法，从而完成最后的形状绘制。相交后形成的体量形状样例如图 2.3-12 所示。

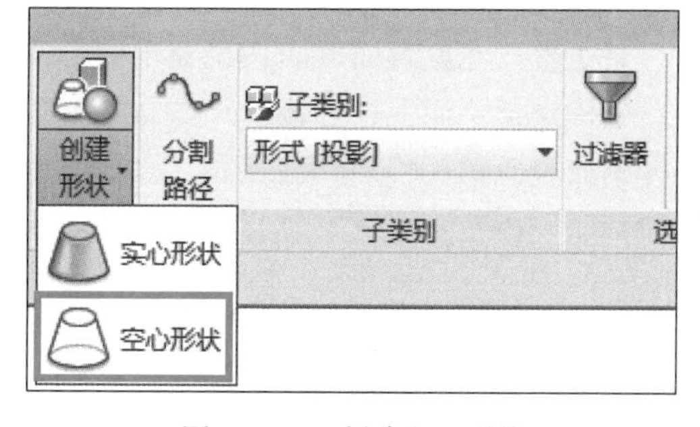

图 2.3-11　创建空心形状

3.2　体量构件

1. 功能

基于内建体量的构件种类主要包括幕墙系统、屋顶、墙体和楼板，前三者基于体量表面生成，楼板基于体量所跨越的楼层平面生成，操作菜单位于“体量和场地”选项卡，如图 2.3-13 所示。

2. 操作步骤

（1）幕墙系统

基于内建体量幕墙系统建模步骤如下：

体量构件

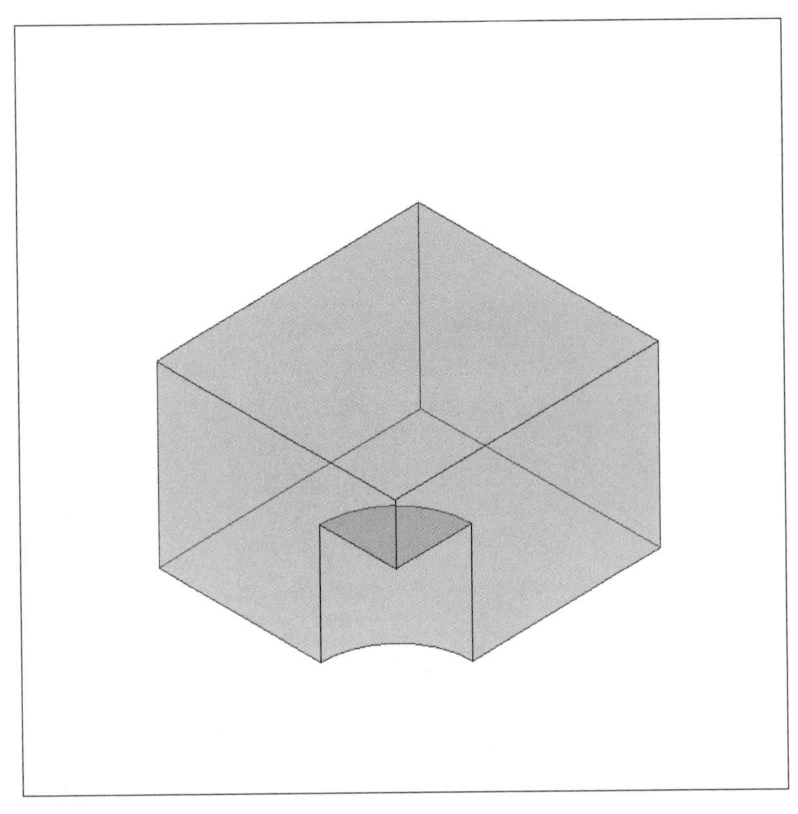

图 2.3-12　实心空心相交形状

第 1 步：左键点击“幕墙系统”菜单，在左侧属性栏中设置幕墙系统属性，其属性设置与常规幕墙设置一致，该操作在单元 1 幕墙建模中已学习过，不再赘述。

第 2 步：在放置面幕墙系统菜单中点击“选择多个”，如图 2.3-14 所示，此时将鼠标移动到体量某个面上，会显示“+”，左键单击可设置幕墙放置面，如图 2.3-15 所示，已选择的放置面鼠标移动到会显示“−”，左键单击可取消放置面设置。如需全部取消，点击“清除选择”。

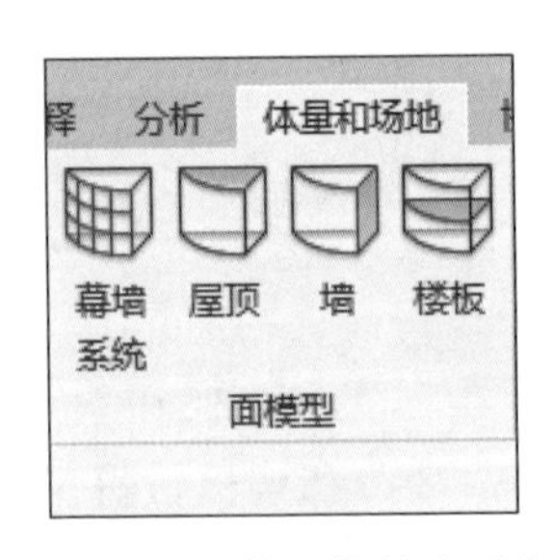

图 2.3-13　体量构件选项卡

图 2.3-14　放置面幕墙系统菜单

第 3 步：选择完毕后，左键单击创建系统，即可生成幕墙系统，如图 2.3-16 所示。

第 4 步：如需修改已生成的幕墙系统的所属面，可点选幕墙构件后，在菜单上点击“编辑面选择”进行修改，如图 2.3-17 所示。

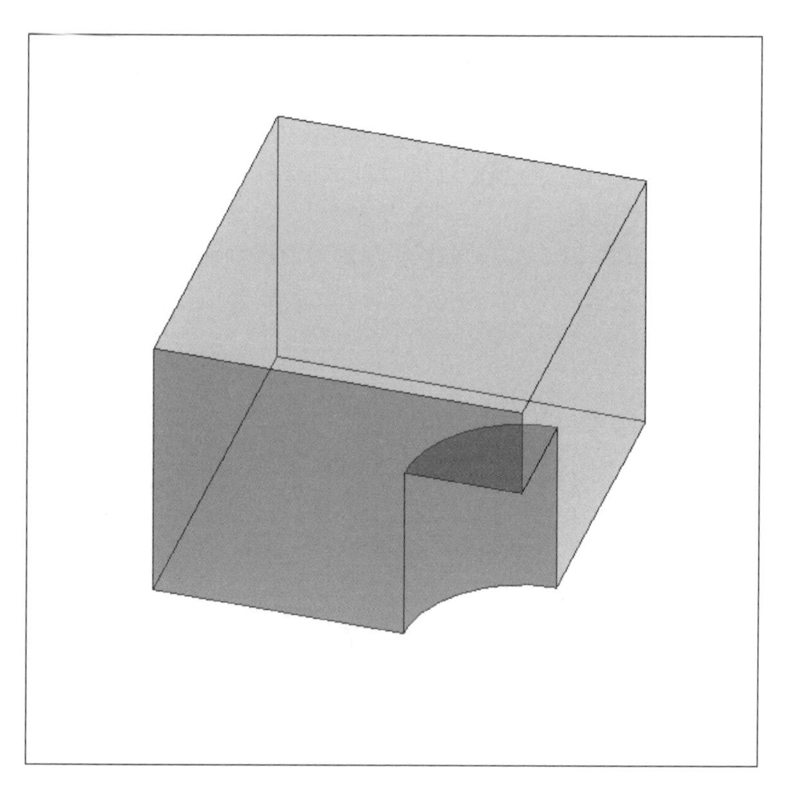

图 2.3-15　已选中的幕墙放置面

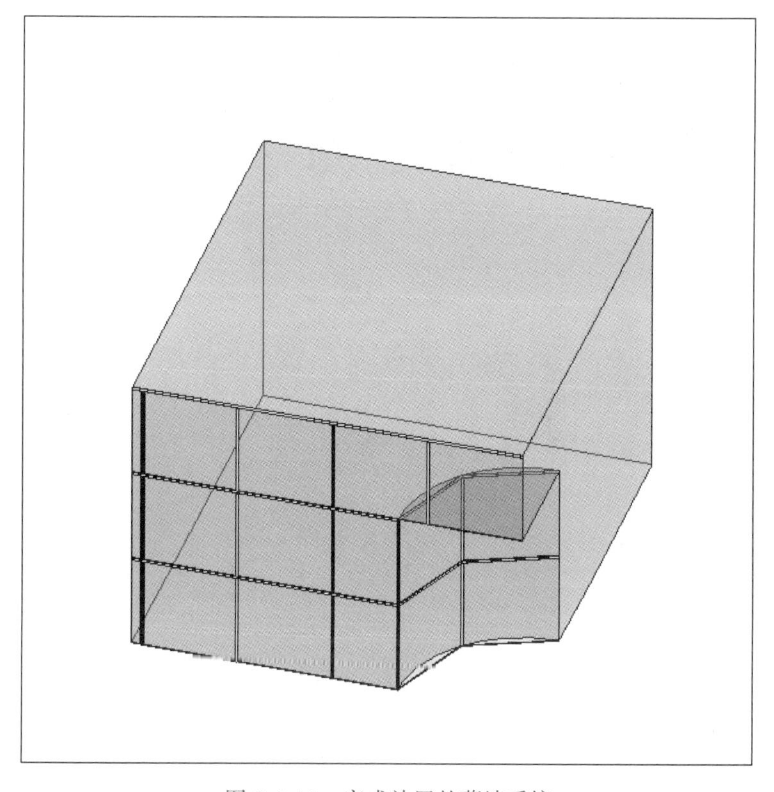

图 2.3-16　完成放置的幕墙系统

（2）屋顶

基于内建体量的面屋顶建模步骤如下：

第 1 步： 左键点击“屋顶”菜单，在左侧属性栏中设置屋顶属性，其属性设置与屋顶设置一致，该操作在单元 1 屋顶建模中已学习过，不再赘述。

第 2 步： 在放置面屋顶菜单中点击“选择多个”，如图 2.3-18 所示，此时将鼠标移动到体量某个面上，会显示“+”，左键单击可设置屋顶放置面，如图 2.3-19 所示，已选择的放置面鼠标移动到会显示“−”，左键单击可取消放置面设置。如需全部取消，点击“清除选择”。

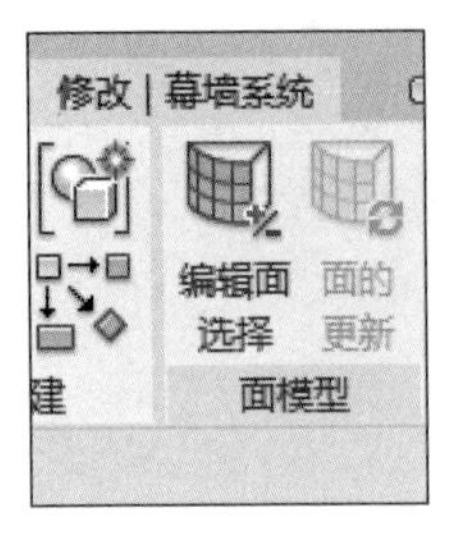

图 2.3-17　编辑面选择菜单

图 2.3-18　放置面屋顶菜单

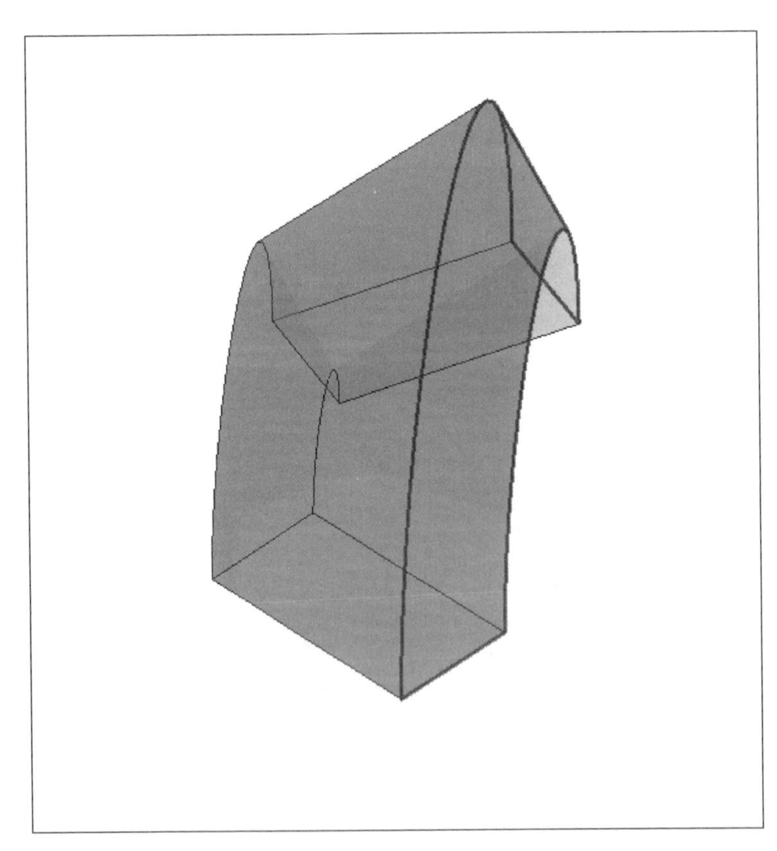

图 2.3-19　已选中的屋顶放置面

第 3 步：选择完毕后，左键单击创建系统，即可生成屋面系统，如图 2.3-20 所示。

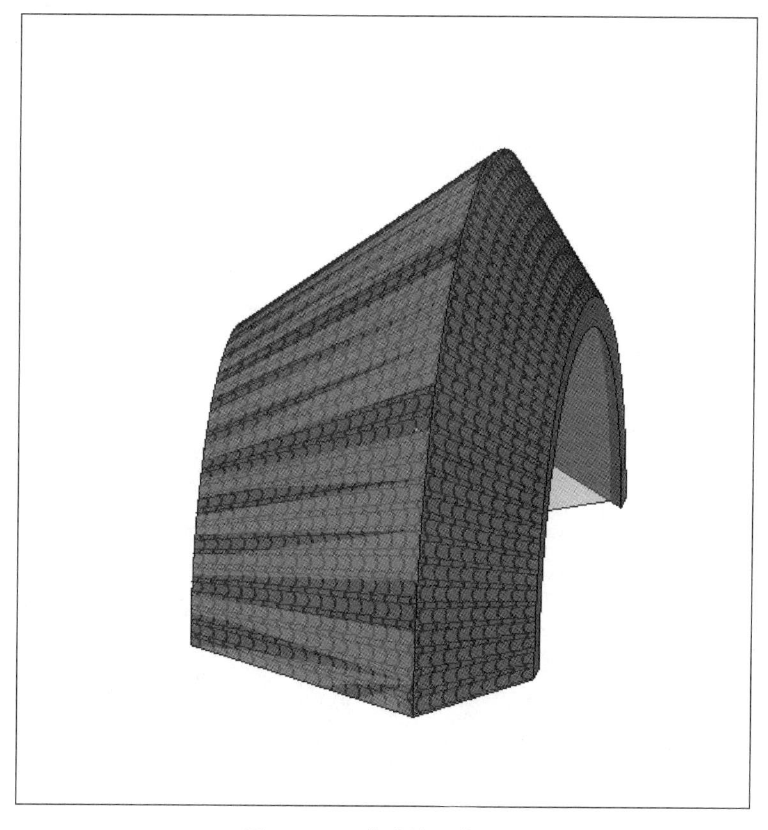

图 2.3-20　完成放置的屋面

第 4 步：如需修改已生成的面屋顶的所属面，可点选屋顶构件后，在菜单上点击“编辑面选择”进行修改，如图 2.3-21 所示。

（3）墙

基于内建体量的面墙建模步骤如下：

第 1 步：左键点击“墙”菜单，在左侧属性栏中设置墙属性，其属性设置与常规墙设置一致，该操作在单元 1 墙建模中已学习过，不再赘述。

第 2 步：在放置墙菜单中点击“拾取面”，如图 2.3-22 所示，此时状态栏如图 2.3-23 所示，可以调整墙的标高、面层定位和连接属性。

图 2.3-21　编辑面选择菜单

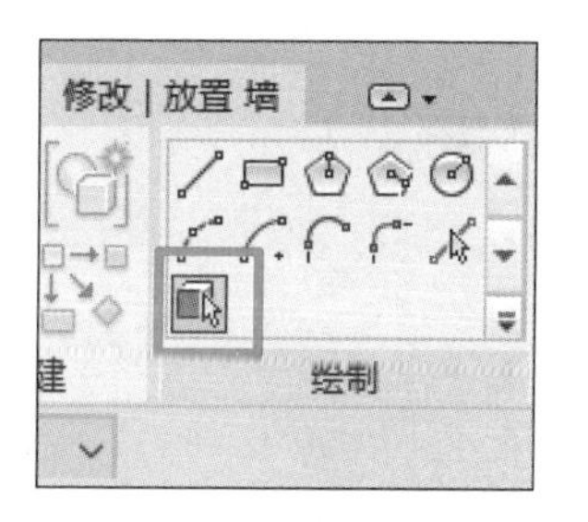

图 2.3-22　放置墙菜单

修改 | 放置 墙　标高: <自动>　高度: 　<自动>　定位线: 面层面: 外部　链　连接状态: 允许

图 2.3-23　放置墙状态栏

第 **3** 步：左键单击内建体量上需要放置面墙的平面，即可生成面墙，如图 2.3-24 所示。

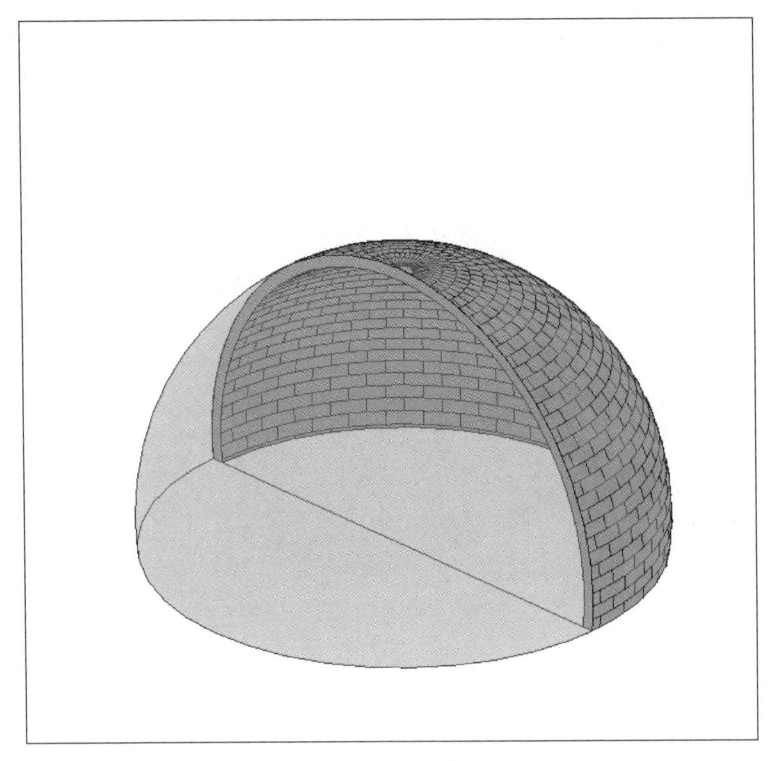

图 2.3-24　完成的面墙

第 **4** 步：如果面墙所在的面进行了修改，并需更新面墙，则左键点击选中面墙后，点选“面的更新”菜单，如图 2.3-25 所示，可进行面墙刷新。

（4）楼板

基于内建体量的楼板建模首先需要有跨楼层存在的内建体量，其建模步骤如下：

第 **1** 步：在平面中左键点击选中内建体量，再修改体量菜单，见图 2.3-26，点击体量楼层选项卡进行定义，定义栏如图 2.3-27 所示，将需要布置体量楼面的楼层全部打钩确认。完成后体量楼层显示如图 2.3-28 所示。

图 2.3-25　面的更新菜单

图 2.3-26　体量楼层定义选项卡

图 2.3-27　体量楼层定义

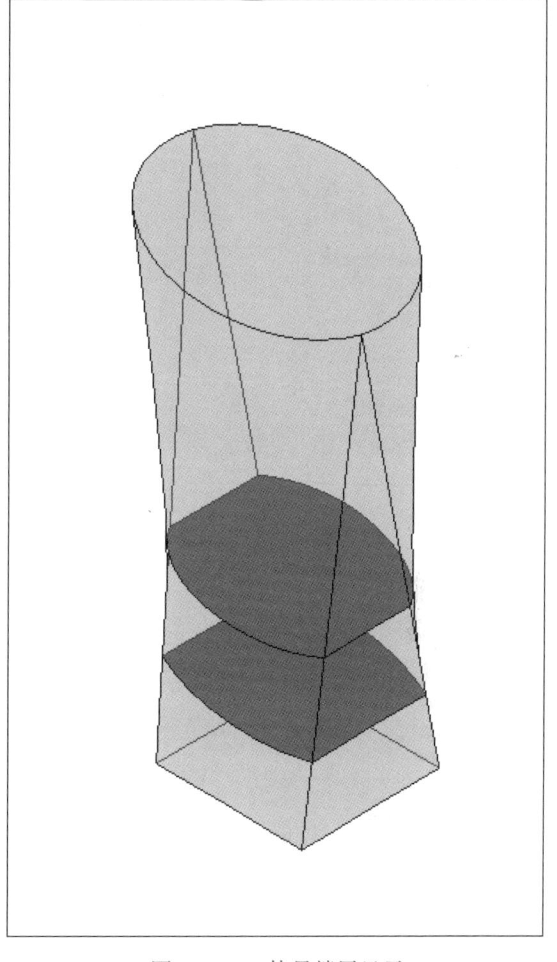

图 2.3-28　体量楼层显示

第 2 步： 在面模型选项卡中点击楼板，可在属性栏中定义楼板属性，与常规楼板相同，此处不再赘述。

第 3 步： 将鼠标移动到体量楼层位置，显示“+”，左键点击即可布置楼板，全部布置完后，点击右上角创建楼板，即可完成楼板的实体建模，如图 2.3-29 所示。与面墙类似，当体量楼板平面发生变化时，同样可以使用面的更新功能来进行楼板更新，此处不再赘述。

3.3　地形表面

1. 功能

“地形表面”功能主要用于建立场地模型，操作菜单位丁软件的“体量和场地”选项卡，如图 2.3-30 所示。一般在场地平面进行建模操作。

2. 操作步骤

地形表面建模操作步骤如下：

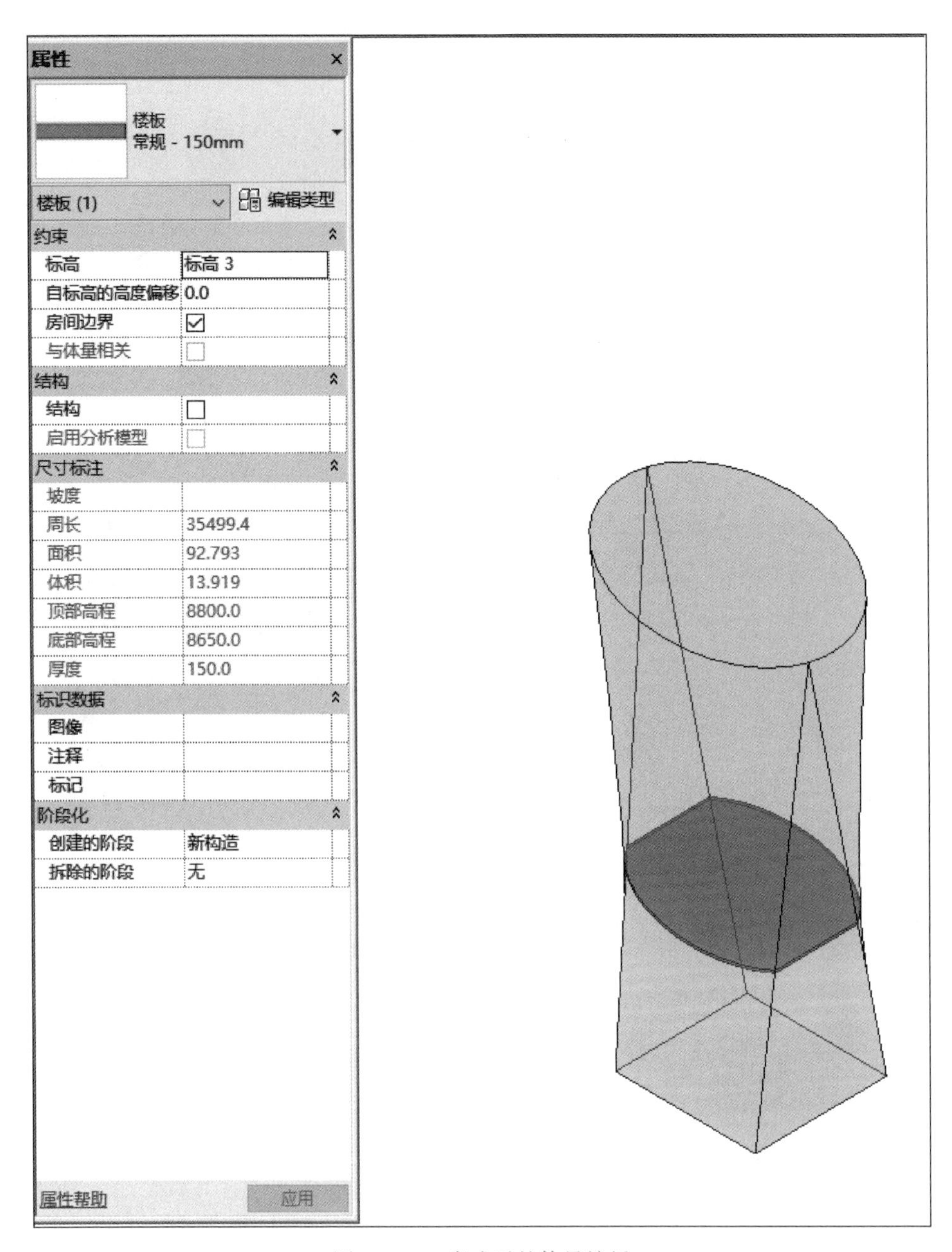

图 2.3-29　完成后的体量楼板

第 1 步：进入场地平面，左键点击“地形表面”选项卡，进入地形表面编辑菜单，如图 2.3-31 所示。

第 2 步：如手动建模，则选择“放置点”；如有已建立表面模型的点云文件或可导入的实例格式文件，则选择“通过导入创建”。Revit 支持的格式有 DWG、DXF、DGN 以及 CSV、txt 格式的点云文件。此处我们主要学习手动创建地形表面模型。

第 3 步：点击放置点后，在状态栏设置下一个放置点的绝对高程，单位为毫米，状态栏如图 2.3-32 所示。设置完毕后在平面上左键点击布置该点。

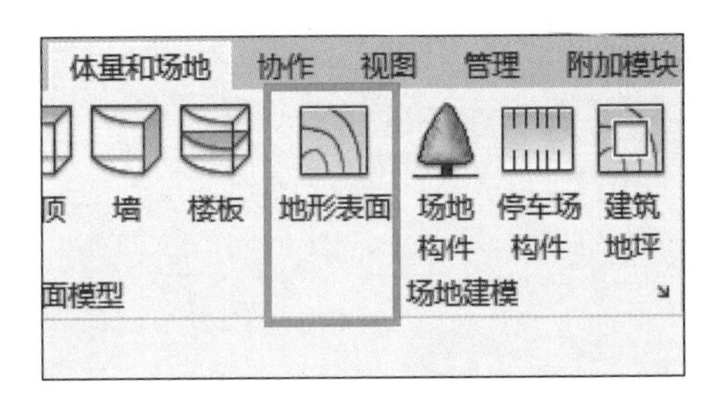

图 2.3-30　地形表面选项卡

地形表面创建

图 2.3-31　地形表面编辑菜单

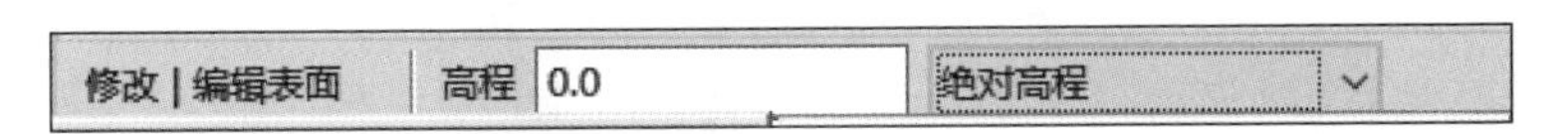

图 2.3-32　地形绘制状态栏

第 4 步：放置点超过 3 个后，即自动生成地形平面如图 2.3-33 所示。待所有点布置完毕后在表面编辑菜单打钩完成地形编辑。

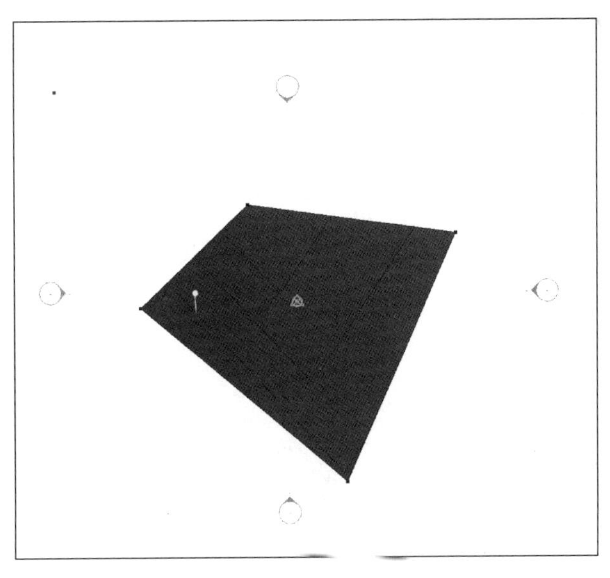

图 2.3-33　地形表面

第 5 步：完成地形表面建模后，可点击地形表面模型，在属性栏中调整地形表面材质，如图 2.3-34 所示。

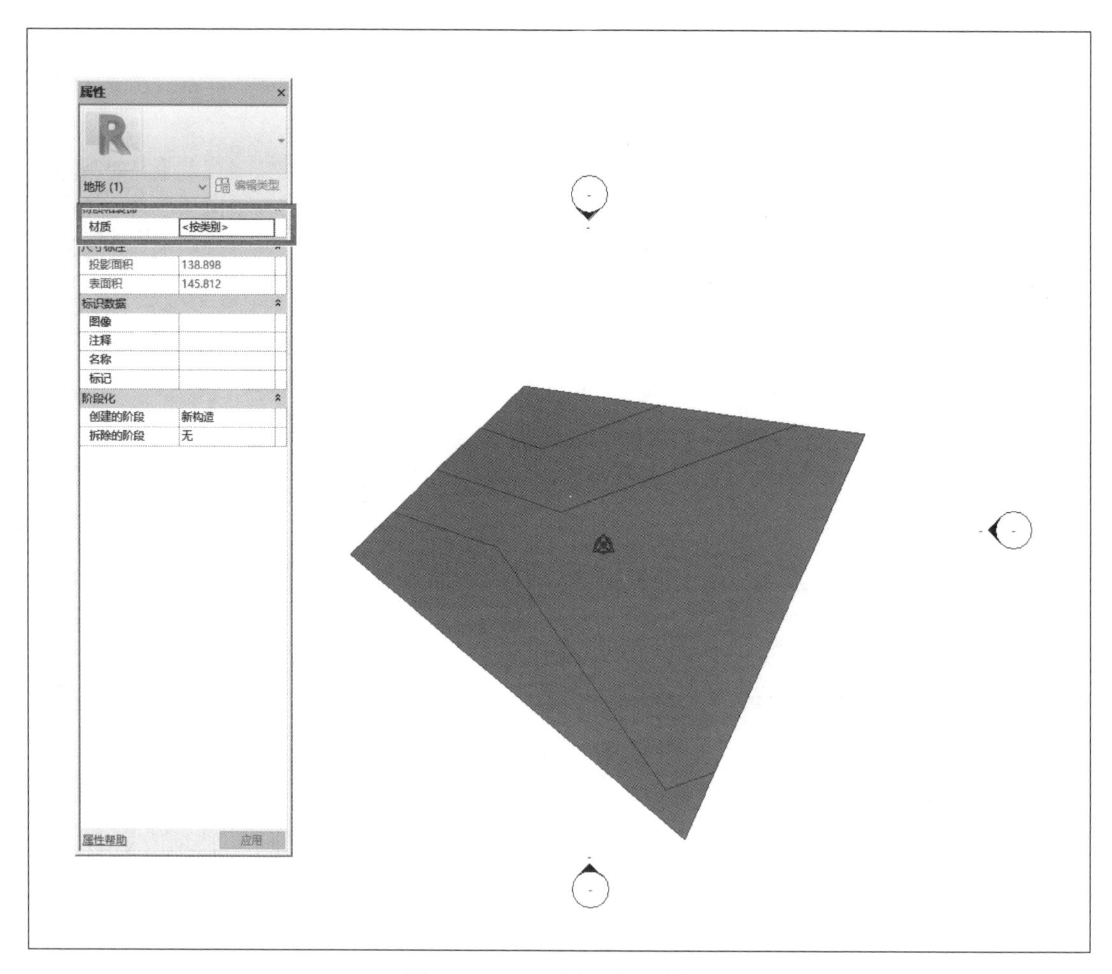

图 2.3-34　地形表面材质修改

3.4　地形表面附属功能

1. 功能

地形表面附属修改功能主要用于建立场地模型编辑和标识，包括建筑地坪、拆分表面、合并表面、子面域、建筑红线、平整区域和等高线等，操作菜单位于软件的“体量和场地”选项卡，如图 2.3-35 所示。在进行操作前应完成地形表面初始建模。

地形表面
附属功能

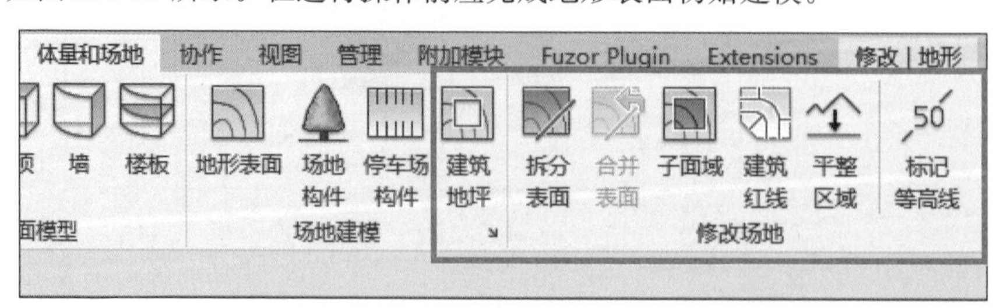

图 2.3-35　地形表面附属功能选项卡

2. 操作步骤

（1）建筑地坪

建筑地坪设置操作步骤如下：

第1步：进入场地平面，左键点击“建筑地坪”选项卡，进入建筑地坪创建菜单，如图 2.3-36 所示。

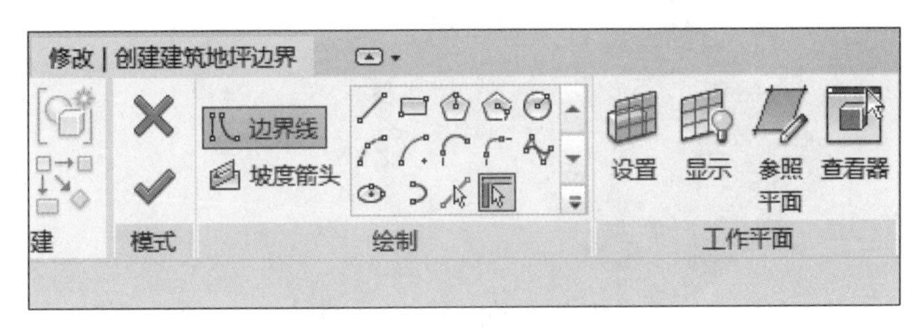

图 2.3-36　建筑地坪创建菜单

第2步：使用绘制工具在原有的地形表面内绘制闭合的建筑地坪边界范围，如图 2.3-37 所示。

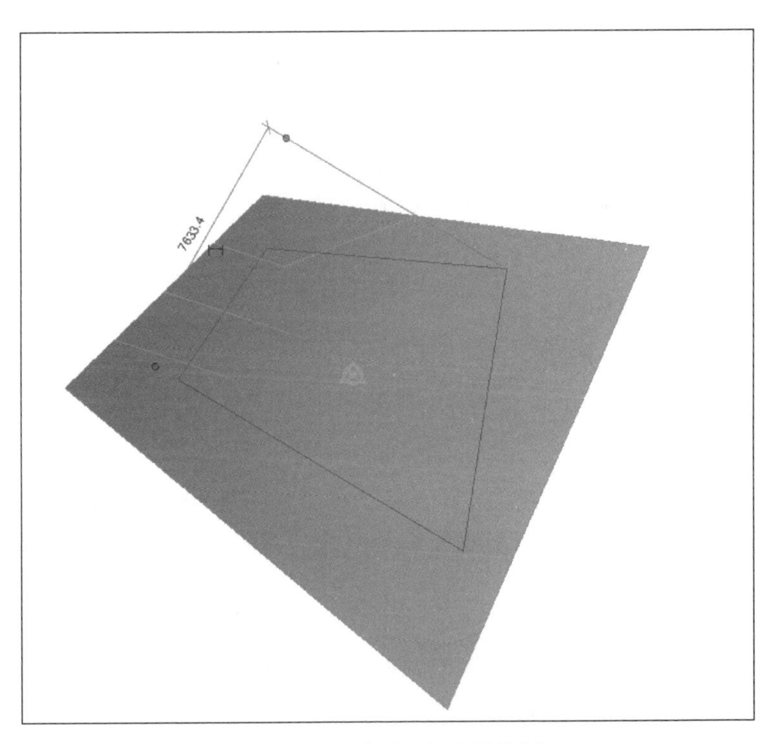

图 2.3-37　建筑地坪边界绘制

第3步：勾选确定生成场地中的建筑地坪，如图 2.3-38 所示。建筑地坪范围内材质独立，且标高规定为±0.000。

（2）拆分表面

拆分表面操作步骤如下：

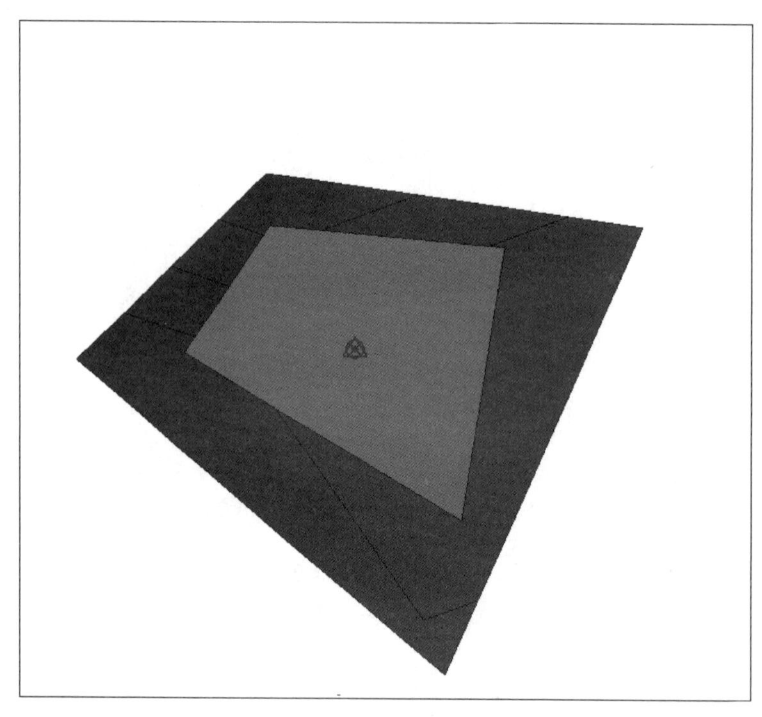

图 2.3-38　建筑地坪

图 2.3-39　拆分表面菜单

第 1 步：进入场地平面，点击“拆分表面”选项卡，左键单击场地模型，进入编辑菜单，如图 2.3-39 所示。

第 2 步：使用绘制菜单绘制表面的拆分分界线（仅在表面内的线段有效），如图 2.3-40 所示。完成后勾选确定拆分，形成表面如图 2.3-41 所示，2 个表面可单独编辑。

（3）合并表面

合并表面与拆分表面互为逆操作，其操作步骤如下：

第 1 步：进入场地平面，点击“合并表面”选项卡，左键单击第一块场地模型。

第 2 步：左键单击与第一块模型相邻的第二块场地模型，即将两块场地模型合二为一，以此类推。

（4）子面域

子面域功能是在场地内部建立一个可以单独设置属性的子面区域，其操作步骤如下：

第 1 步：进入场地平面，点击“子面域”选项卡，进入创建子面域边界菜单，如图 2.3-42 所示。

第 2 步：使用绘制功能在场地内部绘制闭合的子面域形状，如图 2.3-43 所示。

第 3 步：绘制完成后勾选确定，即生成子面域，如图 2.3-44 所示。

（5）建筑红线

建筑红线主要用于模型中的标识，其操作步骤如下：

第 1 步：进入场地平面，点击“建筑红线”选项卡，此时出现菜单如图 2.3-45 所示。

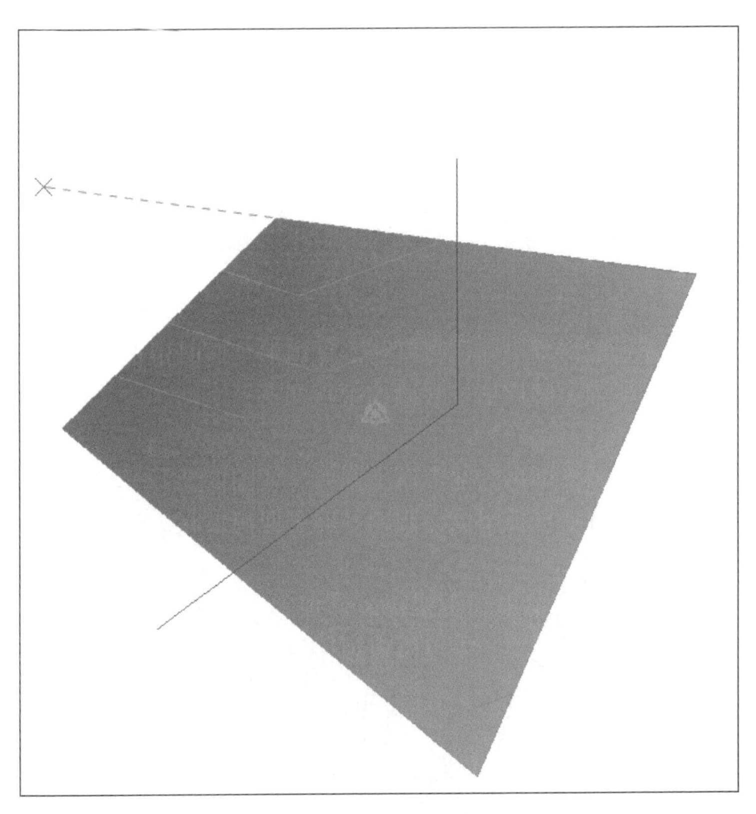

图 2.3-40　表面分界线绘制

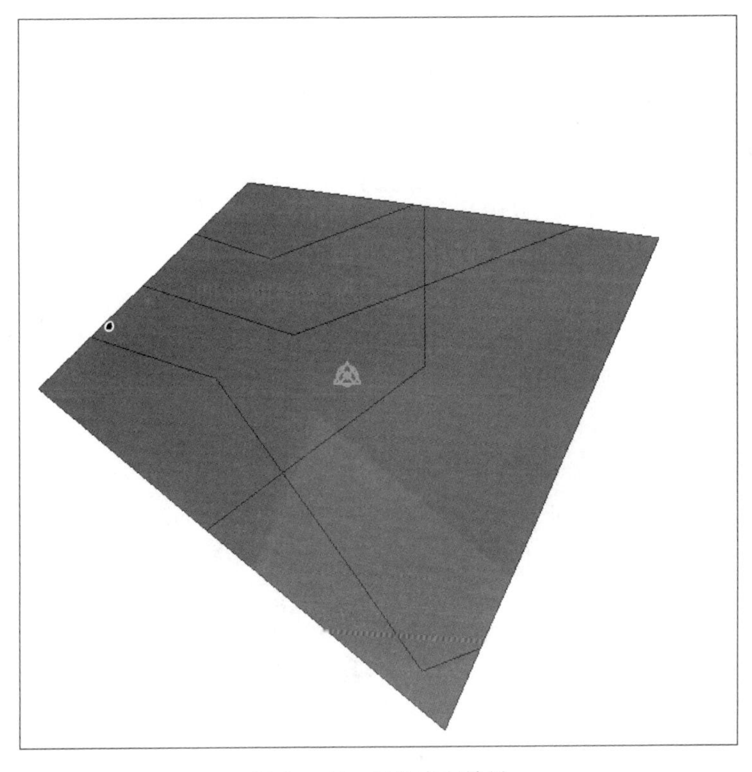

图 2.3-41　拆分表面效果

图 2.3-42　子面域边界创建菜单

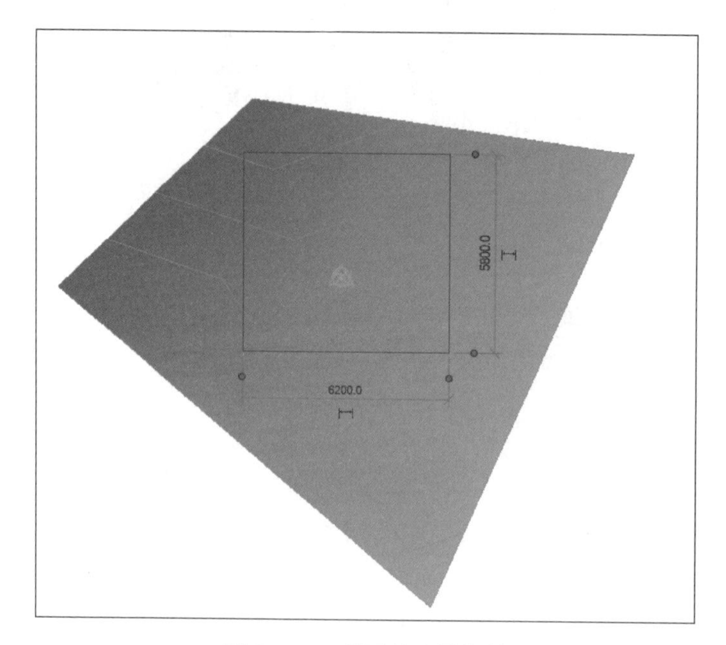

图 2.3-43　子面域边界绘制

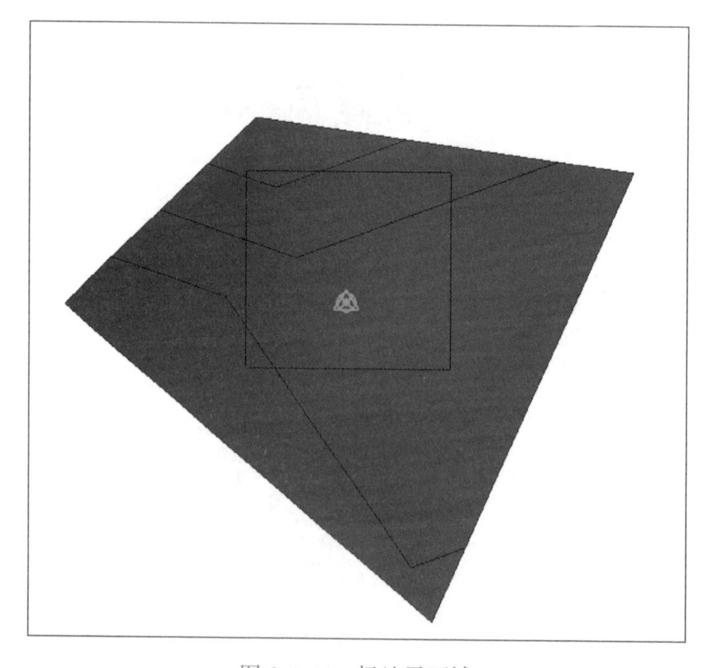

图 2.3-44　场地子面域

第 2 步： 选择通过绘制来创建。绘制菜单如图 2.3-46 所示。

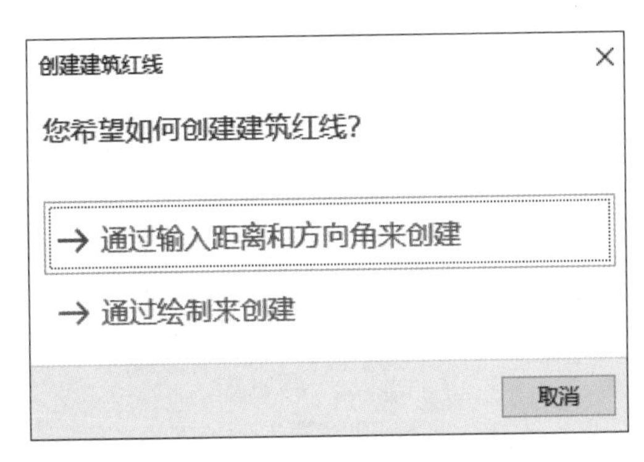

图 2.3-45　建筑红线创建选项

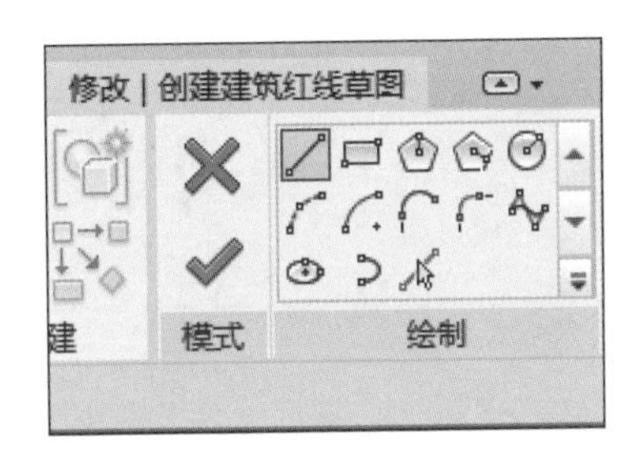

图 2.3-46　建筑红线绘制菜单

第 3 步： 在场地区域内使用绘制功能绘制闭合的建筑红线，勾选确定，生成建筑红线如图 2.3-47 所示。

图 2.3-47　建筑红线

（6）平整区域

平整区域主要用于定义改造中的地形表面，其操作步骤如下：

第 1 步： 进入场地平面，点击“平整区域”选项卡，此时出现菜单如图 2.3-48 所示。一般稍复杂的地形均可选择“创建与现有地形表面完全相同的新地形表面”选项。

第 2 步： 点击场地，可在属性中修改其创建类型和拆除类型以区分场地修改阶段，如图 2.3-49 所示。

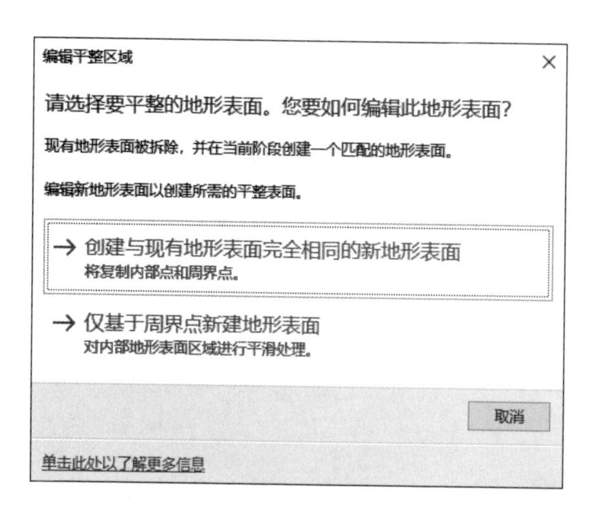

图 2.3-48　平整区域定义菜单

图 2.3-49　平整区域场地阶段修改

第 3 步：在编辑菜单中选择“放置点”，如图 2.3-50 所示，在场地表面增加新高程点，操作方式与新建场地相同，不再赘述。

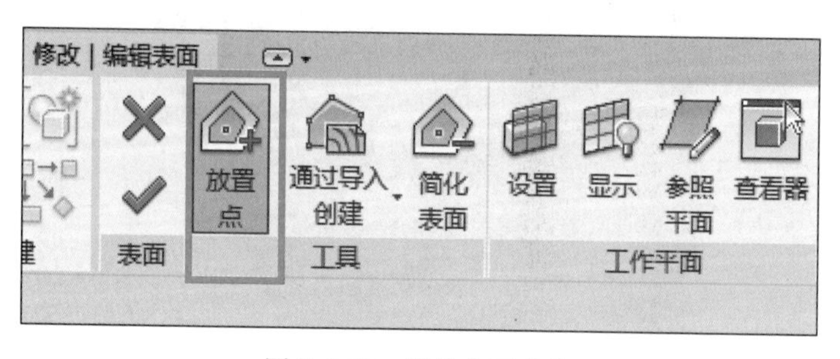

图 2.3-50　编辑表面菜单

第 4 步：绘制完成后勾选确定，生成新阶段的场地模型，颜色与原有阶段不同。两个阶段的场地模型可分别单独选择和编辑。

（7）等高线

等高线功能主要用于标记地形表面的高程，其操作步骤如下：

第 1 步：进入场地平面，点击“标记等高线”选项卡。

第 2 步：在需要标记等高线的位置绘制直线段进行标记，如图 2.3-51 所示。

第 3 步：直线经过的位置，即在等高线位置处标识出高程，如图 2.3-52 所示。

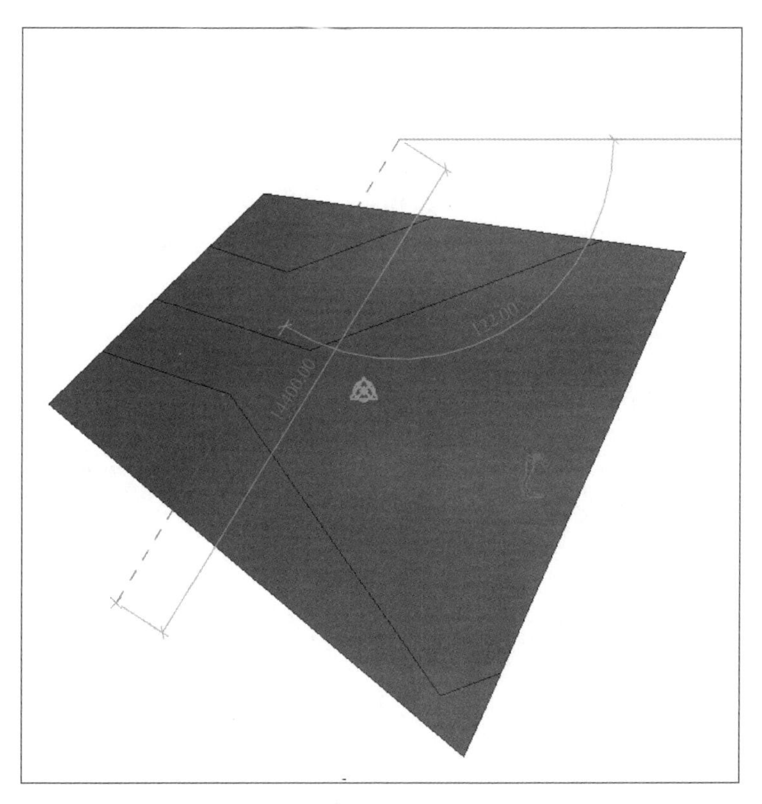

图 2.3-51　等高线绘制菜单

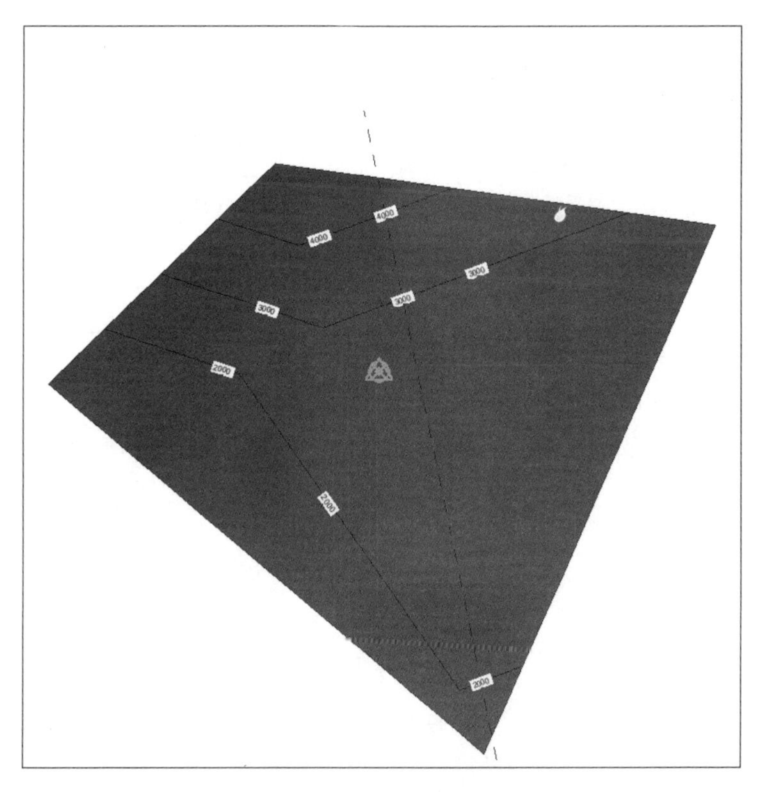

图 2.3-52　等高线标注

3.5 场地构件

1. 功能

场地构件功能主要用于建立场地中的植被、构筑物、车辆等模型，菜单位于软件的“体量和场地”选项卡，如图 2.3-53 所示。通常在进行操作前应完成地形表面初始建模。

2. 操作步骤

以车辆建模为例，场地构件建模操作步骤如下：

第 1 步：进入场地平面，左键点击“场地构件”选项卡，此时右上角显示载入菜单如图 2.3-54 所示。

场地构件

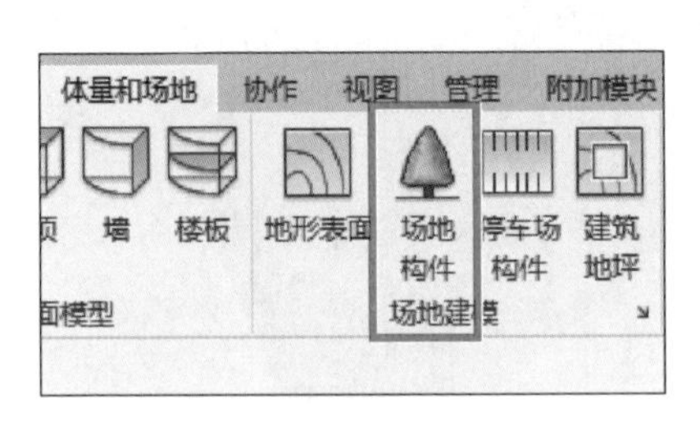

图 2.3-53 “场地构件”选项卡

图 2.3-54 载入菜单

第 2 步：点击“载入族”，默认车辆族位置如图 2.3-55 所示，选择要载入的车辆族，如轿车。

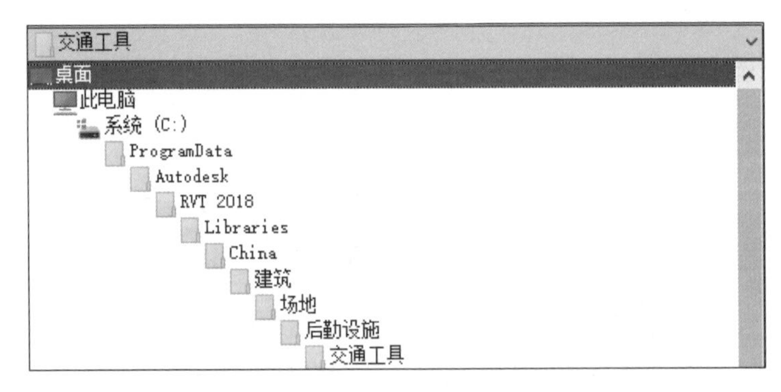

图 2.3-55 车辆族位置

第 3 步：选择放置在面上或工作平面上，无平整表面时一般选择“放置在工作平面上”，如图 2.3-56 所示，并可根据实际情况修改属性栏中的标高偏移量。

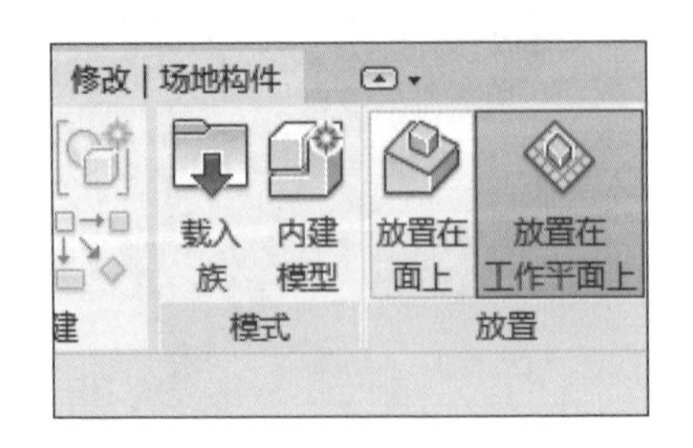

图 2.3-56 放置定位

第 **4** 步：鼠标移动到场地中需要放置车辆的位置，左键单击完成放置，完成后三维效果如图 2.3-57 所示。

图 2.3-57　场地构件三维效果

任务 4　族建模

能力目标

族建模能力目标　　表 2.4-1

族建模能力	1. 项目内建模型建立能力
	2. 常规土建族建模能力

概念导入

1. Revit 内建模型

Revit 内建模型又叫内建族，与外部载入的文件族的主要区别在于该类族在项目内部进行自定义建立，并仅在当前项目内有效。

2. 族样板

族样板是族编辑器使用中预载入的各类构件建模模板，主要定义构件的建模操作功能菜单和建模环境，并提供了参照平面等辅助定位，选择合理的族样板有助于快速完成自定义族的建模操作。

任务清单

族建模任务清单　　表 2.4-2

序号	子任务项目	备注
1	内建模型建模训练	异形柱等
2	常规土建族建模训练	族编辑器使用、族样板、常见土建族自定义

任务分析

本任务要求掌握内建模型和族编辑器的建模操作，并掌握基本族参数的设置方法，能够将自定义族载入到项目进行使用，是 Revit 建模的重点功能，必须牢固掌握。

4.1 内建模型

1. 功能

内建模型建模功能主要用于在项目中建立自定义模型构件，其菜单在建筑、结构和系统选项卡中均可选择，如图 2.4-1 所示。

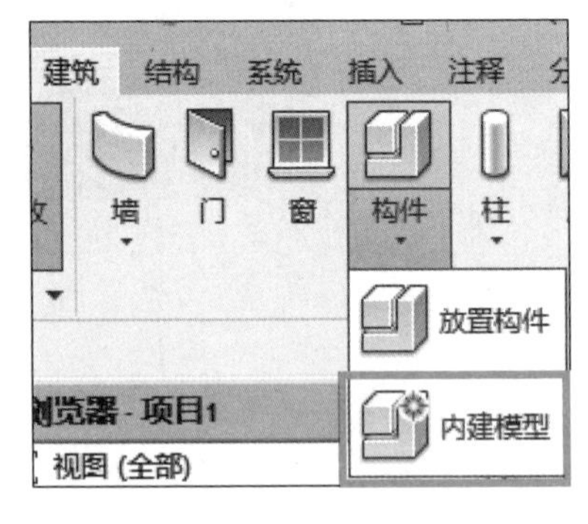

图 2.4-1 “内建模型”选项卡

2. 操作步骤

内建模型建模操作步骤如下：

第 1 步：点击“内建模型”选项卡，进入族类别选择菜单如图 2.4-2 所示。

第 2 步：根据所建构件类型选择族类别后，进行内建模型命名，如图 2.4-3 所示。

内建模型

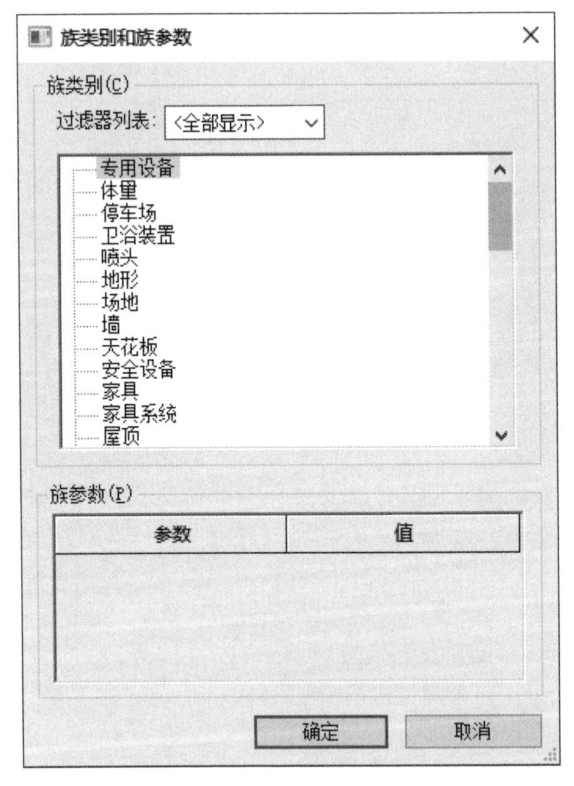

图 2.4-2 族类别选择菜单

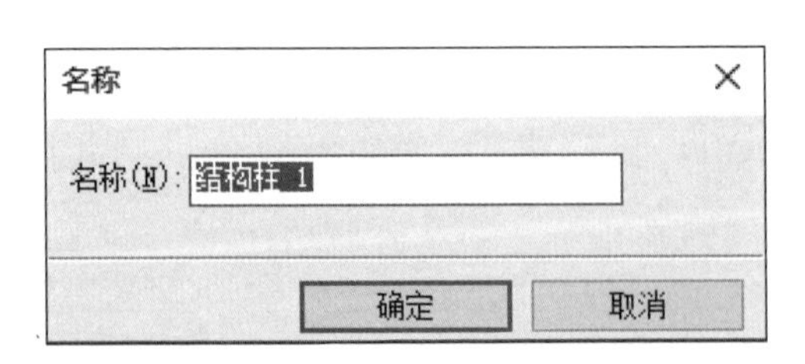

图 2.4-3 内建模型命名

第 3 步：完成命名后，进入内建模型建模子菜单，如图 2.4-4 所示，在需要绘制内建模型的平面，可以开始进行建模操作。使用的建模功能包括实心形状的拉伸、融合、旋转、放样、放样融合以及空心形状对应的上述功能。

图 2.4-4　内建模型建模子菜单

第 4 步：进行构件建模。

(1) 拉伸

点击“拉伸”功能，如图 2.4-5 所示，在平面或工作平面中绘制被拉伸的形状。

图 2.4-5　创建拉伸菜单

绘制完成后，可在属性栏调整拉伸起点和终点，如图 2.4-6 所示。

勾选确定，生成初步模型如图 2.4-7 所示，此时可以通过拉伸箭头进行调整，如不再添加其他形状或调整，则继续勾选确定完成建模。

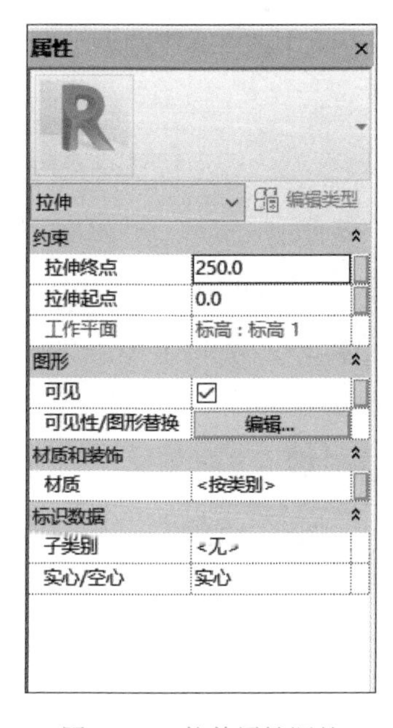

图 2.4-6　拉伸属性调整

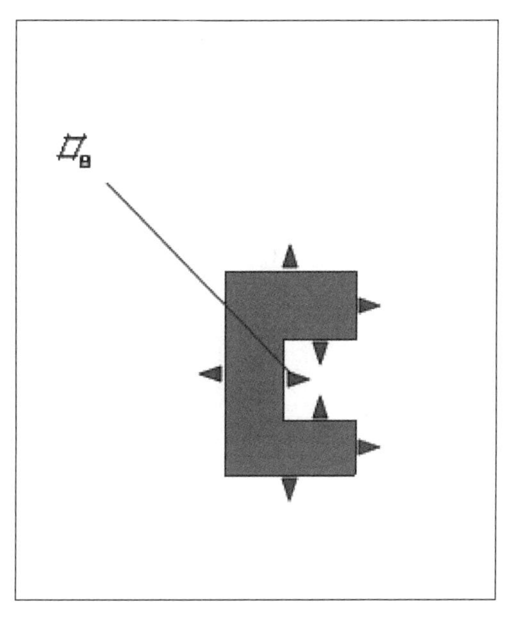

图 2.4-7　拉伸初步模型

（2）融合

点击“融合”功能，显示创建融合边界菜单，如图 2.4-8 所示，在平面或工作平面中绘制融合形体底部的形状。绘制完成后点击“编辑顶部”，进入顶部边界创建菜单绘制顶部边界，如图 2.4-9 所示，如需修改底部可点击“编辑底部”切换。边界必须为闭合形状且无多余线条。顶部和底部应在不同标高的视图平面或工作平面。

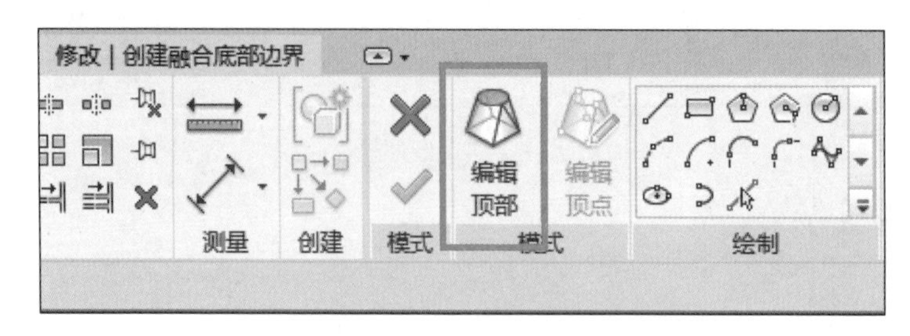

图 2.4-8　创建融合边界菜单（底部）

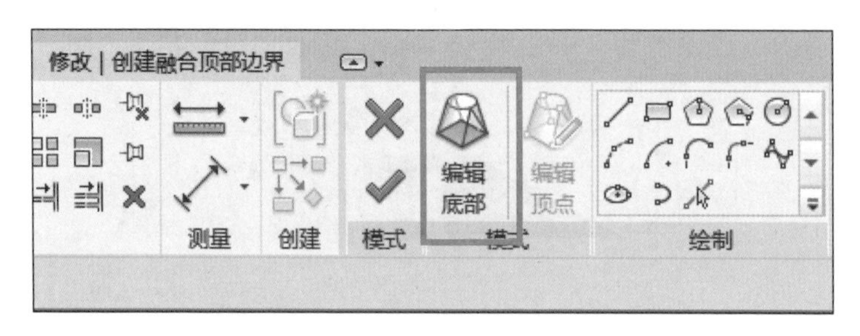

图 2.4-9　创建融合边界菜单（顶部）

绘制底部和顶部形状完成后，点击“确认”即可生成初步模型，如图 2.4-10 所示，此时

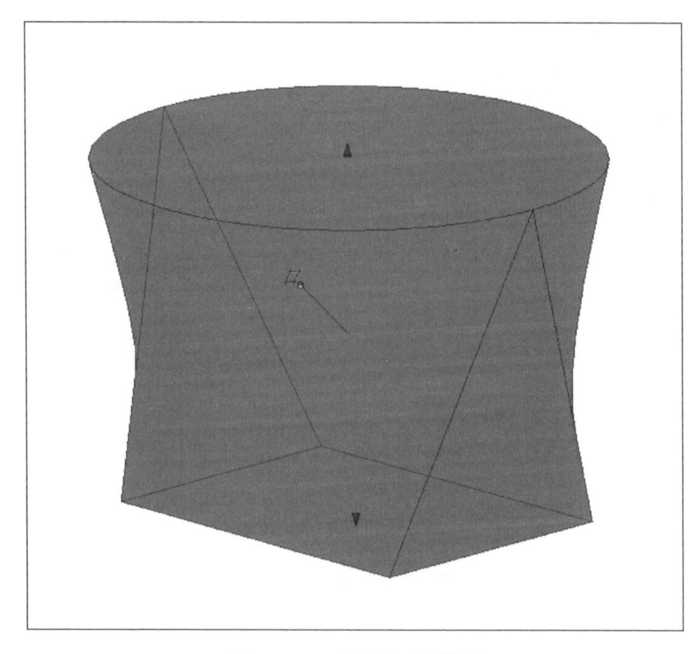

图 2.4-10　融合初步模型

可以通过拉伸箭头进行调整，如不再添加其他形状或调整，则继续勾选确定完成建模。

（3）旋转

点击旋转功能，显示创建旋转菜单，如图 2.4-11 所示，点击“边界线”创建被旋转的形状，再点击“轴线”，绘制旋转轴，最后勾选确定，生成初步模型如图 2.4-12 所示。如不再添加其他形状或调整，则继续勾选确定完成建模。

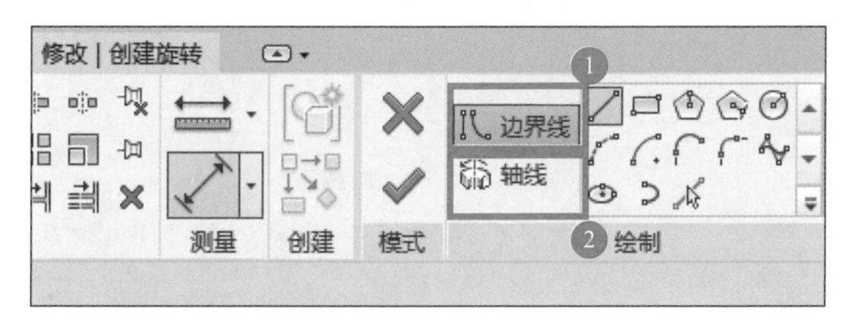

图 2.4-11 创建旋转菜单

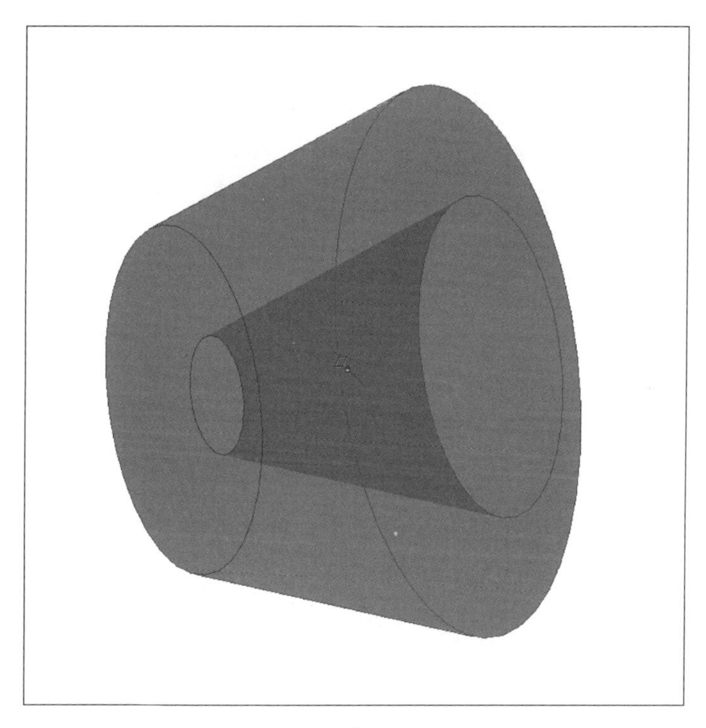

图 2.4-12 旋转初步模型

（4）放样

点击放样功能，显示放样选项卡，如图 2.4-13 所示，点击“绘制路径”创建放样的路径，操作菜单见图 2.4-14；绘制或拾取完成后，点击“确定”，此时可点击选择轮廓菜单中的“编辑轮廓”进行轮廓编辑，此时需选择与轮廓垂直的工作面视图，如图 2.4-15 所示，基于截面的参照定位绘制放样轮廓，如图 2.4-16 所示。最后勾选确定轮廓，再确定放样，生成初步模型，如图 2.4-17 所示。如不再添加其他形状或调整，则继续勾选确定完成建模。

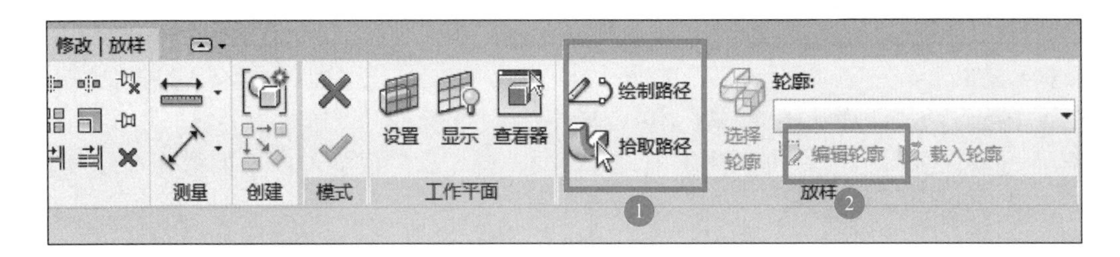

图 2.4-13　放样选项卡

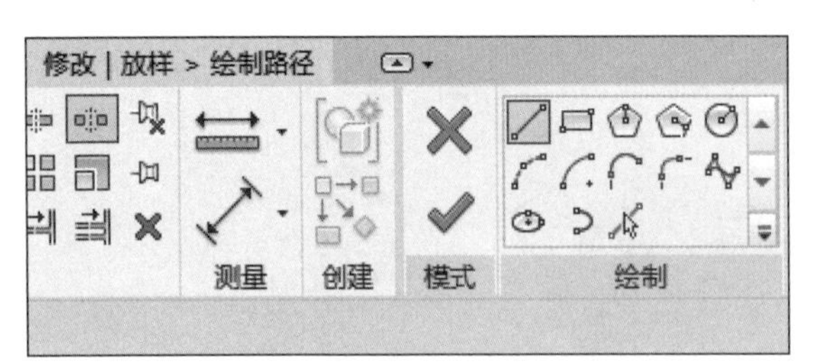

图 2.4-14　放样路径绘制菜单

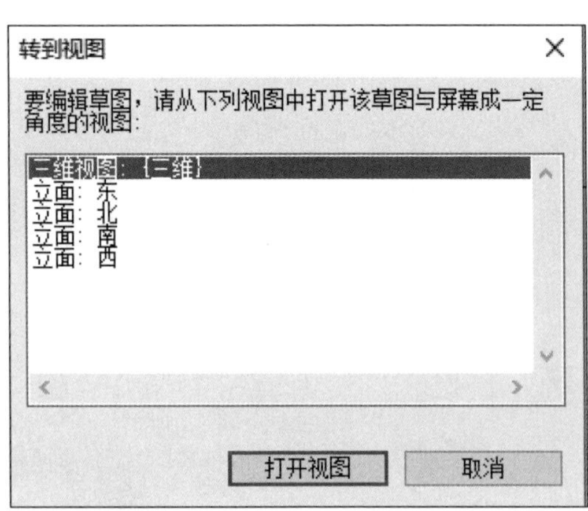

图 2.4-15　轮廓绘制视图选择

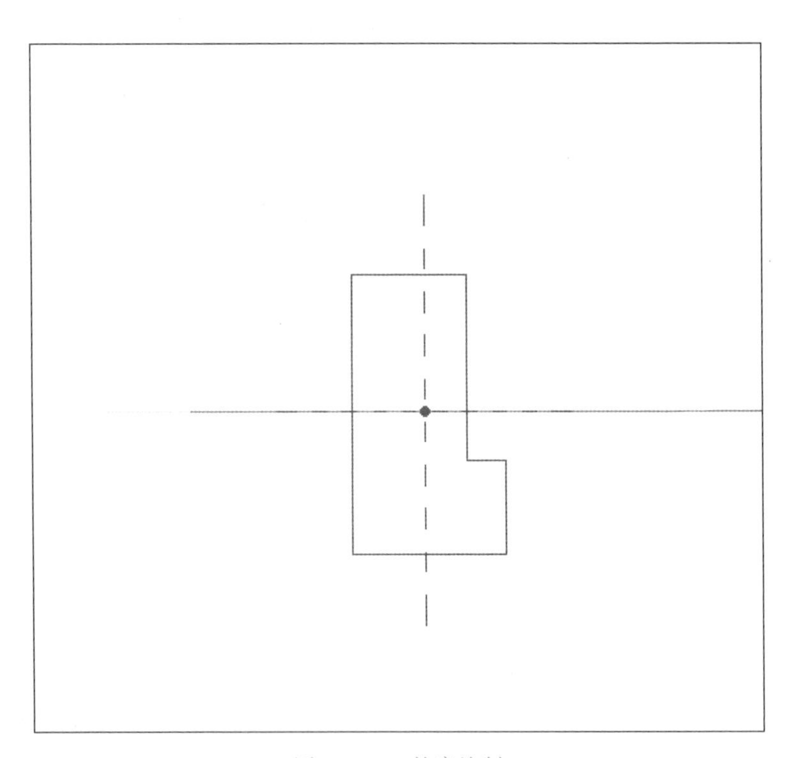

图 2.4-16　轮廓绘制

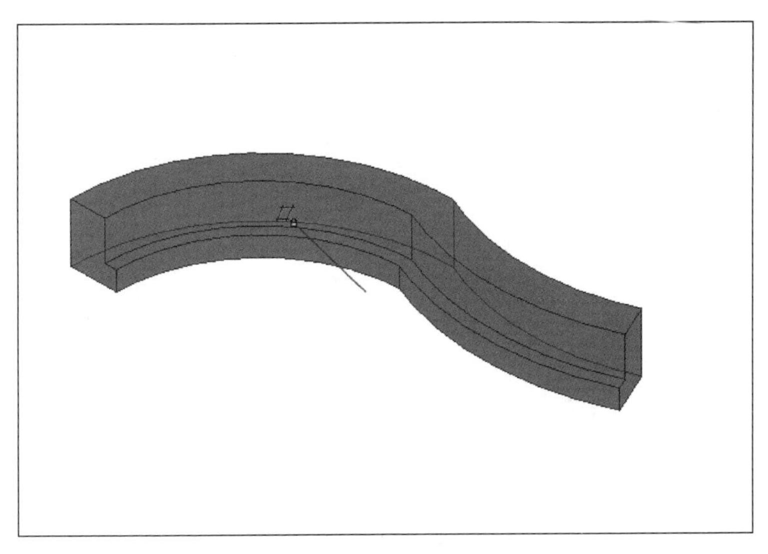

图 2.4-17　放样初步模型

（5）放样融合

放样融合功能与放样功能操作基本相同，但需设置起点和终点两个融合轮廓，且只允许绘制一条路径曲线。点击放样融合功能，显示放样融合选项卡，如图 2.4-18 所示，点击“绘制路径”创建放样的路径，操作菜单见图 2.4-19；绘制或拾取完成后，点击“确定”，此时可点击“选择轮廓 1”，使用菜单中的“编辑轮廓”进行轮廓编辑，此时需选择与轮廓垂直的工作面视图，如图 2.4-20 所示，基于截面的参照定位绘制放样轮廓，如图 2.4-20 所示，勾选确定轮廓 1；点击“选择轮廓 2”同样操作确定轮廓 2。再确定放样，生成初步模型如图 2.4-21 所示。如不再添加其他形状或调整，则继续勾选确定完成建模。

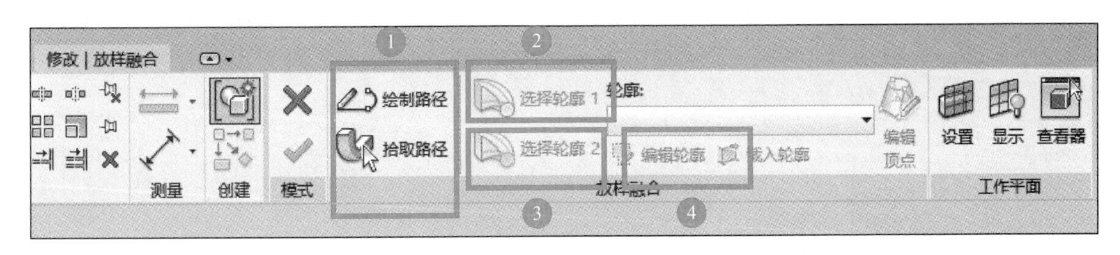

图 2.4-18　放样融合选项卡

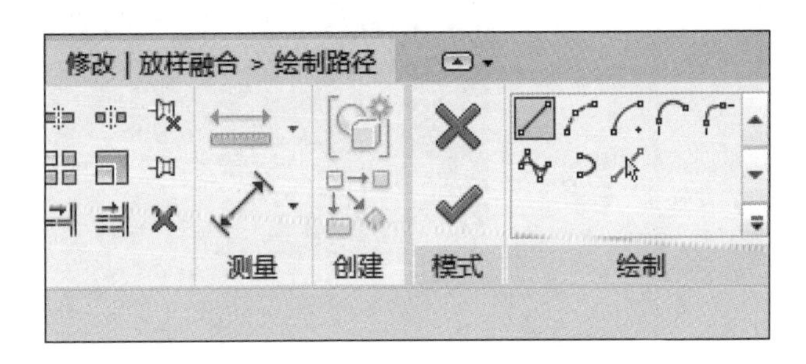

图 2.4-19　放样融合绘制路径菜单

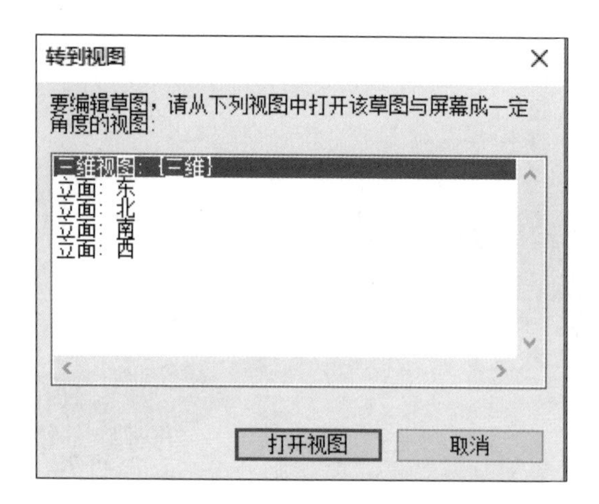

图 2.4-20　轮廓绘制视图选择

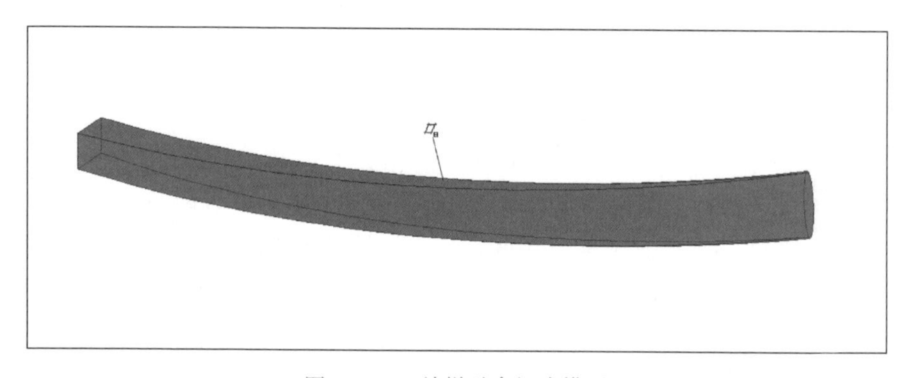

图 2.4-21　放样融合初步模型

（6）空心形状

空心形状可使用上述五种模型建立方式，如图 2.4-22 所示。操作与前述相同不再赘述，但必须在同一个内建模型中与实体相交方可产生效果，相交产生的初步模型如图 2.4-23 所示。

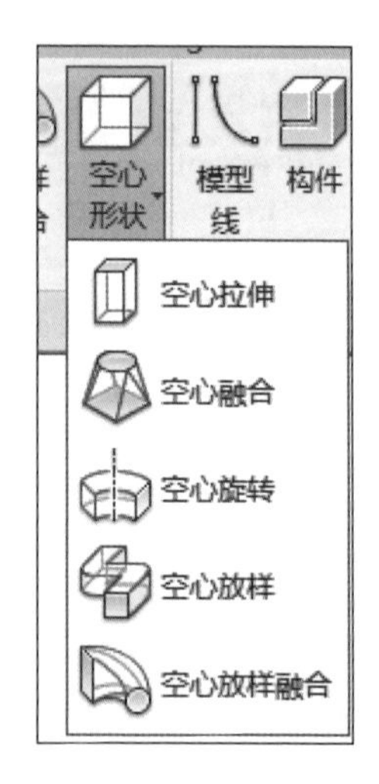

图 2.4-22　空心形状选项卡

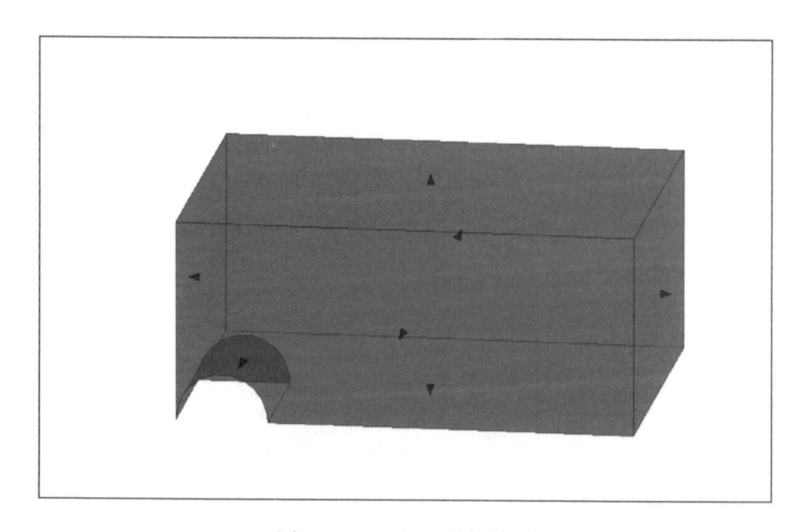

图 2.4-23　空心形状效果

第 5 步：建模完成后，可在属性选项卡调整族参数或设置内建模型参数，属性选项卡见图 2.4-24。调整完成后勾选完成模型即在项目相应位置创建内建模型对象。

4.2 常规土建族

1. 功能

族建模功能主要用于建立各类独立的族构件文件，完成后单独保存为 rfa 格式，需进入族编辑器进行操作，其菜单在 Revit 初始界面中，如图 2.4-25 所示。如需建立实体构件族，则点击“新建”，如建立概念体量族，则点击“新建概念体量”，本节以新建土建构件族为例进行学习。

常规土建族

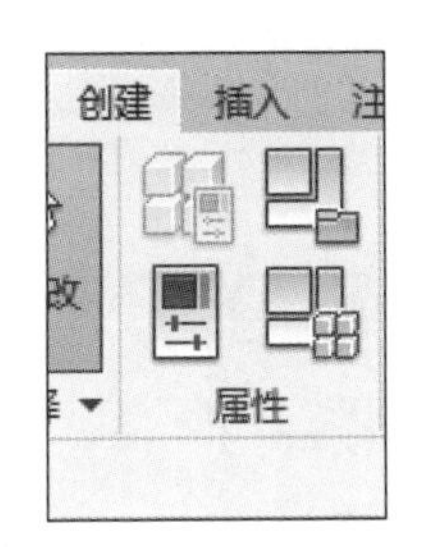

图 2.4-24 属性选项卡

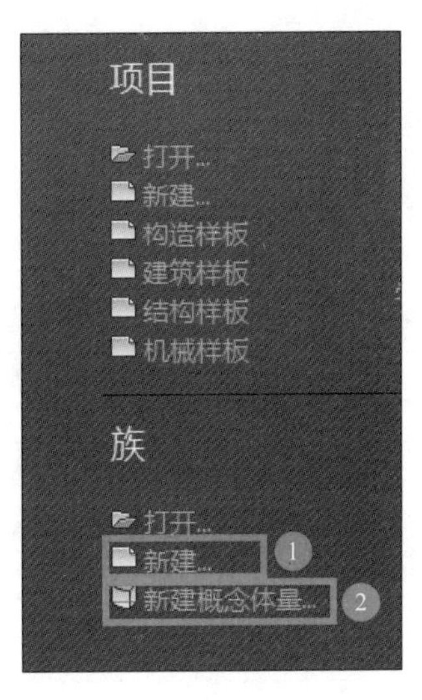

图 2.4-25 族建立菜单

2. 操作步骤

建立常规土建族的操作步骤如下：

第 1 步：点击“族”→“新建”菜单，进入样板选择菜单，如图 2.4-26 所示。根据需要绘制的族类型选择对应的样板，如无对应的样板，可按大类进行选择，或直接选择公制常规模型样板进行绘制。

第 2 步：选择完毕后，进入族编辑器菜单，如图 2.4-27 所示，与项目内建模型的建模界面类似。项目浏览器中的楼层平面仅有参照标高，需自行定义高度方向参照平面，如图 2.4-28 所示。

第 3 步：建立模型并修改族属性，操作与内建模型相同，参考 4.1 建模操作部分。

第 4 步：加入必要的尺寸标注，注释菜单见图 2.4-29。以对齐标注为例，标注效果见图 2.4-30。

第 5 步：将尺寸标注参数化，选中尺寸标注，菜单如图 2.4-31 所示，点击标签中的参数菜单，显示参数属性定义菜单如图 2.4-32 所示。

图 2.4-26　样板选择菜单

图 2.4-27　族编辑器菜单

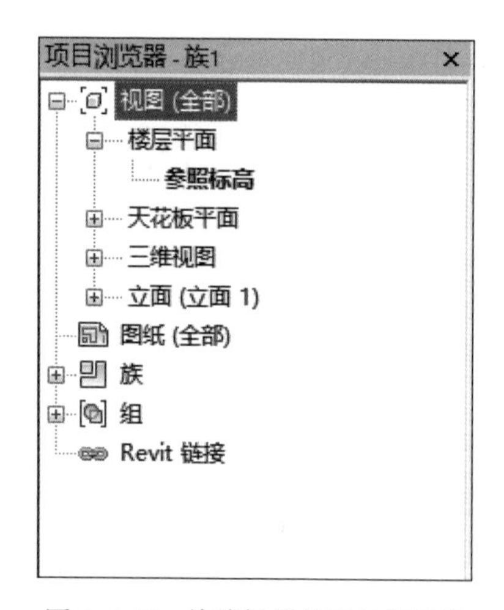

图 2.4-28　族编辑器的项目浏览器

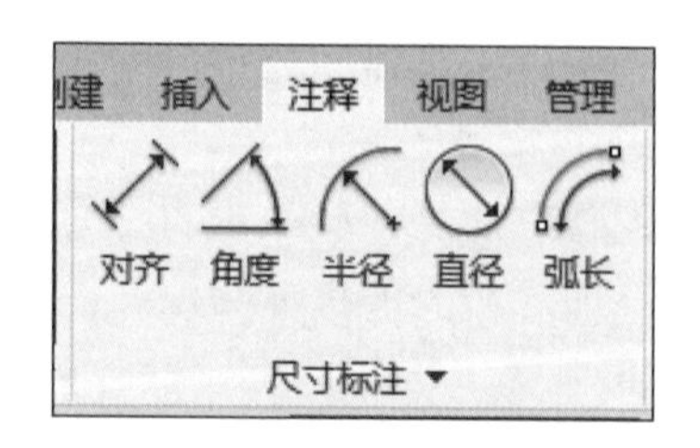

图 2.4-29　注释菜单

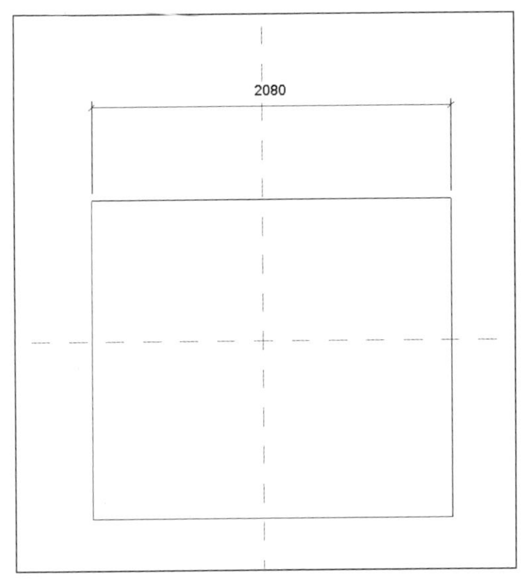

图 2.4-30　对齐标注

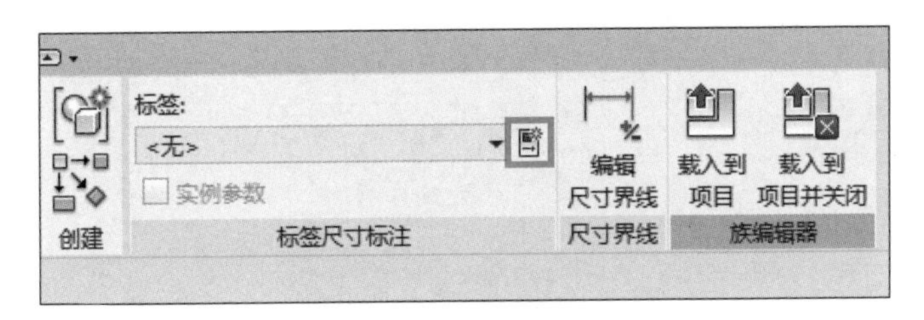

图 2.4-31　标签尺寸标注

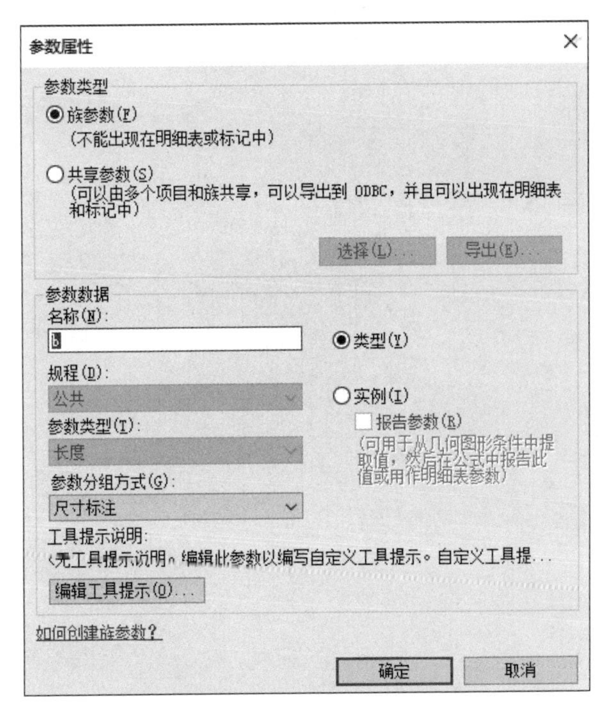

图 2.4-32　参数属性定义

第 6 步：输入参数名称，分组为“尺寸标注”，点击“确定”，此时该标注即完成参数化，如图 2.4-33 所示。同理可进行各类长度参数的参数化，也可在属性中添加材质参数。

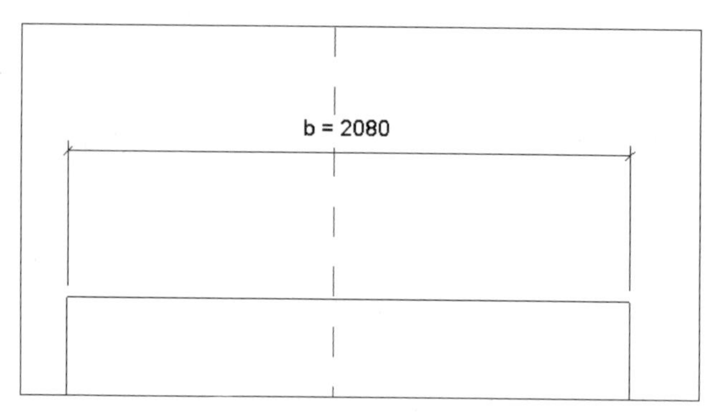

图 2.4-33　完成后的尺寸参数化效果

第 7 步：所有参数定义完成后，保存族文件，菜单见图 2.4-34。选择“保存”或“另存为”族文件，即完成了自定义族的建立。在任何 Revit 项目中，此后均可载入该族文件，使用本次定义过的族。

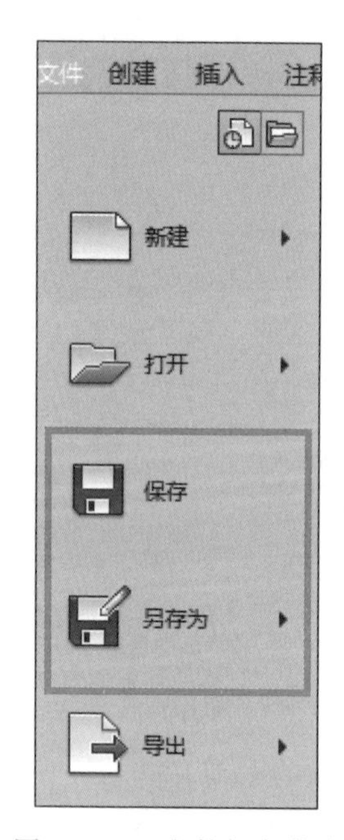

图 2.4-34　文件保存菜单

BIM 基础与实务

活　页

- 任务习题
- 学习情况评价表
- 训练任务书

中国建筑工业出版社

任务1　建模准备 习题

1. 以下对项目样板描述，正确的是（　　）。

A. 建立项目时，选定项目样板后不能在下一行的选项中选择建立样板

B. 建筑样板中预置了所有建模常用族

C. 项目的备份数不能自行修改

D. 项目文件保存后后缀为RTE

2. 下列对修改轴网操作的描述，不正确的是（　　）。

A. 轴网拉伸时不可多条轴线同时操作

B. 轴号可在轴网属性中控制显示

C. 在修改后的轴号后继续绘制轴网，将以修改后的轴号为基准继续自动编号

D. 轴线中段在建筑样板中默认不连续显示

3. 下列对标高的描述，不正确的是（　　）。

A. 项目中标高在立面中进行新建

B. 标高绘制完成后可在立面中调整尺寸

C. 标高名称修改后必须手动修改关联视图平面名称

D. 新建标高在项目浏览器中未显示的平面可以通过视图功能调出

4. 以下对项目基点的描述，不正确的是（　　）。

A. 项目基点在建筑样板中1F以上楼层平面的初始状态并不显示

B. 项目基点可通过调整可见性进行显示或关闭

C. 每个Revit项目具有唯一项目基点

D. 项目基点在建模中不可以被捕捉

建模准备 学习情况自评表 任务1

序号	技能点	掌握与否	主要问题
1	建立项目		
2	项目基点设置		
3	绘制标高		
4	绘制轴网		
自习笔记			

建模准备 任务训练评分表 任务1

序号	技能点/训练点	得分	备注
1	建立项目		20%
2	项目基点设置		20%
3	绘制标高		30%
4	绘制轴网		30%
5	合计		

任务 2　结构构件建模 习题

1. 以下对结构柱建模操作描述，不正确的是（　　）。
A. 结构柱建模分为垂直柱与斜柱两种模式
B. 结构柱建模中，使用“深度”模式建模为柱从上往下延伸
C. 结构柱不能在三维视图中建立
D. 结构柱可在轴网交点直接生成
2. 以下对独立基础的描述，不正确的是（　　）。
A. 独立基础建模功能可载入桩模型
B. 承台和柱下独立基础均在独立基础菜单中进行建模
C. 独立基础族为外部族
D. 桩承台的属性载入后不可编辑
3. 下列对建筑墙的描述，正确的是（　　）。
A. 建模中建筑墙和结构墙的主要区别为是否勾选“结构”选项
B. 建筑墙不可通过拾取线或面绘制
C. 建筑墙开洞仅能通过洞口功能实现
D. 可以使用建筑墙功能输入不规则幕墙
4. 下列关于梁建模的描述，不正确的是（　　）。
A. 梁建模一般在结构平面中完成
B. Revit 可输入斜梁和梁系统
C. 桁架定义中的结构框架类型与项目预定义的梁类型无关
D. 已建立的梁修改定顶标高可修改其属性中的 Z 轴偏移值
5. 下列对楼板建模的描述，正确的是（　　）。
A. 建筑楼板与结构楼板的区别只在材质中体现
B. 结构楼板仅在结构平面显示
C. 楼板平面显示状态与视图视觉样式和详细度无关
D. 楼板建模可自行定义坡度和方向
6. 对模型组功能的描述，以下不正确的是（　　）。
A. 构件建模输入不会直接建立模型组
B. 模型组基于模型实体创建
C. 模型组在同个项目中可复制
D. 模型组可编辑修改

结构构件建模 学习情况自评表　　任务 2

序号	技能点	掌握与否	主要问题
1	结构柱建模		
2	柱下独立基础及桩承台建模		
3	墙建模		
4	墙下条形基础建模		
5	基础底板建模		
6	梁建模		
7	楼板建模		
自习笔记			

结构构件建模 任务训练评分表　　任务 2

序号	技能点/训练点	得分	备注
1	结构柱建模		15%
2	柱下独立基础及桩承台建模		20%
3	墙建模		20%
4	墙下条形基础建模		5%
5	基础底板建模		5%
6	梁建模		20%
7	楼板建模		15%
8	合计		

任务3　建筑构件建模 习题

1. 以下对建筑柱建模操作描述，不正确的是（　　）。
A. 建筑柱建模分为垂直柱与斜柱两种模式
B. 建筑柱建模中，使用“深度”模式建模为柱从上往下延伸
C. 建筑柱能在所有视图中建立
D. 建筑柱建立完后可在其中布置结构柱
2. 下列对幕墙建模的描述，正确的是（　　）。
A. 幕墙族属于外部族
B. 复杂幕墙可使用体量辅助幕墙系统进行绘制
C. 幕墙建立后即不能修改竖梃
D. 幕墙必须先定义过竖梃属性才能建模
3. 下列对门建模的描述，正确的是（　　）。
A. 门族属于外部族，可以自行载入
B. 门模型可单独建模不需要其他前置模型
C. 已建立完成的门类型不能直接替换成其他类型
D. 门模型只能在建筑墙基础上建立
4. 下列对窗建模的描述，不正确的是（　　）。
A. 窗建模需要先建立墙体
B. 窗台高度在建模完成后可以手动调整
C. 窗族和门族可以直接混用
D. 老虎窗不属于单个的窗族
5. 下列对楼板边的描述，正确的是（　　）。
A. 楼板边可以独立于楼板生成
B. 楼板边的材质与楼板保持一致
C. 楼板边只能在第一层定义
D. 使用楼板边建模时仅能使用系统默认轮廓族

建筑构件建模 学习情况自评表 任务3

序号	技能点	掌握与否	主要问题
1	建筑柱建模		
2	幕墙建模		
3	门建模		
4	窗建模		
5	楼板边建模		
自习笔记			

建筑构件建模 任务训练评分表 任务3

序号	技能点/训练点	得分	备注
1	建筑柱建模		25%
2	幕墙建模		20%
3	门建模		15%
4	窗建模		15%
5	楼板边建模		25%
6	合计		

任务4　屋顶与天花板建模 习题

1. 创建拉伸屋顶时需指定一个工作平面，下列选项中不能用作拾取平面的是（　　）。

A. 轴线

B. 参照平面

C. 标高线

D. 墙线

2. 下列选项中，不能够改变拉伸屋顶拉伸起点和终点的方法是（　　）。

A. 控制造型操纵柄

B. 对齐命令

C. 在实例属性栏修改拉伸起点和终点数值

D. 偏移命令

3. 下列绘制方式中，不属于创建屋顶迹线时的绘制方式为（　　）。

A. 梯形

B. 圆形

C. 拾取线

D. 拾取墙

4. 下列属于天花板创建方式的是（　　）。

A. 复制创建天花板

B. 自动创建天花板

C. 镜像创建天花板

D. 载入天花板

屋顶与天花板建模 学习情况自评表 任务 4

序号	技能点	掌握与否	主要问题
1	拉伸屋顶建模		
2	迹线屋顶建模		
3	天花板建模		
自习笔记			

屋顶与天花板建模 任务训练评分表 任务 4

序号	技能点/训练点	得分	备注
1	拉伸屋顶建模		40%
2	迹线屋顶建模		40%
3	天花板建模		20%
4	合计		

任务5　楼梯、坡道、扶手建模 习题

1. Revit 中创建楼梯，在“修改 | 创建楼梯”→“构件”中不包括（　　）。

A. 支座

B. 平台

C. 梯段

D. 梯边梁

2. 栏杆扶手中的横向扶栏之间高度设置，是点击“类型属性”对话框中（　　）参数进行编辑。

A. 扶栏结构

B. 扶栏位置

C. 扶栏偏移

D. 扶栏连接

3. 创建坡道时功能区会显示“修改 | 创建坡道草图”，其中不包含（　　）绘制。

A. 梯段

B. 边界

C. 踏面

D. 踢面

4. 在绘制楼梯时，在类型属性中设置“最大踢面高度”为 150，楼梯到达的高度为 3000，如果设置楼梯图元属性中“所需踢面数”为 18，则（　　）。

A. 给出警告，并以 20 步绘制楼梯

B. 给出警告，并以 18 步绘制楼梯

C. Revit 不允许设置为此值

D. 给出警告，并退出楼梯绘制

楼梯、坡道、扶手建模 学习情况自评表　　任务5

序号	技能点	掌握与否	主要问题
1	楼梯建模		
2	扶手栏杆建模		
3	坡道建模		
自习笔记			

楼梯、坡道、扶手建模 任务训练评分表　　任务5

序号	技能点/训练点	得分	备注
1	楼梯建模		45%
2	扶手栏杆建模		25%
3	坡道建模		30%
4	合计		

任务6　基本洞口建模 习题

1. 面洞口建模时，不可能基于的构件是（　　）。
A. 柱
B. 结构墙
C. 建筑墙
D. 楼板
2. 下列关于垂直洞口的说法错误的是（　　）。
A. 垂直洞口是一个独立的对象
B. 垂直洞口无法单独删除
C. 垂直洞口无法切割柱
D. 垂直洞口建模时不需要设定起始和终止标高
3. 关于竖井，下列说法正确的是（　　）。
A. 竖井洞口无法单独选择到
B. 竖井洞口贯通整个楼层，无需调整
C. 楼梯间位置必须设置竖井洞口
D. 竖井洞口可以一次切割多个楼板
4. 下列对于老虎窗洞口的描述正确是（　　）。
A. 老虎窗是一个单独的构件
B. 老虎窗洞口直接切割即可完成
C. 老虎窗洞口是对现有洞口进行二次定义
D. 老虎窗洞口可设置在任何位置的洞口处

基本洞口建模 学习情况自评表

任务6

序号	技能点	掌握与否	主要问题
1	面洞口建模		
2	垂直洞口建模		
3	墙洞口建模		
4	竖井建模		
5	老虎窗洞口定义		
自习笔记			

基本洞口建模 任务训练评分表

任务6

序号	技能点/训练点	得分	备注
1	面洞口建模		20%
2	垂直洞口建模		20%
3	墙洞口建模		20%
4	竖井建模		20%
5	老虎窗洞口定义		20%
6	合计		

任务 7　常用修改与标注功能 习题

1. 用于在平行参照之间或多点之间放置尺寸标注的是（　　）。

A. 线性标注

B. 对齐标注

C. 角度标注

D. 弧长标注

2. 对圆墙进行半径标注时，在墙面和墙中心线之间切换尺寸标注的参照点，可通过按（　　）键实现。

A. Tab

B. Alt

C. Ctrl

D. Shift

3. 关于对齐（AL）命令，下列说法错误的是（　　）。

A. 可进行基于轴线或底图的构件对齐

B. 能够对齐样条曲线

C. 能够对齐单段弧线

D. 操作时无需输入数值

4. 关于旋转命令的下列表达正确的是（　　）。

A. 可在旋转后保留原对象

B. 不需要设置旋转中心

C. 旋转基点可以手工设置

D. 可以在旋转同时复制多个对象

常用修改与标注功能 学习情况自评表 任务7

序号	技能点	掌握与否	主要问题
1	对齐命令		
2	偏移命令		
3	移动命令		
4	复制命令		
5	旋转命令		
6	镜像命令		
7	修剪/延伸为角		
8	修剪延伸		
9	阵列命令		
10	拆分图元/间隙拆分		
11	锁定/解锁		
12	剪贴板复制与粘贴		
13	对齐标注		
14	线性标注		
15	角度标注		
16	半径标注		
17	直径标注		
18	弧长标注		
自习笔记			

常用修改与标注功能 任务训练评分表 任务7

序号	技能点/训练点	得分	备注	序号	技能点/训练点	得分	备注
1	对齐命令		10%	11	锁定/解锁		5%
2	偏移命令		5%	12	剪贴板复制与粘贴		10%
3	移动命令		5%	13	对齐标注		5%
4	复制命令		5%	14	线性标注		5%
5	旋转命令		5%	15	角度标注		5%
6	镜像命令		5%	16	半径标注		5%
7	修剪/延伸为角		5%	17	直径标注		5%
8	修剪延伸		5%	18	弧长标注		5%
9	阵列命令		5%	19	合计		
10	拆分图元/间隙拆分		5%				

任务1 Revit辅助功能 习题

1. 以下对临时隐藏命令的描述，不正确的是（　　）。
A. 快捷键“HH”可隐藏被选中的图元
B. 快捷键“HR”可恢复所有被“HH”临时隐藏的图元
C. 右键菜单隐藏的图元可以使用快捷键“HR”恢复
D. 可见性调整中关闭的图元类型仅限于调整过可见性的当前视图
2. 下列对参照平面操作的描述，不正确的是（　　）。
A. 参照平面可在平面和立面的任意位置建立
B. 参照平面是一个无限延伸的工作面
C. 设置参照平面作为工作面后需要调整到与其形成夹角的视角来进行操作
D. 轴网的线型不可自行修改
3. 下列对视点漫游功能的描述，正确的是（　　）。
A. 视点漫游可在任何视图中建立
B. 视点漫游可通过增加控制点调整效果
C. 视点漫游不能导出动画
D. 视点漫游动画导出仅可使用一种格式
4. 下列关于建立明细表的描述，不正确的是（　　）。
A. 明细表中的数据会跟随项目建模变化而变化
B. 明细表建立后可随时进行筛选条件的调整
C. 明细表可直接导出为XLS表格文件
D. Revit项目样板中自带的初始明细表不可被删除
5. 以下对Revit材质编辑器的描述，不正确的有（　　）。
A. 材质编辑器中新建的材质可自行定义属性和名称
B. 材质编辑器仅可使用外观库传导属性
C. 材质编辑器中各种材质属性可以相互复制
D. 材质编辑器中材质的截面填充图案应使用系统提供的选项，不得自定义
E. 材质编辑器除外观外尚可定义材质的物理属性
6. 以下对Revit出图的描述，不正确的是（　　）。
A. Revit自带的图框族如不满足要求可自行添加和修改
B. Revit图纸建立后对应的视图内容修改将不会改变图纸内容
C. Revit图纸导出CAD格式后可保留相关的修改图层
D. Revit出图时一个图纸空间可以包含多个视图

Revit 辅助功能 学习情况自评表　　　　任务 1

序号	技能点	掌握与否	主要问题
1	项目信息输入		
2	显示与选择项快捷调整		
3	参照平面使用		
4	视点漫游建立		
5	碰撞检查		
6	明细表建立		
7	图纸生成		
8	材质编辑器使用		
9	渲染功能使用		
自习笔记			

Revit 辅助功能 任务训练评分表　　　　任务 1

序号	技能点/训练点	得分	备注
1	项目信息输入		5%
2	显示与选择项快捷调整		15%
3	参照平面使用		15%
4	视点漫游建立		10%
5	碰撞检查		5%
6	明细表建立		15%
7	图纸生成		10%
8	材质编辑器使用		15%
9	渲染功能使用		10%
10	合计		

任务2　导入与导出 习题

1. 以下的说法不正确的是（　　）。

A. 链接到项目中的CAD图纸在项目文件被复制到其他计算机时可以通过刷新重新显示

B. 载入到项目中的CAD图纸在项目文件被复制到其他计算机时不发生变化

C. 图纸链接与载入时均需调整计量单位

D. 图纸链接和载入后处于锁定状态

2. 关于导入图像操作下列说法不正确的是（　　）。

A. Revit2018可导入的图像格式不包括GIF

B. 导入后的图像可进行拉伸和缩放

C. 图像可被导入到所有视图

D. 导入的图像可通过管理图像功能进行替换

3. 下列IFC文件相关的操作，正确的是（　　）。

A. Revit可链接IFCZIP格式

B. 链接的IFC文件直接转换为体量

C. 链接的IFC文件所有原有属性均有效

D. 链接的IFC文件原有空间定位不会出错

4. 下列对族导入导出功能的描述，不正确的是（　　）。

A. 族导入可在插入菜单，也可在建模过程中的相应位置导入

B. 导入后的族可在本项目中任意调用

C. 本项目中的所有非系统族均可导出成独立的文件

D. 族导出的菜单在文件导出中

导入与导出 学习情况自评表 任务 2

序号	技能点	掌握与否	主要问题
1	图纸导入与链接		
2	导入图像和贴花		
3	链接其他 IFC 对象		
4	族载入与导出		
5	文件导出		
自习笔记			

导入与导出 任务训练评分表 任务 2

序号	技能点/训练点	得分	备注
1	图纸导入与链接		25%
2	导入图像和贴花		15%
3	链接其他 IFC 对象		15%
4	族载入与导出		25%
5	文件导出		20%
6	合计		

任务3　体量及场地建模 习题

1. 关于旋转体量以下说法不正确的是（　　）。
A. 旋转体量由一个闭合二维形状绕旋转轴建立而成
B. 旋转体量可调整旋转起始和中止角度
C. 旋转体量的旋转轴可以在被旋转的形状内部
D. 旋转体量可建立实心或空心形状
2. 下列说法正确的是（　　）。
A. 体量屋顶可以建立在任意体量面上
B. 面墙和体量屋顶的区别在于材质
C. 基于体量建立的幕墙系统自身属性与常规幕墙基本一致
D. 体量幕墙的网格最小单位由体量形状决定
3. 下列对地形表面建模功能的描述，正确的是（　　）。
A. 地形表面建模时基本单位为米
B. 地形表面仅能通过手动建模
C. 地形表面导入文件支持的格式只有 CSV
D. 地形表面模型建立时可选择不同的样式
4. 下列关于场地构件的说法，不正确的是（　　）。
A. 常用的场地构件包括植被、交通工具、停车场设施等
B. 植物模型的数量对模型渲染速度影响不大
C. 场地构件中包括二维标识和三维模型
D. 建筑地坪应在地形表面建立完成后进行设置

体量及场地建模 学习情况自评表 任务3

序号	技能点	掌握与否	主要问题
1	内建体量建模		
2	体量构件功能		
3	地形表面建模		
4	地形表面附属功能		
5	场地构件建模		
自习笔记			

体量及场地建模 任务训练评分表 任务3

序号	技能点/训练点	得分	备注
1	内建体量建模		35%
2	体量构件功能		25%
3	地形表面建模		15%
4	地形表面附属功能		10%
5	场地构件建模		15%
6	合计		

任务 4　族建模 习题

1. 关于内建模型的说法以下不正确的是（　　）。

A. 内建模型不属于族

B. 内建模型可以定义类别和属性

C. 项目中的内建模型可被导出为独立文件

D. 内建模型应精确放置在项目中需定义的位置

2. 关于内建模型建模方法的说法以下不正确的是（　　）。

A. 内建模型的建模方法分为拉伸、融合、放样、旋转、放样融合五种

B. 放样建模的路径可以是多段线

C. 放样融合建模的路径可以是多段线

D. 放样融合需要定义起始面和终止面的形状

3. 下列关于族和族编辑器的说法不正确的是（　　）。

A. 族文件的后缀为 rfa

B. 族文件只能放置在特定路径的文件夹中才能生效

C. 族编辑器建立的族文件可以直接载入到已打开的项目中

D. 同一个族可以新建多个不同的类别

4. 下列关于土建族的说法不正确的是（　　）。

A. 混凝土柱族建模时可选择公制结构柱样板

B. 公制常规模型样板不能用于建立门窗族

C. 一个标注参数可以关联模型中的多个标注位置

D. 新建柱族若要在项目中定义起始和终止楼层，需要在建族时和顶部及底部的参照平面锁定

5. 下列对族建模功能的描述，正确的是（　　）。

A. 族是 Revit 软件的特有功能，是一类构件定义的集合

B. 系统族和普通族的主要区别在于是否预先载入到样板

C. 族建模时不能嵌套载入其他族

D. 族建模时需要调整不同部位在视图中的可见性

E. 族样板中的预置参照平面和标注不能自行删除和调整

族建模 学习情况自评表 任务 4

序号	技能点	掌握与否	主要问题
1	内建模型建模功能		
2	常规土建族建模功能		
自习笔记			

族建模 任务训练评分表 任务 4

序号	技能点/训练点	得分	备注
1	内建模型建模功能		50%
2	常规土建族建模功能		50%
3	合计		

训练任务1　学生活动中心

项目简介：

训练项目为浙江建设职业技术学院上虞校区学生活动中心，钢筋混凝土多层框架结构，基础形式为柱下独立承台桩基础，共3层，其中地上3层，建筑面积4222.64m^2。本次选择的建模范围为活动中心部分区域，层高为2层，建模面积约500m^2。

训练要求：

根据提供的建筑和结构专业图纸，独立完成学生活动中心土建BIM建模，完成的模型应包含基础、结构柱、梁、墙、楼板、门、窗、楼梯、隔断、屋面、封檐板、建筑线条等常规构件，正确设置项目基本信息、建模环境、构件几何信息和材质信息，最终成果保存为BIM项目文件。

参考训练时间：

第2教学周～第8教学周。

参考评分占比：

本项目训练占平时成绩的40%。

训练任务1　评分表

序号	评分项	得分	备注
1	项目准备		10%
2	基础建模		20%（独基、地梁）
3	结构构件建模		30%（梁、柱、结构板）
4	建筑构件建模		20%（建筑墙、门、窗、隔断、封檐板、建筑线条）
5	独立构件建模		20%（楼梯、屋面、竖井洞口）
6	合计		

训练任务 2　校史馆

项目简介：

训练项目为浙江建设职业技术学院上虞校区校史馆，钢筋混凝土多层框架结构，基础形式为柱下独立承台桩基础，共 2 层，其中地上 2 层，建筑面积 876.98m^2。

训练要求：

根据提供的建筑和结构专业图纸，独立完成校史馆土建 BIM 建模，完成的模型应包含基础、结构柱、梁、墙、楼板、门、窗、楼梯、隔断、屋面、封檐板、建筑线条等常规构件，正确设置项目基本信息、建模环境、构件几何信息和材质信息，最终成果保存为 BIM 项目文件。要求完成建模后进行土建模型的自碰撞检查并导出原始碰撞报告，完成碰撞构件的调整优化。

参考训练时间：

第 10 教学周～第 16 教学周。

参考评分占比：

本项目训练占平时成绩的 40%。

训练任务 2　评分表

序号	评分项	得分	备注
1	项目准备		10%
2	基础建模		20%（独基、地梁）
3	结构构件建模		30%（梁、柱、结构板）
4	建筑构件建模		25%（建筑墙、门、窗、隔断、封檐板、建筑线条）
5	独立构件建模		15%（楼梯、屋面造型、竖井洞口）
6	合计